Álgebra Linear

Lorenzo Robbiano

Álgebra Linear
para todos

 Springer

Lorenzo Robbiano
Dipartimento di Matematica
Università di Genova, Italia

Traduzido por **Taíse Santiago O. Mozzato**
Departamento de Matemática, Universidade Federal da Bahia, Salvador –
Bahia, Brasil
Da versão Italiana Original:
Lorenzo Robbiano, ALGEBRA LINEARE per tutti. © Springer-Verlag Italia 2007

ISBN 978-88-470-1886-0   ISBN 978-88-470-1887-7 (eBook)
DOI 10.1007/978-88-470-1887-7

Springer Milan Dordrecht Heidelberg London New York

© Springer-Verlag Italia 2011

9 8 7 6 5 4 3 2 1

Design da Capa: Simona Colombo, Milano
Tipografia: PTP-Berlin, Protago TEX-Production GmbH, Germany (www.ptp-berlin.eu)
Impressão e encadernação: Isabel Litografia, Gessate (MI)

Springer-Verlag Italia S.r.l., Via Decembrio 28, I-20137 Milano
Springer-Verlag fa parte di Springer Science+Business Media (www.springer.com)

(verso[1] palindrômico escrito pelo autor e pintado em
um relógio de sol em Castelletto d'Orba,

de PALINDROMI DI (LO)RENZO
de Lorenzo)

dedicado a todos aqueles que lerem essa dedicatória

em particular a **G**

---

[1] amigavelmente ela vai da colina para o vale

Prefácio

a lua é mais útil que o sol,
porque durante a noite a luz é mais necessária
(Mullah Nasrudin)

Era (uma vez?) uma cidade localizada entre o mar e as montanhas, onde a universidade foi dividida em faculdades. Uma destas era a Faculdade de Ciências, onde vários cursos eram ensinados, entre eles matemática, informática, estatística, física, química, biologia, geologia, ciências naturais, ciências ambientais e muitos outros. Cada curso era divididos em um número tão grande de disciplinas que se poderia perder facilmente as contas. O único invariante, uma das poucas coisas que deu alguma unidade a todas essas áreas de estudo, era o fato que cada um desses cursos incluíam pelo menos uma matéria de matemática em seus cursos introdutórios. Isso significava que todos os alunos matriculado nessa Faculdade iriam se deparar, mais cedo ou mais tarde, com algumas das noções de álgebra linear.

Todos que ensinavam na Faculdade de Ciências sabiam que tal disciplina estava na base da pirâmide científica e todos eram conscientes do fato que nenhum cientista poderia chamar-se tal se não fosse capaz de dominar as técnicas fundamentais da álgebra linear. No entanto a tradição, misturada com a conveniência e a oportunidade, fez com que fossem criados cursos em cada um dos vários departamentos da faculdade, cada curso contendo algumas noções básicas de matemática, porém eram totalmente diferentes uns dos outros. Como consequência, era perfeitamente possível que um estudante de Biologia ignorasse certos fatos fundamentais da álgebra linear que no entanto tinham sido ensinados aos estudantes de Geologia.

Então algo inesperado aconteceu. No dia... do ano... houve uma reunião de sábios professores da Faculdade de Ciências e de outras faculdades onde eram ensinados cursos de matemática. O objetivo da reunião era remediar a situação descrita e, após uma ampla e articulada discussão (assim foi relatado na ata da referida reunião), foi decidido por unanimidade atribuir a um matemático a tarefa de escrever um livro de *álgebra linear para todos*.

Alguns historiadores afirmam que essa decisão não foi unânime e que a ata foi alterada depois. Outros afirmam que a escrita de tal livro na verdade foi proposta por um matemático e que ele nunca tinha sido apoiado por seus colegas matemáticos. Existem também alguns que afirmam que essa reunião nunca aconteceu! Talvez a questão precisa ser mais estudada, porém uma coisa é certa: o livro foi escrito.

la luna e la terra non sono sole[2]

(do LIVRO DAS COISAS CERTAS)

---

[2]Em alguns pontos do livro o leitor perceberá que algumas sentenças não foram traduzidas, isto por que perderíamos completamente o sentido das mesmas.

Introdução

números, símbolos, algoritmos,
teoremas,
algoritmos, símbolos, números

(Indrome Pal)

De onde vêm esse estranho título *Álgebra Linear para todos*? Todos em que sentido? É de conhecimento comum o fato que a matemática não seja uma disciplina para *todos*, e é verdade que um dos principais obstáculos à sua difusão muitas vezes são os próprios matemáticos (por sorte não *todos*). De fato, alguns deles gostam de desempenhar o papel de *guardiões do templo*, e tendem a desenvolver uma linguagem obscura, difícil, as vezes até incompreensível mesmo para os especialistas do setor.

Mas vamos supor que fosse pedido a um matemático profissional que ele recuasse um pouco sua maneira habitual e passasse a falar e escrever de uma forma mais linear? E se pedíssemos para que ele fosse mais animado? E porque não exagerar um pouco e pedir para que ele seja às vezes divertido? Não é uma tarefa fácil, pois como diz o ditado, "poucas coisas sábias são ditas com *delicadeza*, enquanto muitas coisas estúpidas são ditas seriamente".

O objetivo deste livro é fornecer ao leitor as primeiras ferramentas necessárias para compreender um dos pilares da matemática moderna, a *álgebra linear*. O texto foi escrito por um matemático que procurou sair do seu personagem para conseguir atender um público mais amplo. O desafio é o de tornar acessível *a todos* as primeiras técnicas de um conhecimento fundamental para para a ciência e tecnologia.

Como um bom fotógrafo ele tentou criar sínteses geométricas e cromáticas. Como um ágil bailarino tentou fundir a solidez de seus passos com a leveza de seus movimentos. E como um agricultor especialista tentou manter um nível saudável de concreteza. Da mesma forma o autor, através da liderança de um dos grupos de pesquisa da Universidade de Gênova, tem sido ativo no desenvolvimento do programa CoCoA (veja [Co]), que faz muito sucesso entre os pesquisadores mais experientes por conta da capacidade de tornar concreto alguns conceitos e cálculos de natureza simbólica aparentemente muito abstratos.

Mas será que o autor realmente acredita que *todos* irão ler o que ele escreveu? Na verdade, embora o livro seja declarado *para todos* é difícil imaginar, por exemplo, que alguns aposentados ou donas de casa seriam capazes de ir além das primeiras páginas. Por outro lado, não seria uma má idéia se o livro fosse lido atentamente por todos os estudantes universitários que tenham pelo menos um curso de matemática em seu programa.

Então este livro deveria ser lido por, pelo menos, estudantes de estatística, engenharia física, química, biologia, ciências naturais, medicina, direito... Quanto à estudantes de matemática... Por que não? Certamente não faria mal nenhum rever os fundamentos da álgebra linear apresentados numa ótica um pouco diferente e de certa forma mais motivante das apresentadas nos, assim chamados, textos canônicos.

Naturalmente os matemáticos, em particular os algebristas, observam imediatamente que no livro falta um alicerce formal. Eles irão perceber que as definições, teoremas e demonstrações, em outras palavras, toda a bagagem formal que permeia os textos modernos de matemática, estão quase totalmente ausentes neste livro. Talvez eles gostariam de *definições* como as de Bob Hope,

> *um* banco *é o lugar onde te emprestam dinheiro*
> *se você consegue provar que não precisa dele,*

ou como aquela de autor anônimo segundo o qual

> o homem moderno é
> *elo perdido entre o macaco e o ser humano.*

O autor poderia encontrar seu caminho *"a la Hofstadter"*, dizendo que o livro contém toda a formalidade necessária *somente quando está fechado*. Na verdade, ele pensa que as escolhas devem ser feitas com clareza, neste caso a escolha fundamental foi a de escrever um livro *para todos* sendo assim com uma linguagem mais perto possível da comum.

Diz um provérbio indiano que um *grama de prática* vale mais que toneladas de teoria. Então, outra decisão foi a de propor uma centena de exercícios com diferentes graus de dificuldade, alguns deles, mais ou menos vinte, com a exigência do uso do computador para ser resolvido. Deixe-me explicar: alguns leitores podem ser especialmente adeptos a fazer contas à mão e possuir uma grande satisfação em resolver um sistema linear com muitas equações e incógnitas dessa maneira. Não podemos lhes negar tal prazer, mas é bom saber que esse esforço é essencialmente inútil. Hoje vivemos numa época em que é necessário reconhecer a existência de rápidos computadores e de ótimos programas, é apropriado utilizá-los bem, e é essencial compreender o seu funcionamento, mesmo que isso signifique contrariar Picasso.

os computadores são inúteis,
porque podem somente dar respostas

(Pablo Picasso)

Voltando aos exercícios especiais, todos eles estarão marcados com o símbolo @, revelando imediatamente assim sua natureza. Como podemos resolvê-los? O leitor pode ficar tranquilo que ele não será deixado completamente sozinho para enfrentar tais problemas. De fato, o apêndice no final do volume vem com explicações e dicas sobre como lidar com este tipo de exercício e algumas soluções explícitas são feitas com CoCoA (vedi [Co]). O que é CoCoA?

Como já mencionado, CoCoA é um sistema de cálculo simbólico desenvolvido por uma equipe de pesquisadores do Departamento de Matemática da Universidade de Gênova, liderada pelo autor. Para saber um pouco mais, o leitor é convidado a ler o Apêndice e, especialmente, consultar diretamente a página web

http://cocoa.dima.unige.it

Passemos agora à organização do livro. O livro é dividido em uma parte preparatória que contém um prefácio, esta introdução e o índice, um capítulo inicial de natureza introdutória, duas partes matemáticas essenciais (cada uma dividida em quatro capítulos) e uma parte conclusiva que contém o apêndice, algumas observações finais e referências bibliográficas. A parte do conteúdo mais matemático é feita de modo tal que o capítulo inicial e a primeira parte sirvam como introdução muito suave ao tema. O leitor é levado pela mão e acompanhado gradualmente através dos principais temas da álgebra linear.

O instrumento principal é o uso sistemático de exemplos, de fato, como estava escrito nos famosos bilhetes de um certo restaurante chinês *o melhor presente que se pode dar a alguém é um bom exemplo*. O papel principal é interpretado pelas matrizes, que entram delicadamente em cena e progressivamente revelam suas poliedricidades e grande poder de adaptação às mais diferentes situações e problemas. O leitor é levado a construir uma idéia do significado de *modelo matemático* e de *custo computacional*. Esta é, de fato, a parte *para todos* e daqui vem a origem do título do livro.

A segunda parte é ainda *para todos*, desde que... o leitor tenha entendido primeira parte e já não precise ser acompanhado pela mão. Como antes, os exemplos continuam a desempenhar um papel importante, mas os conceitos começam a ficar um pouco mais elaborados. Entram em cena personagens que são um pouco mais complexos, às vezes até *espinhosos* como as formas quadráticas ou mesmo *iluminantes* como os projetores. E as matrizes? As matrizes continuam a desempenhar um papel central, elas são o *pivô* da situação. São *objetos lineares*, porém se adaptam perfeitamente à modelagem de equações do segundo grau. Ligados ao conceito de projeção ortogonal temos também os chamados *projetores*, que nos fornecem uma ferramenta essencial para a solução do famoso problema dos *mínimos quadrados*. Para chegar até esse objetivo precisaremos da ajuda de conceitos matemáticos mais sofisticados, como os de *espaços vetoriais* com seus *sistemas de geradores* e suas *bases*, se possível *ortogonais* ou ainda melhor *ortonormais* e a noção de *pseudoinversa* de uma matriz.

Um destaque especial é dado às matrizes simétricas. Por quê? Algumas pessoas afirmam que os matemáticos escolhem seus objetos de estudo baseados em critérios estéticos e, de fato, a simetria é um critério estético. Porém muitas vezes acontece que certas propriedades aparentemente de caráter somente estéticos são absolutamente cruciais para aplicações práticas. Este é exatamente o caso das matrizes simétricas, que são a *alma* das formas quadráticas e em torno das quais (mas não exclusivamente) ganharão espaço no final do livro, temas e conceitos como *autovalores*, *autovetores* e *autoespaços*. Seria divertido fazer uma ironia sobre esses nomes já que eles parecem retirados dos mercados financeiros ou automobilísticos, mas neste caso é melhor se concentrar em sua grande utilidade que ficará clara no final do livro.

Como eu disse anteriormente, na segunda parte do livro continuamos a enfatizar conceitos e exemplos, mas não as demonstrações e as estruturas formais do tema.

como eu disse antes, eu nunca sou repetitivo

E se alguém quiser ir mais longe? Nenhum problema. Esta é uma das intenções do livro, porém um aviso: Para tanto, é preciso passear em uma biblioteca de matemática ou navegar nos oceanos da Internet para encontrar uma quantidade impressionante de material. De fato, como disse antes e a custo de ser repetitivo, a álgebra é um dos fundamentos básicos da ciência e da tecnologia e, portanto, tem estimulado e continua a estimular muitos autores a dar suas contribuições. É preciso porém ter em mente que o que vem em seguida apresenta maiores dificuldades o que consequentemente os torna não mais *para todos*.

E agora alguns aspectos estilísticos do livro, em particular um comentário sobre a notação. Na tradição italiana os números decimais são escritos usando a vígula como separador, por exemplo $1,26$ (um vírgula vinte e seis) e usando o ponto como separador das cifras nos números grandes, por exemplo $33.200.000$ (trinta e três milhoes e duzentos mil). Na tradição anglo-saxônica utiliza-se o contrário, assim, $\$2,200.25$ significa dois mil e duzentos dólares e vinte e cinco centésimos. Então o que escolher? Um impulso de orgulho nacional deveria nos fazer pender para a primeira notação. Porém nossa vida atual é em contato direto com os computadores e é portanto condicionada ao uso de software que, em grande parte usam o inglês como língua base. A escolha então volta para a segunda estrada. Quando existirão fortes razões práticas ou estéticas para utilizar o separador, escreveremos por exemplo 1.26 para significar uma unidade e vinte e seis centésimos, escreveremos $34,200$ para representar trinta e quatro mil e duzentos.

Outro aspecto muito evidente é a presença de variadas frases de auto-referência, aforismos, citações, palíndromos. O leitor perceberá que em muitos casos elas estarão escritas à *direita* e começam com *letra minúscula* e terminam sem pontuação. Por quê? O autor acredita que até mesmo um livro de matemática pode oferecer algumas idéias não apenas de natureza técnica; como as *estrelas cadentes*, estas frases devem aparecer do nada e rapidamente desaparecer, deixando uma mensagem e uma sensação incompleta que o leitor poderá completar ao seu modo.

Para concluir, vamos tomar uma precaução. O livro se refere continuamente ao *leitor*. São frequentes frases do tipo

– o leitor deve se contentar com uma resposta parcial ...
– não deve ser difícil para o leitor interpretar o significado ...

Que a *leitora* não se ofenda, a idéia de usar sempre "leitor" não é machista, na verdade é somente dada pelo desejo de não tornar o texto cansativo. Que fique claro então que para mim *leitor* significa *pessoa que lê o livro*. Enfim, para *concluir de verdade*, bom divertimento com um pequeno problema e em seguida boa leitura *a todos*!

pequeno problema: completar a sequência com os dois símbolos que faltam
`udtqcsso..`

Genova, 9 Outubro 2006   *Lorenzo Robbiano*
Salvador, 05 Abril 2011   *Taíse Santiago O. Mozzato*

Sumário

Parte II

Parte III

no mundo existem dois grupos de pessoas,
aqueles que pensam que a matemática seja inútil,
e aqueles che pensam

Cálculo numérico e cálculo simbólico

dois terços dos italianos não entendem as frações,
a outra metade não está interessada

Imagino que algum leitor, talvez curioso do título, imediatamente quis certificar-se que o livro é de fato *para todos* e consequentemente chegou até aqui sem ter lido nem o Prefácio nem a Introdução. Em minha opinião tal leitor fez muito mal pois perdeu a parte essencial para entrar no espírito do livro portanto, aconselho-o fortemente de voltar algumas páginas. Porém como a leitura é livre e pessoalmente conheço muitos leitores que possuem o hábito (posso dizer, péssimo?) de não ler as introduções, eu decidi não decepcioná-los e pensei em iniciar o livro com este capítulo muito breve, um típico Capítulo 0 onde se faz alguns exemplos elementares experimentais de cálculo e se discute os resultados obtidos.

Apesar das expressões *cálculo numérico e cálculo simbólico* serem muito ressoantes, na verdade trataremos aqui de questões aparentemente triviais ou dadas como adquiridas nos cursos de segundo grau. O que significa a expressão $ax = b$? Como manipular a expressão $ax = b$? O que significa resolver a equação $ax = b$?

Se o leitor pensa que se trate de uma banalidade, fará muito bem prestar bastante atenção, porque sob um mar calmo se movem em alguns pontos perigosas correntes marítmas; subestimá-las pode ser fatal. E não só, uma leitura feita mantendo uma alta concentração pode-se revelar muito útil para familiarizar-se com importantes conceitos que serão fundamentais no que segue. Por outro lado, *cálculos, números e símbolos* são matéria prima da matemática e o leitor, mesmo se não aspira se tornar um matemático, fará bem em familiarizar-se.

Equação $ax = b$. Tentemos resolvê-la

No ensino fundamental aprendemos que a divisão do número 6 pelo número 2 tem como resposta exata 3. Esse fato se descreve matematicamente, de várias maneiras, por exemplo escrevendo $\frac{6}{2} = 3$ ou $6 : 2 = 3$, ou então dizendo que 3 é a *solução da equação* $2x = 6$, ou que 3 é a solução da equação $2x - 6 = 0$.

Façamos algumas reflexões. A primeira é que a expressão $2x$ significa $2 \times x$ em virtude da convenção de não escrever o operador produto quando não é estritamente necessário. A segunda é que a expressão $2x = 6$ contém o símbolo x, o qual representa a **incógnita** do problema, ou seja o número que multiplicado por 2 nos dá como resultado 6, e possui também dois **números naturais** 2, 6.

Observemos que a solução 3 é um número natural, mas nem sempre isso acontece. Basta considerar o problema de dividir 7 por 4. A descrição matemática é a mesma de antes, ou seja se procura resolver a equação $4x = 7$, porém dessa vez se percebe que *não existe nenhum número natural* que multiplicado por 4 nos dê 7 como resultado. Neste momento temos duas estradas a seguir.

A primeira é a de utilizar o **algoritmo** do cálculo da divisão de dois números naturais. Esta estrada nos leva à solução 1.75, que che é um também chamado **número decimal**. A segunda é a de *criar um ambiente mais amplo* o dos **números racionais**. Por esta estrada chegamos à solução $\frac{7}{4}$. Observemos que 1.75 e $\frac{7}{4}$ são duas representações distintas do mesmo objeto matemático, ou seja a solução da equação $4x = 7$.

Porém a situação pode ser ainda mais complicada. Vamos tentar resolver um problema muito semelhante, ou seja $3x = 4$. Enquanto a solução $\frac{4}{3}$ se encontra linda e pronta nos números racionais, se utilizamos o algoritmo da divisão, encontramos um *ciclo infinito*. Produzimos o número 1.33333333......
e observamos que o símbolo 3 se repete ao infinito, visto que a cada iteração do algoritmo nos deparamos com a mesma situação. Podemos por exemplos concluir dizendo que o símbolo 3 é *periódico* e escrever convencionalmente o resultado como $1.\overline{3}$, ou então como 1.(3). Uma outra maneira de tentar resolver o problema é a de sair do ciclo depois de um certo número fixado de etapas, por exemplo cinco. Em tal caso concluímos que a solução é 1.33333.

Nos deparamos porém com um grande problema. Se transformamos o número 1.33333 em um número racional, encontraremos $\frac{133333}{100000}$, que *não é igual* a $\frac{4}{3}$. De fato temos

$$\frac{4}{3} - \frac{133333}{100000} = \frac{4 \times 100000 - 3 \times 133333}{300000} = \frac{400000 - 399999}{300000} = \frac{1}{300000}$$

e $\frac{1}{300000}$ é um *número muito pequeno* mas não nulo.

Poderá ser útil então trabalhar com número que tem um *número fixo de decimais*, porém o preço a pagar é a imprecisão dos resultados. Então por que não trabalhar sempre com *números exatos*, como por exemplo os números racionais?

Por enquanto o leitor deverá se satisfazer com uma resposta parcial, mas que sugere a essência do problema.

- Um motivo é que trabalhar com números racionais é *muito mais caro* do ponto de vista do cálculo.
- Um outro motivo é que *nem sempre temos à disposição números racionais* como dados dos nossos problemas.

Em relação ao primeiro motivo é suficiente pensar na dificuldade de reconhecimento das máquinas calculadoras que *frações equivalentes*, como por exemplo $\frac{4}{6}, \frac{6}{9}, \frac{2}{3}$, representam o *mesmo número racional*.

Para o segundo motivo suponhamos por exemplo que queremos encontrar a razão entre a distância terra-sol e a distância terra-lua. Seja b a primeira e a a segunda, a equação que representa o nosso problema é a nossa velha conhecida $ax = b$. Porém não podemos acreditar que é razoável ter à disposição *números exatos* para representar tais distâncias. Os dados iniciais do nosso problema são *necessariamente aproximados*. Neste caso tal dificuldade deve ser considerada como não eliminável e deveremos tomar as devidas precauções.

Equação $ax = b$. Atenção aos erros

Vamos voltar à nossa equação $ax = b$. Em relação ao tipo dos números a, b e em base à natureza do problema, podemos procurar **soluções exatas** ou **soluções aproximadas**. Já observamos na seção anterior que $\frac{4}{3}$ é uma solução exata de $3x = 4$, ou equivalentemente de $3x - 4 = 0$, enquanto 1.33333 é uma solução aproximada, que difere da solução exata somente de $\frac{1}{300000}$, ou, usando uma outra notação muito comum $3.\bar{3} \cdot 10^{-6}$. Levando em consideração o fato que, como vimos na seção anterior, nem sempre é possível trabalhar com números exatos, chegamos a pensar que um pequeno erro pode ser amplamente tolerável. Mas a vida é cheia de obstáculos.

Suponhamos que os dados são $a = \frac{1}{300000}$, $b = 1$. A solução correta é $x = 300000$. Se cometemos um erro na avaliação de a e acreditamos que $a = \frac{2}{300000}$, o erro é de $\frac{1}{300000}$, ou seja uma quantidade que agora a pouco declaramos que poderia ser amplamente tolerável. Porém agora nossa equação $ax = b$, tem como solução $x = 150000$, que difere da solução correta de 150000.

O que aconteceu? Simplesmente o fato que quando se divide um número b por um *número muito pequeno a*, o resultado é *muito grande*, então se alteramos o número a por uma quantidade muito pequena, o resultado é alterado por uma quantidade muito grande. Tais problemas, que devem permanecer em mente quando se trabalha com quantidades aproximadas, deram origem a um amplo setor da matemática chamado **cálculo numérico**.

Equação $ax = b$. Manipulemos os símbolos

Tudo que acabamos de falar sobre dados e soluções aproximadas não considera porém algumas manipulações de natureza puramente formal ou simbólica. Por exemplo as crianças aprendem na escola que, a partir da equação $ax = b$, é possível escrever uma equação equivalente *colocando b no primeiro membro e mudando de sinal*. Começamos então a dizer que se trata de um exemplo de **cálculo simbólico**, mais precisamente do uso de uma *regra de reescritura*.

O que significa exatamente? Se α é uma solução da nossa equação, temos uma igualdade de números $a\alpha = b$ e portanto uma igualdade $a\alpha - b = 0$. Esta observação nos permite concluir que a equação $ax = b$ é *equivalente* à equação $ax - b = 0$, no sentido que possui as *mesmas soluções*. A transformação de $ax = b$ em $ax - b = 0$ é uma manipulação puramente simbólica, *independente da natureza do problema*. É interessante comentarmos que *nem sempre* tal manipulação é permitida. Se por exemplo trabalhamos com os números naturais, a expressão $2x = 4$ não pode ser transformada em $-4 + 2x = 0$ pois -4 não existe no conjunto dos números naturais.

Agora queremos ir um pouco mais além, ou seja queremos *resolver* a equação *independentemente dos valores de a e b*. Em outros termos, queremos encontrar uma expressão para a solução de $ax = b$ (ou equivalentemente $ax - b = 0$), que dependa somente de a e de b e não de valores particulares que lhes sejam atribuídos.

Dito dessa maneira, não é possível. De fato, por exemplo o que acontece se $a = 0$? Em tal situação os casos possíveis são dois, ou $b \neq 0$ ou $b = 0$. No primeiro caso claramente *não existem soluções*, porque nenhum número multiplicado por zero nos dá um número diferente de zero. No segundo caso ao invés *todos os números são solução*, pois todo número multiplicado por zero nos dá zero.

Parece então que se $a = 0$ a equação $ax = b$ apresente comportamentos extremos. A situação volta a ser tranquila se supormos que $a \neq 0$; em tal caso podemos imediatamente concluir que $\frac{b}{a}$ é a única solução. Mas temos certeza? Não dissemos na seção anterior que a equação $4x = 7$ *não possui solução inteira*? E 4 com certeza é diferente de 0!

O problema é o seguinte. Para poder concluir que se $a \neq 0$, então $\frac{b}{a}$ é solução de $ax = b$, devemos ter conhecimento que $\frac{b}{a}$ *tem sentido*. Sem entrar na sofisticação algébrica que envolve esse pedido, nos limitaremos a observar que os números racionais, os números reais e os números complexos tem essa propriedade, usando o fato que se a é um número racional, real ou complexo diferente de zero, então seu *inverso* existe (que em álgebra se chama a^{-1}). Por exemplo o inverso de 2 nos números racionais é $\frac{1}{2}$, enquanto nos números inteiros não existe.

Este tipo de raciocínio é de natureza deliciosamente matemática, porém suas aplicações são cada vez mais importantes. A tecnologia atual permite ter a disposição hardwares e softwares com os quais podemos manipular simbolicamente dados e, por conta disso, um novo setor da matemática que se ocupa deste tipo de coisa está emergindo com força. Se trata do conhecido cálculo simbólico, também chamado de **álgebra computacional** ou **computer algebra** (veja [R06]).

Exercícios

Antes de iniciar a resolver os problemas propostos nos exercícios, permite-me te dar-te um conselho. Lembre que, além das técnicas aprendidas ao longo do caminho é sempre bom utilizar o bom senso. Não se trata de uma piada. Acontece muitas vezes, por exemplo, com os estudantes universitários: eles se concentram tanto na utilização das fórmulas estudadas no curso, que não percebem que às vezes basta na verdade o bom senso para resolver os problemas. E se não basta, pelo menos ajuda.

Exercício 1. Que potência de 10 é solução de $0.0001x = 1000$?

Exercício 2. Considere a equação $ax - b = 0$, onde $a = 0.0001$, $b = 5$.

(a) Determinar a solução α.

(b) De quanto devo alterar a para obter uma solução que difere de α por pelo menos 50000?

(c) Se p é um número positivo menor que a, produzimos um erro maior substituindo a pelo número $a - p$, ou pelo número $a + p$?

Exercício 3. Dar um exemplo de uma equação do tipo $ax = b$, onde o erro do coeficiente afeta pouco o erro da resposta.

Exercício 4. Porque apesar do inverso de 2 não existir nos inteiros, é possível resolver nos inteiros a equação $2x - 6 = 0$?

Exercício 5. As duas equações $ax - b = 0$ e $(a - 1)x - (b - x) = 0$ são equivalentes?

Exercício 6. Consideremos as equações do tipo $ax - b = 0$, com parâmetro.

(a) Encontrar as soluções reais de $(t^2 - 2)x - 1 = 0$ ao variar de t em $\mathbb{Q}$.

(b) Encontrar as soluções reais de $(t^2 - 2)x - 1 = 0$ ao variar de t em $\mathbb{R}$.

(c) Encontrar as soluções reais de $(t^2 - 1)x - t + 1 = 0$ ao variar de t em $\mathbb{N}$.

(d) Encontrar as soluções reais de $(t^2 - 1)x - t + 1 = 0$ ao variar de t em $\mathbb{R}$.

Parte I

1

Sistemas lineares e matrizes

hipóteses lineares em um mundo não linear
são altamente perigosas

(Adam Hamilton)

No capítulo introdutório esquentamos os motores estudando a equação $ax = b$. O que vem depois? Posso adiantar que neste capítulo encontraremos problemas de transporte e reações químicas, cálculo de dietas, tabelas da loteria esportiva, construções arquitetônicas, meteorologia. Por quê? Você quer mudar de assunto? Pelo contrário. O fascínio da matemática, mesmo na sua menos sofisticadas expressões, reside na capacidade de *unificar* argumentos tornando-os muito diferentes.

Na verdade veremos muitos exemplos aparentemente distintos, mas descobriremos que tais exemplos podem ser condensados em um modelo matemático muito simples, chamado de *sistema linear*. Por isso, é natural perguntar como se representa um sistema linear, e aqui entrarão em cena as *primeiras-damas*, aquelas que estarão em *primeiro plano* até o fim, as *matrizes*.

Como resultado da nossa investigação inicial, veremos como as matrizes nos permitirão utilizar o formalismo $A\mathbf{x} = \mathbf{b}$ para sistemas lineares. Será muito semelhante à familiar equação $ax = b$ de onde iniciamos e, imagino que, nesse aspecto todos nós concordamos.

Qualquer leitor mais experiente observará que o mundo que vivemos não é linear e que a vida é cheia de obstáculos. É verdade, mas se você for capaz de olhar com cuidado, descobrirá muitos *fenômenos lineares* onde você menos espera. Curioso para saber onde? Um pouco de paciência e você ficará satisfeito, porém precisaremos um pouco de sua colaboração por parte de vocês. Será necessário, por exemplo, acostumar-se não somente com os sistemas lineares e as matrizes, mas também com os *vetores*.

Robbiano L.: Álgebra Linear para todos
© Springer-Verlag Italia 2011

1.1 Exemplos de Sistemas Lineares

Vejamos alguns exemplos. O primeiro é um nosso conhecido do capítulo anterior.

Exemplo 1.1.1. A equação ax = b
Como dissemos, o primeiro exemplo coloca a equaç°o $ax = b$ no novo contexto de exemplos de **sistemas lineares**.

O segundo é um velho conhecido de quem já estudou geometria analítica.

Exemplo 1.1.2. A reta no plano
A equação linear $ax + by + c = 0$ representa uma reta no plano. Voltaremos mais tarde, em particular no final da Seção 4.2, para esclarecer o fato de uma equação representar um ente geométrico.

E se queremos intersectar duas retas no plano? Feito!

Exemplo 1.1.3. Interseção de duas retas

$$\begin{cases} ax + by + c = 0 \\ dx + ey + f = 0 \end{cases}$$

Observe que começamos a ter muitas letras, mas por enquanto este fato não deve nos preocupar e definitivamente vamos tentar ver algo mais interessante.

Exemplo 1.1.4. O transporte
Suponhamos que temos duas fábricas F_1, F_2, que produzem respectivamente $120, 204$ automóveis. Suponhamos também que as fábricas devam fornecer seus automóveis a dois revendedores R_1, R_2, que solicitam respectivamente 78 e 246 automóveis. Observemos que nesta situação temos

$$120 + 204 = 78 + 246 = 324$$

e então nos estamos em condição de fazer um plano de transporte.. Por exemplo se chamamos x_1, x_2 número de automóveis que serão transportados da fábrica F_1 aos revendedores R_1, R_2 respectivamente e de y_1, y_2 o número de automóveis que serão transportados da fábrica F_2 respectivamente aos revendedores R_1, R_2, devemos ter

$$\begin{cases} x_1 + x_2 = 120 \\ y_1 + y_2 = 204 \\ x_1 + y_1 = 78 \\ x_2 + y_2 = 246 \end{cases}$$

Se trata de um sistema linear. O nosso problema do transporte foi traduzido em um modelo matemático; em outras palavras este sistema linear capturou a essência matemática do problema.

Existem 4 equações e 4 incógnitas. Podemos esperar que exista uma solução ou até mesmo muitas soluções? Por enquanto ainda não temos maneiras técnicas para responder a essa pergunta, porém podemos utilizar o caminho das tentativas e descobrir facilmente que $x_1 = 78$, $x_2 = 42$, $y_1 = 0$, $y_2 = 204$ é solução. Não só isso, também que $x_1 = 70$, $x_2 = 50$, $y_1 = 8$, $y_2 = 196$ é solução bem como a quádrupla $x_1 = 60$, $x_2 = 60$, $y_1 = 18$, $y_2 = 186$. Assim parece ser claro que existem muitas soluções. Quantas? Por que pode ser importante conhecer todas elas?

Suponhamos que os custos unitários do transporte das fábricas aos revendedores sejam distintos, por exemplo que o custo de transporte por unidade de F_1 à R_1 seja 10 euros, de F_1 à R_2 9 euros, de F_2 à R_1 13 euros e de F_2 à R_2 seja 14 euros. As três soluções acima nos darão respectivamente um custo total de

$$10 \times 78 \; + \; 9 \times 42 \; + \; 13 \times \; 0 \; + \; 14 \times 204 \; = \; 4.014 \text{ euros}$$

$$10 \times 70 \; + \; 9 \times 50 \; + \; 13 \times \; 8 \; + \; 14 \times 196 \; = \; 3.998 \text{ euros}$$

$$10 \times 60 \; + \; 9 \times 60 \; + \; 13 \times 18 \; + \; 14 \times 186 \; = \; 3.978 \text{ euros}$$

A terceira solução é *mais conveniente*. Porém entre todas as soluções possíveis será a mais conveniente? Para responder a perguntas desse tipo parece clara a necessidade de conhecer *todas as soluções* e em pouco tempo seremos capazes de fazê-lo. Em particular entenderemos que a resposta à pergunta anterior é não.

Exemplo 1.1.5. Uma reação química

Combinando átomos de *cobre* (Cu) com moléculas de *ácido sulfúrico* (H_2SO_4), obtemos por reação moléculas de *sulfato de cobre* ($CuSO_4$), de *água* (H_2O) e de *dióxido de enxofre* (SO_2). Queremos determinar o número de moléculas que entram para fazer parte da reação. Indicamos com x_1, x_2, x_3, x_4, x_5 respectivamente o número de moléculas de Cu, H_2SO_4, $CuSO_4$, H_2O e SO_2. A reação vem expressa com uma igualdade do tipo

$$x_1 Cu + x_2 H_2SO_4 = x_3 CuSO_4 + x_4 H_2O + x_5 SO_2$$

Na verdade a igualdade não nos fornece totalmente todas as informações, dado que nossa reação é orientada, ou seja *parte da esquerda e chega até a direita*. Por outro lado, o vínculo é que o número de átomos de cada elemento seja o mesmo antes e depois da reação (em *matematiquês* se diria que o número de átomos de cada elemento é um **invariante** da reação química). Por exemplo o número de átomos de oxigênio (O) é $4x_2$ no primeiro membro e $4x_3 + x_4 + 2x_5$ no segundo membro e portanto temos $4x_2 = 4x_3 + x_4 + 2x_5$.

Assim, os cinco números x_1, x_2, x_3, x_4, x_5 são vinculados através das seguintes relações

$$\begin{cases} x_1 & - & x_3 & & & = 0 \\ & 2x_2 & & - & 2x_4 & & = 0 \\ & x_2 & - & x_3 & & - & x_5 = 0 \\ & 4x_2 & - & 4x_3 & - & x_4 & - & 2x_5 = 0 \end{cases}$$

Temos acima um sistema linear, um modelo matemático para o problema químico em questão. Em outras palavras resgatamos a essência do problema matemático dado pela invariância do número de átomos de cada elemento nos dois membros da reação.

O problema seguinte naturalmente é resolver o sistema. Ainda não sabemos como fazer, porém neste caso vamos tentar fazer alguns *experimentos de cálculo*. A primeira equação nos diz que $x_1 = x_3$ e a segunda que $x_2 = x_4$. Logo podemos colocar tais informações na terceira e quarta equações substituindo x_1 por x_3 e colocando x_4 no lugar de x_2. Dessa maneira, obtemos $x_4 - x_3 - x_5 = 0$ e $3x_4 - 4x_3 - 2x_5 = 0$. Da primeira obtemos que $x_3 = x_4 - x_5$, que novamente substituimos na segunda equação obtendo $-x_4 + 2x_5 = 0$, e portanto a igualdade $x_4 = 2x_5$. Voltando um pouco se obtém que $x_3 = x_5$ e portanto se reconsideramos as primeiríssimas duas equações obtemos $x_1 = x_5$, $x_2 = 2x_5$. Toda essa conversa no momento é muito empírica, depois iremos ver como torná-la mais rigorosa e precisa. Por enquanto nos satisfaremos em observar que as soluções de nosso sistema podem ser escrita como $(x_5, 2x_5, x_5, 2x_5, x_5)$ com x_5 completamente arbitrário. Temos então um caso em que existem infinitas soluções, porém a que nos interessa possui números naturais em suas componentes (não teria sentido falar de -2 moléculas), além disso tais números devem ser o menor possível. Este último pedido é semelhante ao mencionado no problema do transporte. Em nosso caso é fácil ver que existe uma tal solução e é $(1, 2, 1, 2, 1)$. Em conclusão a reação química correta é a seguinte

$$Cu + 2H_2SO_4 = CuSO_4 + 2H_2O + SO_2$$

que se lê da seguinte maneira: Uma molécula de cobre e duas moléculas de ácido sulfúrico dão origem por reação à uma molécula de sulfato de enxofre, duas moléculas de água e uma molécula de dióxido de enxofre.

Exemplo 1.1.6. A dieta
Suponhamos que queremos preparar um café da manhã com manteiga, presunto e pão, de maneira tal que obtenhamos 500 calorias, 10 gramas de proteína e 30 gramas de gorduras. A tabela abaixo mostra o número de calorias, proteínas (expressas em grama) e de gorduras (expressas em grama) encon-

tradas em 1 grama de manteiga, de presunto e de pão.

	manteiga	presunto	pão
calorias	7.16	3.44	2.60
proteínas	0.006	0.152	0.085
gorduras	0.81	0.31	0.02

Se indicamos com x_1, x_2, x_3 respectivamente o número de gramas de manteiga, presunto e pão, a resposta à nossa questão nada mais é que a solução do sistema linear

$$\begin{cases} 7.16\,x_1 + 3.44\,x_2 + 2.60\,x_3 = 500 \\ 0.006\,x_1 + 0.152\,x_2 + 0.085\,x_3 = 10 \\ 0.81\,x_1 + 0.31\,x_2 + 0.02\,x_3 = 30 \end{cases}$$

Também teremos que esperar um pouco nesse problema. Descobriremos adiante como resolvê-lo. Enquanto isso é bom não cair tentação e exagerar na comida.

Exemplo 1.1.7. A ponte
Devemos construir uma ponte para ligar as duas margens de um rio que se encontram em diferentes níveis, como indicado na figura. Assumiremos que a ponte tenha um perfil parabólico e que os parâmetos do projetista são p_1, p_2, c, ℓ, descritos da seguinte maneira: p_1 representa a inclinação da ponte no ponto A conectado à primeira margem, p_2 representa a inclinação da ponte no ponto B conectado à segunda margem, c representa a altura da primeira margem no ponto de fixação da ponte e ℓ representa a largura do leito do rio em correspondência com a ponte.

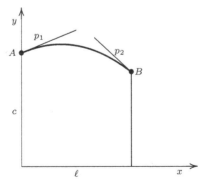

O problema é o de determinar a altura máxima da ponte em função dos parâmetros dados. A fim de encontrar a solução devemos recorrer a algumas noções de geometria analítica, que assumiremos serem conhecidas.

Fixados os eixos cartesianos ortogonais como na figura, a equação genérica da parábola é do tipo $y = ax^2 + bx + c$. O coeficiente c é exatamente o que já chamamos de c antes, já que o ponto de interseção da parábola com o eixo y é o ponto de coordenada $(0, c)$. O ponto A há abscissa 0 e a abscissa do ponto

ponto B é ℓ; a primeira derivada de $ax^2 + bx + c$ em relação a x é $2ax + b$ logo vale b no ponto A e vale $2a\ell + b$ no ponto B. Consequentemente temos $p_1 = b$, $p_2 = 2a\ell + b$. Para determinar os valores de a, b e portanto determinar a equação da parábola devemos resolver o sistema:

$$\begin{cases} b - p_1 & = 0 \\ 2a\ell + b & - p_2 = 0 \end{cases}$$

onde a e b são as incógnitas, p_1, p_2, ℓ são parâmetros. Naturalmente neste caso a solução é encontrada imediatamente, e é dada por $b = p_1$, $a = \frac{p_2 - p_1}{2\ell}$ e a equação da parábola é portanto

$$y = \frac{p_2 - p_1}{2\ell} x^2 + p_1 x + c$$

A partir dessa equação podemos observar que a altura da margem no ponto B, ou seja a ordenada do ponto B, é fixa e vale $\frac{p_2 - p_1}{2\ell} \ell^2 + p_1 \ell + c$, ou seja $\frac{p_1 + p_2}{2} \ell + c$. Igualando a primeira deivada do segundo membro da equação da parábola a 0 temos $2\frac{p_2 - p_1}{2\ell} x + p_1 = 0$, de onde obtemos $x = \frac{\ell p_1}{p_1 - p_2}$ e assim a ordenada do ponto de máximo da parábola

$$y = \frac{p_2 - p_1}{2\ell} \left(\frac{\ell p_1}{p_1 - p_2} \right)^2 + p_1 \frac{\ell p_1}{p_1 - p_2} + c$$

que se simplifica

$$y = \frac{\ell p_1^2}{2(p_1 - p_2)} + c.$$

A **solução paramétrica** é adequada para o estudo do problema ao variar dos dados iniciais.

Acabamos de ver muitos exemplos de sistemas de equações que se adaptam a descrever diferentes situações. Porém, uma característica une todos esses exemplos: os sistemas de equações associados são todos **sistemas lineares**. Mas, em essência, o que significa exatamente sistema linear? Esta é uma questão importante e merece uma resposta rápida. A próxima seção servirá para preparar os instrumentos que nos permitirão responder à esta pergunta.

1.2 Vetores e matrizes

Dois tipos de objetos matemáticos serão de fundamental importância no que segue, os **vetores** e as **matrizes**. Assim, antes de responder às questões deixadas em aberto, indroduziremos alguns exemplos significativos.

Exemplo 1.2.1. A velocidade

A idéia de vetor utilizada na física é bem conhecida, eles são utilizados por exemplo para expressar a aceleração, a força e a velocidade. Voltaremos a esses

exemplos mais à frente. Por enquanto é suficiente dizer que um vetor velocidade é escrito como $v = (2, -1)$, significando que sua **componente** horizontal
possui 2 unidades de medida, por exemplo metros por segundo, enquanto a
componente vertical possui -1 unidade de medida. Repito, voltaremos a esse
conceito no Capítulo 4. Por enquanto vamos nos satisfazer (com pouco).

Exemplo 1.2.2. O Bilhete da Loteca

O bilhete da loteca é um exemplo de vetor de tipo diferente, que pode ser es-
quematizado com uma sequência ordenada de números e símbolos, por exemplo

$$s = (1, X, X, 2, 2, 1, 1, 1, 1, X, X, 1, 1).$$

Exemplo 1.2.3. Temperaturas

Sejam N, C, S três localidades italianas, uma do norte, uma do centro e uma do
sul. Suponhamos que foram registradas nas três localidades dadas as temperaturas médias nos 12 meses do ano. Como podemos armazenar esta informação?
Se escrevemos

$$\begin{pmatrix} & J & F & M & A & M & J & J & A & S & O & N & D \\ N & 4 & 5 & 8 & 12 & 16 & 19 & 24 & 25 & 20 & 16 & 9 & 5 \\ C & 6 & 7 & 11 & 15 & 17 & 24 & 27 & 28 & 25 & 19 & 13 & 11 \\ S & 6 & 8 & 12 & 17 & 18 & 23 & 29 & 29 & 27 & 20 & 14 & 12 \end{pmatrix}$$

com certeza teremos uma representação clara da informação disponível. Porém exite uma *sobreposição* de dados bem como uma *não homogeneidade* dos
mesmos.

Se denotamos as três localidades com os símbolos L_1, L_2, L_3 e os meses do
ano com os símbolos $M_1, \ldots, M_{12}$, a primeira linha e a primeira coluna não
são mais necessárias. É suficiente escrever

$$\begin{pmatrix} 4 & 5 & 8 & 12 & 16 & 19 & 24 & 25 & 20 & 16 & 9 & 5 \\ 6 & 7 & 11 & 15 & 17 & 24 & \mathbf{27} & 28 & 25 & 19 & 13 & 11 \\ 6 & 8 & 12 & 17 & 18 & 23 & 29 & 29 & 27 & 20 & 14 & 12 \end{pmatrix}.$$

De fato, o número 27 em negrito, refere-se à segunda localidade L_2 pois está
localizado na *segunda linha* e porque está na *sétima coluna* se refere ao sétimo
mês, ou seja o mês de Julho. As vantagens de usar essa representação são as
seguintes:

- a tabela é menor;
- os dados da tabela são homogêneos (temperaturas).

Podemos então considerar os vetores e matrizes como recipientes de informações numéricas. Olhando novamente os exemplos anteriores, é natural
nos perguntarmos: os vetores são um particular tipo de matriz? Para dar uma
resposta vamos voltar ao Exemplo 1.2.2.

Indicaremos com $s = (1, X, X, 2, 2, 1, 1, 1, 1, X, X, 1, 1)$ um específico bilhete da Loteca, em outras palavras utilizamos o vetor s para armazenar os 13 símbolos $1, X, X, 2, 2, 1, 1, 1, 1, X, X, 1, 1$. Naturalmente podemos considerar s como uma *matriz com uma só linha*, porém alguém poderia observar que normalmente o bilhete da Loteca é escrito em *coluna*. Então poderemos considerar s como a seguinte matriz com uma só coluna

$$\begin{pmatrix} 1 \\ X \\ X \\ 2 \\ 2 \\ 1 \\ 1 \\ 1 \\ 1 \\ X \\ X \\ 1 \\ 1 \end{pmatrix}$$

Conclui-se, por agora, dizendo que um vetor pode ser visto seja como uma matriz linha que como uma matriz coluna, já que a informação codificada é a mesma. É útil saber que normalmente se usa como *convenção* os *vetores escritos como matriz coluna*. Porém é bom deixar claro que em matemática vetores e matrizes são *entidades diferentes* e que quando falamos de vetor linha ou vetor coluna, na verdade estamos nos referindo de matriz linha ou matriz coluna que *representa* o vetor, porém não são a mesma coisa do vetor. Mais adiante utilizaremos muitas vezes as identificações mencionadas acimas.

1.3 Sistemas lineares genéricos e matrizes associadas

Estamos finalmente prontos para responder a pergunta deixada no ar no final da Seção 1.1. Lembremos que a pergunta era: o que é um sistema linear? Vamos considerar, por simplicidade, o caso de uma só equação, por exemplo $x - 3y = 0$. O que percebemos? A principal característica é que as *incógnitas* x, y aparecem na expressão com expoente um. Mas isso não é tudo, o mesmo occorre na expressão $xy - 1$ bem como em $e^x - 1$, as incógnitas aparecem com expoente um. A conversa se torna um pouco mais técnica e a definição precisa é a seguinte:

> *Uma expressão linear é uma expressão polinomial onde todos os monômios tem grau menor ou igual a um.*

Fica fora então a expressão $e^x - 1$, que não é um polinômio, e a expressão $xy - 1$, que é um polinômio porém não é linear por possui um monômio de grau 2. Exemplos de **equações lineares** são portanto $x - \frac{2}{3}y - 1 = 0$ e a equação linear genérica com uma incógnita, a nossa velha conhecida $ax - b = 0$. Ao invés da palavra incógnita os algebristas muitas vezes utilizam a palavra **indeterminada**.

Vejamos agora um exemplo muito conhecido de *todos*. Em um quadrado de lado ℓ, o perímetro é dado pela expressão $p = 4\ell$, e a área A é dada por $A = \ell^2$. Observamos imediatamente que 4ℓ é uma expressão linear, porém ℓ^2 não é linear, já que o expoente de ℓ é 2. De fato se trata de uma expressão também chamada de *quadrática*. O efeito prático é evidente: se por exemplo dobramos o lado do quadrado, o perímero também dobra porém, a área é quadruplicada (efeito quadrático).

Como descrever um **sistema de equações lineares genérico**? Antes de mais nada, o que significa a palavra genérico? Já notamos que para tratarmos de problemas, até mesmo de distinta natureza, é fácil termos que recorrer aos sistemas lineares, que representam os comumente chamados **modelos matemáticos** do problema. E mesmo que os problemas sejam completamente diferentes, uma vez que seu modelo é o de um sistema de equações lineares, todos eles podem ser tratados de uma mesma maneira. Esta é a verdadeira força da matemática!

A fim de unificar a discussão é importante encontrar a linguagem correta. Por exemplo, o primeiro problema que trataremos será o de decidir como escrever de maneira abstrata um sistema linear genérico, de forma tal que todo sistema linear possa ser visto como um caso particular de tal sistema sistema. Será então conveniente utilizar alguns símbolos tanto para o número de linhas quanto para o número de colunas bem como para o número de coeficientes e de incógnitas. Da mesma maneira que descrevemos $ax = b$ como uma equação linear genérica a uma incógnita iremos (utilizando sejam letras que números) escrever um sistema linear genérico, que por comodidade denotaremos $\mathcal{S}$. Vejamos como descrever $\mathcal{S}$.

$$\begin{cases} a_{11}x_1 + a_{12}x_2 + \cdots + a_{1c}x_c &= b_1 \\ a_{21}x_1 + a_{22}x_2 + \cdots + a_{2c}x_c &= b_2 \\ \cdots\cdots\cdots\cdots\cdots\cdots\cdots\cdots &= \cdots \\ a_{r1}x_1 + a_{r2}x_2 + \cdots + a_{rc}x_c &= b_r \end{cases}$$

A primeira vista parece um pouco mistérioso, porém vamos tentar fazer uma análise atentamente. O que significa r? É o nome dado ao número de linhas, ou seja, ao número de equações. O que significa c? É o nome dado ao número de colunas, ou seja, ao número de incógnitas. Por que colocamos um duplo índice nos coeficientes? A razão deste artifício nos permite identificar os coeficientes de maneira não ambígua. Por exemplo a_{12} é o nome do coeficiente de x_2 na primeira equação, a_{r1} é o nome do coeficiente de x_1 na r-ésima equação e assim por diante. Já que estamos em um nível abstrato, aproveito para dizer que os matemáticos denominam **sistemas lineares homogêneos** àqueles cujos *termos constantes* $b_1, b_2, \ldots, b_r$ são todos zero.

Vamos tentar ver se realmente dessa maneira conseguiremos descrever um sistema linear qualquer. Consideremos, por exemplo, o seguinte sistema linear com duas equações e quatro incógnitas

$$\begin{cases} 5x_1 + 2x_2 - \frac{1}{2}x_3 - x_4 = 0 \\ x_1 - x_3 + \frac{12}{5}x_4 = 9 \end{cases}$$

O primeiro passo é tentar identificar o sistema linear acima como um caso particular de $\mathcal{S}$. Imediatamente observamos que $a_{11} = 5$, $a_{12} = 2$, $a_{13} = -\frac{1}{2}$, $a_{14} = -1$, $b_1 = 0$ e assim por diante. Mas, onde foi parar o a_{22}? Naturalmente $a_{22} = 0$ e por isso não escrevemos o termo $0x_2$ na segunda equação. Por fim, notamos que neste caso temos $r = 2$, $c = 4$.

Se voltamos a considerar os exemplos da Seção 1.1, podemos observar que nem sempre utilizamos o esquema geral $\mathcal{S}$, pois podem existir algumas exigências especiais. No Exemplo 1.1.2, ao invés de escrever $a_{11}x_1 + a_{12}x_2 = b_1$, escrevemos $ax + by + c = 0$. Tal representação parece ser muito diferente. Vamos olhar para essas diferenças mais de perto.

Em primeiro lugar não utilizamos os índices duplos. Por quê? O motivo deve ser claro. Se o sistema é formado por uma só equação não é necessária a utilização de um índice para indicar uma *única linha*. Os índices de coluna também não são utilizados pois também não são necessários. Temos que somente três coeficientes devem ser indicados e portanto escolhemos a, b, c, ao invés de a_1, a_2, $-a_3$.

No Exemplo 1.1.4 utilizamos uma estratégia diferente para dar nomes as incógnitas. Se vocês lembram, chamamos de x_1, x_2 o número de automóveis a serem transportados da fábrica F_1 até os revendedores R_1, R_2 respectivamente e com y_1, y_2 número de automóveis a serem transportados da fábrica F_2 até os revendedores R_1, R_2 respectivamente. Se quiséssemos generalizar o exemplo, esta escolha não natural poderia nos colocar em dificuldade. O Exercício 5 é dedicado a esta observação.

Vamos voltar ao problema fundamental de identificar um sistema linear. Retomando o sistema genérico $\mathcal{S}$

$$\begin{cases} a_{11}x_1 + a_{12}x_2 + \cdots + a_{1c}x_c &= b_1 \\ a_{21}x_1 + a_{22}x_2 + \cdots + a_{2c}x_c &= b_2 \\ \dots\dots\dots\dots\dots\dots\dots\dots\dots &= \cdots \\ a_{r1}x_1 + a_{r2}x_2 + \cdots + a_{rc}x_c &= b_r \end{cases}$$

A partir do momento que decidimos indicar com r o número de equações e com c o número de incógnitas, e além disso decidimos chamar de $x_1, x_2, \ldots, x_c$ as incógnitas do sistema, percebemos que fizemos uma atribuição totalmente subjetiva. Por exemplo, poderíamos ter indicado com m o número de equações, n o número de incógnitas e $y_1, y_2, \ldots, y_n$ as próprias incógnitas. Não mudaria nada, exceto o *aspecto gráfico* do próprio sistema. Então o que realmente caracteriza o sistema $\mathcal{S}$?

A resposta é que os **elementos que caracterizam o sistema $\mathcal{S}$** são os coeficientes a_{ij} e b_j, ao variar de $i = 1, \ldots, r$, $j = 1, \ldots, c$. Para esclarecer melhor este conceito consideramos os seguintes sistemas lineares

$$\begin{cases} x_1 + x_2 - x_3 = 0 \\ x_1 - 2x_2 + \frac{1}{4}x_3 = \frac{1}{2} \end{cases} \qquad \begin{cases} y_1 + y_2 - y_3 = 0 \\ y_1 - 2y_2 + \frac{1}{4}y_3 = \frac{1}{2} \end{cases}$$

Neste caso temos o mesmo sistema escrito de duas maneiras diferentes. Consideremos agora os seguintes dois sistemas lineares

$$\begin{cases} x_1 + x_2 - x_3 = 0 \\ x_1 - 2x_2 + \frac{1}{4}x_3 = \frac{1}{2} \end{cases} \qquad \begin{cases} x_1 + 2x_2 - x_3 = 0 \\ x_1 - 2x_2 + \frac{1}{4}x_3 = 1 \end{cases}$$

Aqui tratamos de dois sistemas distintos, embora tenhamos utilizado os mesmos nomes para as incógnitas.

Começa a ficar claro que as informações do sistema $\mathcal{S}$ são totalmente contidas na **matriz incompleta**

$$A = \begin{pmatrix} a_{11} & a_{12} & \ldots & a_{1c} \\ a_{21} & a_{22} & \ldots & a_{2c} \\ \vdots & \vdots & \vdots & \vdots \\ a_{r1} & a_{r2} & \ldots & a_{rc} \end{pmatrix}$$

e no vetor dos termos constantes

$$\mathbf{b} = \begin{pmatrix} b_1 \\ b_2 \\ \vdots \\ b_r \end{pmatrix}$$

ou, se você preferir na **matriz completa**

$$B = \begin{pmatrix} a_{11} & a_{12} & \ldots & a_{1c} & b_1 \\ a_{21} & a_{22} & \ldots & a_{2c} & b_2 \\ \vdots & \vdots & \vdots & \vdots & \vdots \\ a_{r1} & a_{r2} & \ldots & a_{rc} & b_r \end{pmatrix}$$

Descobrimos então o seguinte fato.

As informações de um sistema linear podem ser completamente expressas mediante a utilização de matrizes e vetores.

A partir de agora utilizaremos fortemente a linguagem das matrizes. Vamos estabelecer uma convenção lexical. Os elementos que aparecem em uma matriz se chamam **entradas**. Por exemplo $a_{12}, b_1, \ldots$ são as entradas da matriz B.

Neste ponto ficará também claro o que significa matriz genérica com r linhas e c colunas. Queremos dizer

$$A = \begin{pmatrix} a_{11} & a_{12} & \ldots & a_{1c} \\ a_{21} & a_{22} & \ldots & a_{2c} \\ \vdots & \vdots & \vdots & \vdots \\ a_{r1} & a_{r2} & \ldots & a_{rc} \end{pmatrix}$$

Diremos

— a matriz A é de **tipo** (r, c), para significar que A possui r linhas e c colunas;
— a matriz A é quadrada de tipo r para significar que A possui r linhas e r colunas.

Outra maneira de representar uma matriz genérica é a seguinte

$$A = (a_{ij}), \ i = 1, \ldots, r, \ j = 1, \ldots, c$$

que sintetiza em símbolos o seguinte significado.

A matriz A possui como entrada genérica o número a_{ij}, que possui um duplo índice variável. O índice de linha i varia de 1 a r e o índice de coluna j varia de 1 a c.

Observe porém que da maneira que escrevemos a matriz genérica não precisamos especificar onde queremos que suas entradas estejam. Se queremos dizer, por exemplo, que as entradas são números racionas, então podemos escrever

$$A = \begin{pmatrix} a_{11} & a_{12} & \ldots & a_{1c} \\ a_{21} & a_{22} & \ldots & a_{2c} \\ \vdots & \vdots & \vdots & \vdots \\ a_{r1} & a_{r2} & \ldots & a_{rc} \end{pmatrix} \qquad a_{ij} \in \mathbb{Q}$$

ou

$$A = (a_{ij}), \ a_{ij} \in \mathbb{Q}, \ i = 1, \ldots, r, \ j = 1, \ldots, c$$

Concluíremos com uma sofisticação matemática. Uma maneira extremamente sintética para expressar o fato que A é uma matriz com r linhas, c colunas e entradas racionais é o seguinte

$$A \in \mathrm{Mat}_{r,c}(\mathbb{Q})$$

Observe que para dar significado ao que apenas escrevemos, os matemáticos inventaram um nome.

$\mathrm{Mat}_{r,c}(\mathbb{Q})$ é o nome dado ao conjunto das matrizes com r linhas, c colunas, e entradas racionais.

1.4 Formalismo $A\mathbf{x} = \mathbf{b}$

Vamos examinar mais uma vez o nosso sistema linear $\mathcal{S}$. Como já observamos em parte, sua informação pode ser decomposta em três dados, dos quais dois são fundamentais, a matriz incompleta A e o vetor matriz coluna dos termos constantes $\mathbf{b}$, e um é auxiliar, o vetor matriz coluna das incógnitas

$$\mathbf{x} = \begin{pmatrix} x_1 \\ x_2 \\ \vdots \\ x_c \end{pmatrix}$$

Aos matemáticos veio a tentação de *imitar* a equação $ax = b$, que discutimos no capítulo de introdução, e escrever o sistema $\mathcal{S}$ como $A\mathbf{x} = \mathbf{b}$. Como é possível?

Para tornar sensata tal escritura é preciso *inventar* um produto $A\mathbf{x}$, que nos dê como resultado a seguinte matriz coluna (observe bem que cada linha tem um só elemento)

$$\begin{pmatrix} a_{11}x_1 + a_{12}x_2 + \cdots + a_{1c}x_c \\ a_{21}x_1 + a_{22}x_2 + \cdots + a_{2c}x_c \\ \cdots\cdots\cdots\cdots\cdots\cdots\cdots \\ a_{r1}x_1 + a_{r2}x_2 + \cdots + a_{rc}x_c \end{pmatrix}$$

que nos permita dizer que

$$\begin{pmatrix} a_{11}x_1 + a_{12}x_2 + \cdots + a_{1c}x_c \\ a_{21}x_1 + a_{22}x_2 + \cdots + a_{2c}x_c \\ \cdots\cdots\cdots\cdots\cdots\cdots\cdots \\ a_{r1}x_1 + a_{r2}x_2 + \cdots + a_{rc}x_c \end{pmatrix} = \begin{pmatrix} b_1 \\ b_2 \\ \cdots \\ b_r \end{pmatrix}$$

representa uma escritura equivalente a

$$\begin{cases} a_{11}x_1 + a_{12}x_2 + \cdots + a_{1c}x_c &= b_1 \\ a_{21}x_1 + a_{22}x_2 + \cdots + a_{2c}x_c &= b_2 \\ \cdots\cdots\cdots\cdots\cdots\cdots\cdots &= \cdots \\ a_{r1}x_1 + a_{r2}x_2 + \cdots + a_{rc}x_c &= b_r \end{cases}$$

Mas então é simples! Basta *inventar um produto de matrizes*, assim

$$\begin{pmatrix} a_{11} & a_{12} & \cdots & a_{1c} \\ a_{21} & a_{22} & \cdots & a_{2c} \\ \vdots & \vdots & \vdots & \vdots \\ a_{r1} & a_{r2} & \cdots & a_{rc} \end{pmatrix} \begin{pmatrix} x_1 \\ x_2 \\ \vdots \\ x_c \end{pmatrix} = \begin{pmatrix} a_{11}x_1 + a_{12}x_2 + \cdots + a_{1c}x_c \\ a_{21}x_1 + a_{22}x_2 + \cdots + a_{2c}x_c \\ \cdots\cdots\cdots\cdots\cdots\cdots\cdots \\ a_{r1}x_1 + a_{r2}x_2 + \cdots + a_{rc}x_c \end{pmatrix}$$

Dito dessa maneira parece ser algo totalmente artificial, porém é de fundamental importância. No próximo capítulo, em particular na Seção 2.2 estudaremos melhor e colocaremos num contexto mais amplo, o conceito de produto linha por coluna de duas matrizes. Porém mesmo agora podemos utilizar o formalismo $A\mathbf{x} = \mathbf{b}$ para indicar um genérico sistema linear. O leitor deve começar a perceber que isso não é uma convenção e que $A\mathbf{x}$ representa de fato um produto, ou seja o produto linha por coluna de A e $\mathbf{x}$, como veremos em detalhes mais adiante.

Exercícios

Exercício 1. O que as seguintes matrizes possuem *em comum*?

$$A = \begin{pmatrix} 1 \\ 2 \end{pmatrix} \qquad B = (1 \quad 2)$$

Exercício 2. Considere o sistema linear

$$\begin{cases} x_1 + 2x_2 \quad -\frac{1}{2}x_3 = 0 \\ \quad\quad -x_2 + 0.02x_3 = 0.2 \end{cases}$$

Encontrar r, c, a_{21}, b_2.

Exercício 3. Como escrevemos uma matriz genérica com duas linhas e três colunas?

Exercício 4. É verdade que para a matriz completa B que falamos na Seção 1.3 vale a fórmula $B \in \mathrm{Mat}_{r,c+1}(\mathbb{Q})$?

Exercício 5. Considere o Exemplo 1.1.4 e generalize-o substituindo os números $120, 204$ e $78, 246$ com quatro letras. Tendo em vista que indicamos com F_1, F_2, R_1, R_2 respectivamente as fábricas e os revendedores, decida quais das seguintes representações propostas parece ser mais adequada.

$$\begin{cases} x_1 + x_2 &= f_1 \\ y_1 + y_2 &= f_2 \\ x_1 + y_1 &= r_1 \\ x_2 + y_2 &= r_2 \end{cases} \qquad \begin{cases} x_1 + x_2 &= b_1 \\ y_1 + y_2 &= b_2 \\ x_1 + y_1 &= b_3 \\ x_2 + y_2 &= b_4 \end{cases} \qquad \begin{cases} x_1 + x_2 &= a \\ y_1 + y_2 &= b \\ x_1 + y_1 &= c \\ x_2 + y_2 &= d \end{cases}$$

Exercício 6. Verificar que

$$\begin{pmatrix} 1 & 1 & 0 & 0 \\ 0 & 0 & 1 & 1 \\ 1 & 0 & 1 & 0 \\ 0 & 1 & 0 & 1 \end{pmatrix} \qquad \begin{pmatrix} 1 & 1 & 0 & 0 & 120 \\ 0 & 0 & 1 & 1 & 204 \\ 1 & 0 & 1 & 0 & 78 \\ 0 & 1 & 0 & 1 & 246 \end{pmatrix}$$

são respectivamente a matriz incompleta e a completa associada ao sistema linear do Exemplo 1.1.4.

2

Operações com matrizes

é fundamental reler o texto,
para verificar se alguma   foi esquecida

Matriz, matrizes... quantas vezes já utilizamos estas palavras? Não vamos ficar surpresos, elas serão utilizadas frequentemente. A matriz é um dos mais úteis objetos matemáticos, uma ferramenta fundamental para aqueles que usam a matemática, e é por razões muitas boas, algumas das quais já vimos e outras veremos em breve.

Neste capítulo aprofundaremos o aspecto matemático conceitual e estudaremos as operações que são úteis para serem feitas com as matrizes. Descobriremos a importância do produto de matrizes chamado *produto linha por coluna* e ao longo do caminho encontraremos estranhos objetos chamados *grafos* e *grafos pesados*. Faremos um breve desvio *genovês*[1] que nos permitirá dizer quanto custa multiplicar duas matrizes.

Matrizes simétricas e matrizes diagonais, que desempenharão um papel importante mais adiante, iniciarão a serem notadas e descobriremos com tristeza ou com indiferença, que o produto de matrizes não é comutativo. Em seguida, quase por acidente, encontraremos estranhas entidades numéricas, em particular uma na qual vale a igualdade $1 + 1 = 0$. Neste ponto, alguns leitores podem pensar que, apesar das promessas, mesmo este livro está destinado a perder o contato com a realidade. Alguns podem se perguntar qual é a utilidade de ter uma situação onde vale a relação $1 + 1 = 0$.

O que posso dizer? Posso garantir ao leitor que se ele tiver paciência de chegar até o fim do capítulo... será iluminado. Não num sentido Zen, mesmo sendo sempre melhor não impor limites ao poder da iluminação, mas no sentido de resolver um problema prático ligado a dispositivos elétricos. Pelo caminho, visitaremos algumas vinícolas, povoados em montanhas, redes de computadores

---

[1] O *genovês* (habitante de Gênova – Italia) são conhecidos por fazer muita pechincha para economizar nas compras.

Robbiano L.: Álgebra Linear para todos
© Springer-Verlag Italia 2011

e outras coisas prazerosas, até que seremos iluminados com a ajuda da inversa de matrizes. Matrizes, ainda elas, não tinha me esquecido!

2.1 Soma e produto por um número

Iniciaremos imediatamente com um exemplo muito simples.

Exemplo 2.1.1. Vinícola

Suponhamos armazenar em uma tabela as receitas obtidas em um determinado semestre de uma determinada vinícola que vende cinco tipos de vinho em três cidades diferentes. Se usamos a convenção que as linhas correspondem as cidades e as colunas correspondem ao tipo de vinho, a matriz será de tipo $(3,5)$. Temos uma matriz para cada semestre, portanto em um determinado ano temos duas matrizes que chamaremos de A_1 e A_2. Qual é a matriz que contém a receita do ano inteiro? Sejam dadas,

$$A_1 = \begin{pmatrix} 120 & 50 & 28 & 12 & 0 \\ 160 & 55 & 33 & 12 & 4 \\ 12 & 40 & 10 & 10 & 2 \end{pmatrix} \quad A_2 = \begin{pmatrix} 125 & 58 & 28 & 10 & 1 \\ 160 & 50 & 30 & 13 & 6 \\ 12 & 42 & 9 & 12 & 1 \end{pmatrix}$$

é claro que a matriz solução é a que se obtém somando as correspondentes entradas das duas matrizes, ou seja

$$\begin{pmatrix} 245 & 108 & 56 & 22 & 1 \\ 320 & 105 & 63 & 25 & 10 \\ 24 & 82 & 19 & 22 & 3 \end{pmatrix}$$

Situações desse tipo são muito comuns e nos levaram à *definição de soma de duas matrizes de mesmo tipo como sendo uma matriz de mesmo tipo que ha como entradas a soma das correspondentes entradas.* Se queremos expressar essa regra em modo formal dizemos que, dadas as matrizes
$A = (a_{ij})$, $B = (b_{ij})$, então

$$A + B = (a_{ij} + b_{ij})$$

Esta definição mostra que $A + B = B + A$ ou seja vale a seguinte propriedade.

A soma de matrizes é comutativa.

Observamos que se $b_{ij} = 0$ para cada i, j então a matriz B é chamada **matriz nula** e vale a propriedade que $A + B = A$, portanto a matriz nula de um certo tipo se comporta, em relação à soma com as matrizes de mesmo tipo, da mesma forma que o número 0 se comporta com os outros números. A analogia do comportamento é tanta que as matrizes nulas também são chamadas 0. De acordo com o contexto, se entenderá que matriz nula estamos considerando. Por exemplo, se A é uma matriz do tipo $(2,3)$, na fórmula $A + 0 = A$ a matriz nula utilizada é do tipo $(2,3)$, ou seja $\begin{pmatrix} 0 & 0 & 0 \\ 0 & 0 & 0 \end{pmatrix}$.

Exemplo 2.1.2. Preço de mercado
Suponhamos que os preços de certos bens de consumo de algumas cidades são
determinados por meio de uma matriz.

Se C_1, C_2, C_3 são três cidades e, B_1, B_2, B_3, B_4 são os custos médio em
um determinado mês de quatro bens, a matriz

$$A = \begin{pmatrix} 50 & 12.4 & 8 & 6.1 \\ 52 & 13 & 8.5 & 6.3 \\ 49.3 & 12.5 & 7.9 & 6 \end{pmatrix}$$

representa por exemplo os dados obtidos no mês de agosto de 2006. Se pre-
vemos um aumento da inflação de 4% nos doze meses sucessivos, a matriz B
que esperamos obter no mês de agosto de 2007 é

$$\begin{pmatrix} 1.04 \times 50 & 1.04 \times 12.4 & 1.04 \times 8 & 1.04 \times 6.1 \\ 1.04 \times 52 & 1.04 \times 13 & 1.04 \times 8.5 & 1.04 \times 6.3 \\ 1.04 \times 49.3 & 1.04 \times 12.5 & 1.04 \times 7.9 & 1.04 \times 6 \end{pmatrix} = \begin{pmatrix} 52 & 12.9 & 8.32 & 6.34 \\ 54.08 & 13.52 & 8.84 & 6.55 \\ 51.27 & 13 & 8.22 & 6.24 \end{pmatrix}$$

Matrizes deste tipo, embora necessariamente com uma quantidade mais rica de
dados, são fundamentais para estudar por exemplo o andamento do preço de
mercado e portanto são utilizadas pelos institutos de estatística. Conseguimos
então de uma maneira natural *definir o produto de um número por uma matriz
de um dado tipo, como a matriz de mesmo tipo que, em cada posição há como
entrada o produto do número pela correspondente entrada.*

Se queremos expressar essa regra em modo formal dizemos que, dada uma
matriz $A = (a_{ij})$ e um número α, então

$$\alpha A = (\alpha\, a_{ij})$$

É o também chamado **produto de uma matriz por um número** (ou por
um **escalar**).

2.2 Produto linha por coluna

No capítulo anterior vimos um importante uso do produto linha por coluna
das matrizes. Agora queremos aprofundar o assunto com a ajuda de outros
exemplos interessantes.

Exemplo 2.2.1. Povoados
Tomemos em consideração a seguinte situação. Suponhamos que estamos em
um povoado e queremos chegar até outro povoado através de caminhos ou
estradas. Vamos chamar, para abreviar, o povoado que estamos saíndo de S
e C o povoado que queremos chegar.

Observando o mapa notamos que seremos obrigados a passar por pelo menos um dos quatro povoados que chamamos de B_1, B_2, B_3, B_4. Notamos também que entre S e B_1 existem 3 percursos possíveis, entre S e B_2 existem 2 percursos possíveis, entre S e B_3 existem 4 percursos possíveis, entre S e B_4 existe somente um percurso possível. Além disso observamos que entre B_1 e C existem 2 percursos possíveis, entre B_2 e C existem 5 percursos possíveis, entre B_3 e C existe somente um percurso possível, entre B_4 e C existem 4 percursos possíveis.

Surge muito naturalmente a seguinte pergunta: qual é o número possível de percursos entre S e C? O raciocínio não é difícil. Claramente observamos que o número total de percursos se obtém somando o número de percursos que passam por B_1 com os percursos que passam por B_2 com os percursos que passam por B_3 com os percursos que passam por B_4.

E quantos são por exemplo os percursos que passam por B_1? Se podemos ir de S a B_1 por 3 percursos distintos e de B_1 a A por 2 percursos, é claro que para ir de S a C temos a disposição $3 \times 2 = 6$ percursos. O mesmo raciocínio se repete para B_2, B_3, B_4 e conclui-se que o número total de percursos é

$$3 \times 2 \ + \ 2 \times 5 \ + \ 4 \times 1 \ + \ 1 \times 4 \ = \ 24$$

Vamos tentar encontrar um modelo matemático para descrever o que acabamos de dizer em palavras. Em primeiro lugar podemos utilizar uma matriz linha (ou um vetor) para armazenar os dados relativos aos percursos de S a B_1, B_2, B_3, B_4 respectivamente. Obtemos desse modo a matriz linha

$$M = (\,3 \quad 2 \quad 4 \quad 1\,)$$

Observamos que a representação como matriz linha significa que a única linha *representa o povoado S*, enquanto as 4 colunas da matriz *representam* os quatro povoados B_1, B_2, B_3, B_4. Em outras palavras, com este tipo de representação decidimos implicitamente que a linha (que neste caso é somente uma) representa os povoados de saída e as colunas os povoados de chegada. Coerentemente, os percursos dos povoados B ao povoado C serão representados por uma matriz de tipo $(4, 1)$, ou seja uma matriz coluna, precisamente a seguinte matriz

$$N = \begin{pmatrix} 2 \\ 5 \\ 1 \\ 4 \end{pmatrix}$$

Por exemplo na matriz M a entrada de posição $(1, 3)$ representa o número de percursos entre S e B_3, na matriz N a entrada de posição $(2, 1)$ representa o número de percursos entre B_2 e C.

Começamos a entender que, nesse caso, o modelo matemático é o seguinte:

Definimos

$$M \cdot N = (3 \quad 2 \quad 4 \quad 1) \begin{pmatrix} 2 \\ 5 \\ 1 \\ 4 \end{pmatrix} = 3 \times 2 \ + \ 2 \times 5 \ + \ 4 \times 1 \ + \ 1 \times 4 \ = \ 24$$

portanto o número total de percursos que unem S a C é a única entrada da matriz $M \cdot N$. Em outras palavras se calculamos o produto $M \cdot N$ como foi sugerido, obtemos uma matriz de tipo $(1,1)$, ou seja com uma só entrada, que é precisamente o número 24.

O exemplo ilustrado anteriormente admite muitas generalizações. Em particular, a mais óbvia é a que se obtém considerando por exemplo os 3 povoados de saída S_1, S_2, S_3 e dois povoados de chegada C_1, C_2. O número de percursos entre os povoados S_3 e C_2 por exemplo se obtém somando os percursos que passam por B_1 com os que passam por B_2,... em resumo repete-se o raciocínio anterior para cada povoado de saída e cada povoado de chegada.

Seguindo a convenção feita antes, é claro que o número de percursos entre os povoados de saída S_1, S_2, S_3 e os povoados B_1, B_2, B_3, B_4 são descritos por uma matriz M de tipo $(3,4)$ e que o número de percursos entre os povoados B_1, B_2, B_3, B_4 e os de chegada C_1, C_2 são descritos por uma matriz N de tipo $(4,2)$.

Se fizermos as contas, como vimos no exemplo anterior, para cada par (S_1, C_1), (S_1, C_2), (S_2, C_1), (S_2, C_2), (S_3, C_1), (S_3, C_2) temos a disposição um número. Então é espontâneo escrever os seis números em uma matriz de tipo $(3,2)$ que, de como foi construída, é natural chamar produto linha por coluna de M e N. *Tal matriz será indicada com o símbolo $M \cdot N$ ou simplesmente MN.*

A matriz MN, produto linha por coluna de M e N, é portanto de tipo $(3,2)$ e seu elemento de posição i,j representa o número total de percursos entre o povoado S_i e o povoado A_j. Portanto temos

$$M = \begin{pmatrix} 1 & 2 & 1 & 5 \\ 3 & 2 & 4 & 1 \\ 3 & 1 & 4 & 1 \end{pmatrix} \qquad N = \begin{pmatrix} 7 & 1 \\ 1 & 5 \\ 1 & 2 \\ 2 & 3 \end{pmatrix}$$

obtemos

$$MN = \begin{pmatrix} 20 & 18 \\ \mathbf{29} & 14 \\ 27 & 14 \end{pmatrix}$$

Por exemplo, o número total de percursos entre S_2 e A_1 é

$$3 \times 7 \ + \ 2 \times 1 \ + \ 4 \times 1 \ + \ 1 \times 2 \ = \ 29$$

O leitor mais aventureiro poderia se perguntar quanto podemos tornar mais abstrato e generalizar o raciocínio anterior. Esta é uma típica *curiosidade matemática*. Porém atenção, não estou querendo dizer uma extravagância. Muitos progressos da matemática começam com perguntas deste tipo, aparentemente sem algum conteúdo prático. Mas só aparentemente...

Vamos tentar fazer uma reflexão acerca disso. Observamos que este tipo de produto foi muito útil no capítulo anterior (veja Seção 1.4) para descrever um sistema linear com o formalismo $A\mathbf{x} = \mathbf{b}$, onde $A\mathbf{x}$ é precisamente o produto linha por coluna da matriz dos coeficientes A e a matriz coluna $\mathbf{x}$.

Observamos também que uma condição essencial para se calcular o produto linha por coluna de duas matrizes A e B é que o número de colunas de A seja igual ao número de linhas de B. Tal fato se explica observando a seguinte coisa: o número de colunas de uma matriz é igual ao número de entradas de cada sua linha, e o número de linhas de uma matriz é igual ao número de entradas de cada sua coluna. A formalização matemática daquilo que foi sugerido nas considerações anteriores é a seguinte.

Suponhamos que temos $A = (a_{ij}) \in \mathrm{Mat}_{r,c}(\mathbb{Q})$, $B = (b_{ij}) \in Mat_{c,d}(\mathbb{Q})$. Construa a matriz $A \cdot B = (p_{ij}) \in \mathrm{Mat}_{r,d}(\mathbb{Q})$, definindo

$$p_{ij} = a_{i1}b_{1j} + a_{i2}b_{2j} + \cdots + a_{ic}b_{cj}$$

*A matriz construída dessa maneira possui r linhas (como A) e d colunas (como B) e se chama **produto linha por coluna** de A e B. Muitas vezes por comodidade escrevemos AB ao invés de $A \cdot B$.*

O fato que as entradas das duas matrizes sejam formadas por números racionais não é relevante. O que importa é que as entradas estejam todas na mesma entidade numérica e que em tal entidade seja possível fazer somas e produtos. Por exemplo tudo continuaria a funcionar perfeitamente se ao invés de entradas racionais tivéssemos entradas reais. Vejamos outros exemplos.

Exemplo 2.2.2. Vamos tentar construir a matriz produto das duas matrizes seguintes

$$A = \begin{pmatrix} 3 & 2 & 0 \\ 1 & 2 & 1 \\ 0 & 0 & -1 \\ 3 & 2 & 7 \\ 1 & 1 & 1 \\ 2 & 2 & 0 \end{pmatrix} \qquad B = \begin{pmatrix} 0 & -1 \\ 1 & 1 \\ 1 & 1 \end{pmatrix}$$

Observamos que o número de colunas de A coincide com o número de linhas de B e é 3. Portanto podemos continuar e obtemos

$$A \cdot B = \begin{pmatrix} 3 \cdot 0 + 2 \cdot 1 + 0 \cdot 1 & 3 \cdot (-1) + 2 \cdot 1 + 0 \cdot 1 \\ 1 \cdot 0 + 2 \cdot 1 + 1 \cdot 1 & 1 \cdot (-1) + 2 \cdot 1 + 1 \cdot 1 \\ 0 \cdot 0 + 0 \cdot 1 + (-1) \cdot 1 & 0 \cdot (-1) + 0 \cdot 1 + (-1) \cdot 1 \\ 3 \cdot 0 + 2 \cdot 1 + 7 \cdot 0 & 3 \cdot (-1) + 2 \cdot 1 + 7 \cdot 1 \\ 1 \cdot 0 + 1 \cdot 1 + 1 \cdot 0 & 1 \cdot (-1) + 1 \cdot 1 + 1 \cdot 1 \\ 2 \cdot 0 + 2 \cdot 1 + 0 \cdot 0 & 2 \cdot (-1) + 2 \cdot 1 + 0 \cdot 1 \end{pmatrix} = \begin{pmatrix} 2 & -1 \\ 3 & 2 \\ -1 & -1 \\ 2 & 6 \\ 1 & 1 \\ 2 & 0 \end{pmatrix}$$

Observe que, como previsto do discurso geral, o número de linhas da matriz produto é 6 (como A) e o número de colunas é 2 (como B).

Exemplo 2.2.3. O grafo pesado
Consideremos a figura seguinte

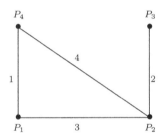

Se por um momento ignoramos os números da figura, o que resta é a figura de 4 pontos P_1, P_2, P_3, P_4, e de segmentos que os ligam de maneira variada. Por exemplo P_1 é ligado a P_2 e a P_4, enquanto que P_3 é ligado somente a P_2.

Se percebe imediatamente que uma figura como esta pode ser um modelo para descrever uma infinidade de coisas. Pode representar as conexões estradais entre quatro cidades P_1, P_2, P_3, P_4, e assim podemos ver a possibilidade de generalizar o Exemplo 2.2.1. Pode representar as conexões elétricas entre quatro dispositivos P_1, P_2, P_3, P_4, e assim por diante.

Dada a importância e a generalidade de tal conceito, figuras como a anterior (sem os números) são chamadas **grafos** e são estudadas intensamente pelos matemáticos.

A inserção dos números na figura pode por exemplo representar a quantidade de conexões diretas (neste caso os grafos são chamados **pesados**). Portanto entre P_4 e P_3 não existem conexões diretas, enquanto que entre P_1 e P_2 existem três.

Vamos considerar o problema de tentar recolher todas as informações numéricas que aparecem na figura. Uma maneira razoável de fazer isso é certamente a seguinte:

$$
\begin{array}{ccccc}
 & P_1 & P_2 & P_3 & P_4 \\
P_1 & 0 & 3 & 0 & 1 \\
P_2 & 3 & 0 & 2 & 4 \\
P_3 & 0 & 2 & 0 & 0 \\
P_4 & 1 & 4 & 0 & 0
\end{array}
$$

Ainda melhor, podemos omitir as letras e nos limitarmos a escrever somente a matriz

$$
A = \begin{pmatrix}
0 & 3 & 0 & 1 \\
3 & 0 & 2 & 4 \\
0 & 2 & 0 & 0 \\
1 & 4 & 0 & 0
\end{pmatrix}
$$

É importante fazer algumas observações sobre a matriz A. Em primeiro lugar tínhamos decidido declarar 0 ao número de conexões diretas entre cada ponto e ele mesmo. Se trata de uma escolha e não de uma regra, escolha essa que possui suas vantagens práticas, como veremos adiante. A criação de objetos matemáticos para descrever fenômenos está sujeita, como todas as criações humanas, a gostos, modos, conveniências. É claro que por exemplo poderíamos ter declarado o número em questão 1 (veja Exemplo 2.5.1), e teríamos dado uma outra interpretação, ou seja a que cada ponto teria uma conexão direta com ele mesmo.

Ficamos um pouco na mesma situação em que se encontra o matemático quando decide que $2^0 = 1$. A priori 2^0 deve significar $2 \times 2 \cdots \times 2$ tantas vezes quantas indica o expoente, isto é 0. Mas então não significa nada e portanto existe uma certa liberdade em defini-lo. Por outro lado a liberdade é imediatamente limitada pela vontade de estender este caso ao caso particular de uma notável propriedade das potências. Deveríamos por exemplo ter $\frac{2^3}{2^3} = 2^{3-3} = 2^0$, e visto que o primeiro membro é igual a 1, aqui está a conveniência em assumir que vale a igualdade $2^0 = 1$.

Vamos voltar a nossa matriz. Observamos imediatamente que se trata de uma matriz quadrada e que os elementos da sua **diagonal principal** são todos nulos. Agora observamos que $a_{14} = a_{41} = 1$, que $a_{23} = a_{32}$, e em geral que vale a igualdade $a_{ij} = a_{ji}$, quaisquer que sejam i, j. Podemos dizer que a matriz é "refletida"em relação a sua diagonal principal. Tais matrizes são chamadas **simétricas**. A definição formal é a seguinte. *Seja $A = (a_{ij})$ uma matriz.*

(a) *Chamamos* **transposta** *de A e se indica com A^{tr} a matriz que, ao variar de i, j, possui a_{ji} como entrada de posição (i,j).*

(b) *A matriz $A = (a_{ij})$ se chama simétrica se $a_{ij} = a_{ji}$ para cada i, j. Em outras palavras, A se diz simétrica se $A = A^{\mathrm{tr}}$.*

Em particular note que a definição força que as matrizes simétricas sejam quadradas. Casos especiais de matrizes simétricas são as matrizes quadradas cujas entradas são todas nulas e as matrizes idênticas (ou identidade) I_r que veremos adiante. Outro caso importante é o seguinte.

Seja $A = (a_{ij})$ uma matriz quadrada. Se $a_{ij} = 0$ para cada $i \neq j$, então a matriz se diz **diagonal**.

As matrizes diagonais são exemplos de matrizes simétricas.

Voltemos ao nosso grafo. Por que a matriz A que associamos ao grafo é simétrica? O motivo é que não orientamos as conexões, ou seja não existem *direções únicas*, portanto dizer por exemplo que existem 4 ligações diretas entre P_2 e P_3 tem o mesmo significado que dizer que existem 4 ligações diretas entre P_3 e P_2.

Visto que A é uma matriz quadrada de tipo 4, podemos calcular o produto linha por coluna de A por A e obter uma matriz que corretamente se chama A^2 e que é ainda uma matriz quadrada de tipo 4

$$A^2 = A \cdot A = \begin{pmatrix} 10 & 4 & 6 & 12 \\ 4 & 29 & 0 & 3 \\ 6 & 0 & 4 & 8 \\ 12 & 3 & 8 & 17 \end{pmatrix}$$

E agora vem a pergunta interessante. O que podemos concluir a partir das entradas de A^2? Em primeiro lugar não nos surpreende o fato que A^2 é simétrica, tendo em vista a definição do produto linha por coluna e que A é simétrica. Além disso se procuramos interpretar por exemplo a entrada 12 na posição $(1,4)$, observamos que ela foi obtida da seguinte maneira

$$12 = 0 \times 1 + 3 \times 4 + 0 \times 0 + 1 \times 0$$

A interpretação é simples e semelhante a que fizemos nos percursos que ligam os povoados e a além disso generaliza tal exemplo. Vejamos. Existem 0 ligações diretas entre P_1 e P_1 (lembram a nossa convenção?) e 1 ligação direta entre P_1 e P_4. Existem 3 ligações diretas entre P_1 e P_2 e 4 ligações diretas entre P_2 e P_4. Existem 0 conexões diretas entre P_1 e P_3 e 0 ligações diretas entre P_3 e P_4. Por fim existe 1 ligação direta entre P_1 e P_4 e 0 ligações diretas entre P_4 e P_4. Portanto existem exatamente 0×1 ligações de comprimento 2 entre P_1 e P_4 que passam por P_1, existem 3×4 que passam por P_2 e assim por diante. Em conclusão a matriz A^2, ou seja a que obtemos fazendo o produto linha por coluna de A por A, representa os números das conexões de comprimento dois entre os quatro pontos do grafo.

Exemplo 2.2.4. O grafo

Consideremos agora o seguinte grafo

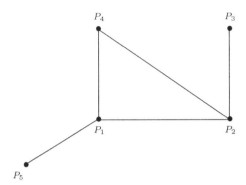

Observe que não escrevemos números vizinho aos lados. Fizemos isso para expressar que ou existe uma conexão direta, como por exemplo entre P_5 e P_1, ou não existe, como por exemplo entre P_1 e P_3. Este grafo pode representar as conexões de um complexo de máquinas. P_1 poderia representar um computador, P_2, P_4, P_5 três periféricos (P_2 um teclado, P_4 uma impressora e P_5 um monitor) e P_3 um periférico do teclado, por exemplo um mouse, e também uma conexão direta entre o teclado P_2 e a impressora P_4.

Com o mesmo raciocínio feito no Exemplo 2.2.3 podemos escrever a matriz A das conexões

$$A = \begin{pmatrix} 0 & 1 & 0 & 1 & 1 \\ 1 & 0 & 1 & 1 & 0 \\ 0 & 1 & 0 & 0 & 0 \\ 1 & 1 & 0 & 0 & 0 \\ 1 & 0 & 0 & 0 & 0 \end{pmatrix}$$

Aqui também podemos fazer o quadrado de A e obter

$$A^2 = \begin{pmatrix} 3 & 1 & 1 & 1 & 0 \\ 1 & 3 & 0 & 1 & 1 \\ 1 & 0 & 1 & 1 & 0 \\ 1 & 1 & 1 & 2 & 1 \\ 0 & 1 & 0 & 1 & 1 \end{pmatrix}$$

Agora não será difícil para o leitor interpretar o significado de A^2. Por exemplo o fato que a_{45} seja 1 significa que existe exatamente uma conexão de comprimento 2 entre a impressora P_4 e o monitor P_5. E, de fato, olhando o grafo observamos imediatamente a única conexão de comprimento 2 que passa pelo computador P_1.

2.3 Quanto custa multiplicar duas matrizes?

Agora que vimos importantes usos do produto de matrizes, façamos uma digressão sobre um assunto de fundamental importância no *cálculo efetivo*. Queremos avaliar o custo computacional que pagamos para calcular o produto linha por coluna. O que isso significa?

Obviamente não faz muito sentido perguntar-se quanto tempo um computador gasta para fazer um determinado cáculo pois o resultado depende fortemente do tipo de computador. Seria como perguntar quanto tempo um automóvel gasta para percorrer os cerca de 145 Km da Rodovia que liga Gênova à Milão (GE-MI).

Existe algo no cálculo do produto que não depende do computador? Para acompanhar a metáfora, é claro que existe um dado intrínseco no problema de percorrer a rodovia GE-MI e é o *número de quilômetros*. No cálculo do produto de matrizes será portanto útil contar o número de *operações elementares* que devem ser feitas.

Observamos que somente o número de operações não reflete o *custo unitário* de cada operação. Não entraremos nesse assunto delicado, que é central na também chamada **teoria da complexidade**, tema de grande importância na informática moderna.

Vamos nos concentrar então na contagem do número de operações necessárias para calcular um produto. Então, dadas duas matrizes A e B e seja A do tipo (r, c), e B do tipo (c, d), de maneira tal que seja possível executar o produto e obter a matriz $A \cdot B$ de tipo (r, d), como visto na Seção 2.2. Tendo em vista que devemos executar rd produtos linha por coluna para obter todas as entradas de $A \cdot B$, é suficiente multiplicar rd pelo custo de cada produto linha por coluna. A entrada de posição (i, j) de $A \cdot B$ é

$$a_{i1}b_{1j} + a_{i2}b_{2j} + \cdots + a_{ic}b_{cj}$$

As operações que precisam ser realizadas são c multiplicações e $c - 1$ somas. Este número de operações deve ser feito para cada entrada de AB e portanto, como já dissemos, rd vezes. Em conclusão o número de operações elementares a serem realizadas é

$$rdc \text{ produtos} \qquad e \qquad rd(c - 1) \text{ somas}$$

Em particular se as matrizes A, B são quadradas de tipo n, o número de operações a serem realizadas é

$$n^3 \text{ produtos} \qquad e \qquad n^2(n - 1) \text{ somas}$$

É interessante fazer uma consideração acerca do que significa na prática n^3 produtos. Lembremos que ℓ^3 é o volume de um cubo de lado ℓ e que tal expressão de terceiro grau em ℓ (ou, como se diz normalmente, cúbica em ℓ) tem como efeito por exemplo que se dobramos o lado do cubo, o volume se octuplica. Analogamente, se para uma matriz A de tipo 5 o número de multiplicações para calcular A^2 é $5^3 = 125$, para uma matriz de tipo 10, ou seja o dobro de 5, o número de multiplicações para fazer o quadrado é de $10^3 = 1000$, ou seja 8 vezes 125.

2.4 Algumas propriedades do produto de matrizes

Tendo já o conhecimento do produto de matrizes, é oportuno familiarizar-se com o fato que muitas das propriedades que *todos* conhecemos relativas ao produto de números *não valem* neste caso. Nessa seção nos limitaremos a fornecer exemplos numéricos. A idéia é que tais exemplos sejam suficientes para convencer o leitor que estamos nos movimentando num terreno muito difícil.

Consideremos duas matrizes A, B, a matriz A do tipo (r, c) e a matriz B do tipo (r', c'). Já vimos que para fazer o produto $A \cdot B$ é necessário que $c = r'$. Porém isto não implica que podemos fazer também $B \cdot A$. De fato, para que isto seja possível a condição é outra e é precisamente que $c' = r$. Em outros termos a condição para que possamos calcular tanto $A \cdot B$ quanto $B \cdot A$ é que A seja de tipo (r, c) e B de tipo (c, r).

Suponhamos então que A seja de tipo (r, c) e B de tipo (c, r) e suponhamos que $r \neq c$. Em tal caso, o produto $A \cdot B$ é uma matriz de tipo (r, r), ou seja uma matriz quadrada de tipo r, enquanto que $B \cdot A$ é uma matriz de tipo (c, c), ou seja uma matriz quadrada de tipo c. Não existe portanto possibilidade que $A \cdot B = B \cdot A$. Vejamos um exemplo. Sejam

$$A = \begin{pmatrix} 2 & 2 & 1 \\ 1 & 0 & 0 \end{pmatrix} \qquad B = \begin{pmatrix} 1 & -1 \\ -2 & 0 \\ 3 & 3 \end{pmatrix}$$

Então temos

$$A \cdot B = \begin{pmatrix} 1 & 1 \\ 1 & -1 \end{pmatrix} \qquad B \cdot A = \begin{pmatrix} 1 & 2 & 1 \\ -4 & -4 & -2 \\ 9 & 6 & 3 \end{pmatrix}$$

Existem casos onde os dois produtos podem ser feitos e tem como resultado matrizes de mesmo tipo? A partir da discussão anterior é claro que está possibilidade acontece somente quando temos duas matrizes quadradas de mesmo tipo. Mas mesmo neste caso teremos uma surpresa. Consideremos o seguinte exemplo. Sejam

$$A = \begin{pmatrix} 2 & 2 \\ 1 & 0 \end{pmatrix} \qquad B = \begin{pmatrix} 1 & -1 \\ -2 & 0 \end{pmatrix}$$

Então temos

$$A \cdot B = \begin{pmatrix} -2 & -2 \\ 1 & -1 \end{pmatrix} \qquad B \cdot A = \begin{pmatrix} 1 & 2 \\ -4 & -4 \end{pmatrix}$$

Claramente se vê que $A \cdot B \neq B \cdot A$. Podemos concluir com a seguinte afirmação

O produto linha por coluna de matrizes não é comutativo.

É uma boa idéia explorarmos um pouco mais o produto linha por coluna. Toda a discussão feita até agora nos leva à conclusão que estamos lidando com uma operação de fundamental importância.

Todos sabemos que se a e b são dois números diferentes de 0 então ab também é diferente 0. Com as matrizes esta propriedade não se matém. Pode acontecer até mesmo que a potência de uma matriz não nula seja nula. Uma matriz que possui essa propriedade se chama **nilpotente**. Por exemplo a matriz $A = \begin{pmatrix} 0 & 1 \\ 0 & 0 \end{pmatrix}$ não é uma matriz nula porém $A^2 = A \cdot A = \begin{pmatrix} 0 & 0 \\ 0 & 0 \end{pmatrix}$ o é.

Vamos seguir em frente com nossa investigação. Embora ainda não seja possível ver claramente qual é o objetivo, o conhecimento que estamos acumulando agora será muito útil mais adiante. Todos sabemos que o número 1 possui a propriedade de ser neutro em relação ao produto, no sentido que $1 \cdot a = a \cdot 1 = a$, qualquer que seja o número a. Ao matemático surge espontâneamente a seguinte pergunta. Existe uma matriz que se comporta em relação ao produto da mesma forma que 1 se comporta em relação ao produto de números? Pode parecer uma pergunta inútil porém, veremos imediatamente que não é. Consideremos as matrizes

$$M = \begin{pmatrix} 1 & 2 & 1 & 5 \\ 3 & 2 & 4 & 1 \\ 3 & 0 & 4 & 1 \end{pmatrix} \quad \text{e} \quad N = \begin{pmatrix} 7 & 1 \\ 1 & 0 \\ 1 & 2 \\ 2 & 3 \end{pmatrix}$$

vistas no problema dos povoados. Consideremos também as matrizes

$$I_2 = \begin{pmatrix} 1 & 0 \\ 0 & 1 \end{pmatrix} \quad I_3 = \begin{pmatrix} 1 & 0 & 0 \\ 0 & 1 & 0 \\ 0 & 0 & 1 \end{pmatrix} \quad I_4 = \begin{pmatrix} 1 & 0 & 0 & 0 \\ 0 & 1 & 0 & 0 \\ 0 & 0 & 1 & 0 \\ 0 & 0 & 0 & 1 \end{pmatrix}$$

Fazendo as contas, se vê facilmente que

$$I_3 \cdot M = M = M \cdot I_4$$

e que

$$I_4 \cdot N = N = N \cdot I_2$$

Parece então que existem tantas matrizes que funcionam como o número 1. Vemos também que precisamos fazer uma distinção clara entre a multiplicação à direita e a multiplicação à esquerda.

Se trata portanto de matrizes muito especiais. Se A é uma matriz de tipo (r, s) e I_r, I_s são matrizes de tipo (r, r) e (s, s) que possuem todas as entradas da diagonal principal iguais a 1 e zero em todas as outras entradas, então podemos fazer o produto $I_r \cdot A$ e o resultado é A. Esta propriedade das matrizes I_r, I_s é semelhante a propriedade do número 1 que deixa invariado o número, induzindo-nos assim, a dar-lhes um nome. Chamaremos-lhes de **matriz identidade (ou matriz idêntica)** respectivamente do tipo r, s. Se não existe perigo de ambiguidade, vamos indicá-las simplesmente usando a letra I.

Vamos concluir essa seção então com uma boa notícia. Sabemos que nos números inteiros valem as fórmulas

$$a + (b + c) = (a + b) + c \qquad (ab)c = a(bc) \qquad a(b + c) = ab + bc$$

ou seja valem respectivamente a propriedade **associativa da soma**, a **propriedade associativa do produto** e a **propriedade distributiva do produto em relação à soma**.

Pois bem, essas propriedades são válidas também para as matrizes, quando consideramos a soma e o produto linha por coluna e quando todas as operações indicadas possuem sentido. Por exemplo o leitor pode verificar que se

$$A = \begin{pmatrix} 1 & 2 & 3 \\ 0 & -1 & 3 \end{pmatrix} \qquad B = \begin{pmatrix} 0 & 1 & 1 \\ 1 & -1 & 3 \end{pmatrix} \qquad C = \begin{pmatrix} 1 & 2 & 3 \\ 0 & -1 & 3 \end{pmatrix}$$

então temos

$$A + (B + C) = \begin{pmatrix} 1 & 2 & 3 \\ 0 & -1 & 3 \end{pmatrix} + \begin{pmatrix} 1 & 3 & 4 \\ 1 & -2 & 6 \end{pmatrix} = \begin{pmatrix} 2 & 5 & 7 \\ 1 & -3 & 9 \end{pmatrix}$$

$$(A + B) + C = \begin{pmatrix} 1 & 3 & 4 \\ 1 & -2 & 6 \end{pmatrix} + \begin{pmatrix} 1 & 2 & 3 \\ 0 & -1 & 3 \end{pmatrix} = \begin{pmatrix} 2 & 5 & 7 \\ 1 & -3 & 9 \end{pmatrix}$$

O leitor pode verificar por exemplo que se

$$A = \begin{pmatrix} 1 & 2 & 3 \\ 0 & -1 & 3 \end{pmatrix} \qquad B = \begin{pmatrix} 2 \\ 3 \\ -10 \end{pmatrix} \qquad C = \begin{pmatrix} 7 \\ 0 \\ -11 \end{pmatrix}$$

então temos

$$A(B + C) = \begin{pmatrix} 1 & 2 & 3 \\ 0 & -1 & 3 \end{pmatrix} \begin{pmatrix} 9 \\ 3 \\ -21 \end{pmatrix} = \begin{pmatrix} -48 \\ -66 \end{pmatrix}$$

$$AB + AC = \begin{pmatrix} -22 \\ -33 \end{pmatrix} + \begin{pmatrix} -26 \\ -33 \end{pmatrix} = \begin{pmatrix} -48 \\ -66 \end{pmatrix}$$

O leitor pode verificar também que se

$$A = \begin{pmatrix} 1 & 2 & 3 \\ 0 & -1 & 3 \end{pmatrix} \qquad B = \begin{pmatrix} 2 \\ 3 \\ -10 \end{pmatrix} \qquad C = (-1 \quad -2)$$

então temos

$$A(BC) = \begin{pmatrix} 1 & 2 & 3 \\ 0 & -1 & 3 \end{pmatrix} \begin{pmatrix} -2 & -4 \\ -3 & -6 \\ 10 & 20 \end{pmatrix} = \begin{pmatrix} 22 & 44 \\ 33 & 66 \end{pmatrix}$$

e também

$$(AB)C = \begin{pmatrix} -22 \\ -33 \end{pmatrix} (-1 \quad -2) = \begin{pmatrix} 22 & 44 \\ 33 & 66 \end{pmatrix}$$

Na verdade não tenho certeza se o leitor está pronto para considerar a aprendizagem destes fatos como *uma boa notícia*. Qual é o lado positivo das propriedades em questão? Sem entrar em questões matemáticas muito delicadas, será suficiente refletir sobre o fato que ter a disposição tais propriedades, nos permite ter *uma liberdade muito maior na execução desses cálculos*. O leitor ainda não está convencido que está é uma boa notícia? Se você tiver paciência para continuar, logo ficará convencido.

2.5 Inversa de uma matriz

Os matemáticos amam utilizar os chamados **corpos numéricos**, como por exemplo $\mathbb{Q}$ (o corpo dos números racionais), $\mathbb{R}$ (o corpo dos números reais), $\mathbb{C}$ (o corpo dos números complexos). Por quê? Uma propriedade importante que eles têm em comum é que **todo elemento não nulo tem um inverso sob a multiplicação**. O mesmo não acontece em $\mathbb{Z}$, o conjunto dos números inteiros (os algebristas iriam gostar de me corrigir e dizer *anel dos números inteiros*), por que por exemplo 2 não possui inverso (multiplicativo) inteiro. Provavelmente alguns leitores irão duvidar da certeza que essas questões são mesmo naturais. Outros dirão que elas parecem, a primeira vista, uma curiosidade típica dos matemáticos que gostam de estudar estruturas em abstrato.

Não é assim. As matrizes inversas desempenham um papel de fundamental importância mesmo em aplicações e para tentar convencer o leitor da validade desta afirmação veremos um exemplo interessante, que nos permitirá fazer uma *viagem* em terrenos algébricos *fascinantes* (atenção, quando um matemático usa a palavra fascinante, podem existir perigos em vista...).

Fazendo um simples cálculo é fácil ver que se A é uma matriz e existe uma matriz B tal que $AB = I_r = BA$, então necessariamente temos que tanto A quanto B são quadradas do tipo r. Uma tal matriz B será convenientemente chamada A^{-1} e não é difícil demonstrar que A^{-1}, se existe, é única. Além disso, matemáticos sabem provar que se A é quadrada e B é inversa à esquerda, ou seja $BA = I$, então será também uma inversa a direita, ou seja $AB = I$ e analogamente se B é uma inversa a direita, então será também à esquerda. O exemplo mais simples de matriz que possui inversa é I_r. De fato $I_r I_r = I_r$ e portanto $I_r^{-1} = I_r$, ou seja I_r *é inversa de si mesma*.

Vamos sair um pouco desta linguagem matemática, deixando de lado os aspectos formais e façamos uma *reflexão* (a explicação do porquê escrevemos a palavra "reflexão" em itálico deixaremos para os especialistas). Existem ações que, feitas uma vez produzem efeito, feitas duas os anula. Por exemplo virar uma carta de baralho, ou acionar um interruptor elétrico, ou mesmo considerar o oposto de um número. De fato, se viro duas vezes uma carta ela vai ficar na mesma posição, se aciono duas vezes um interruptor e a lâmpada estava inicialmente acesa (apagada) ela continuará acesa (apagada), o oposto do oposto de a é a.

Existe uma maneira de capturar matematicamente a essência destas reflexões? Vamos tentar. Suponhamos possuir um mundo numérico feito somente de dois símbolos, ninguém nos proibirá de chamar-lhes 0 e 1; além disso podemos estabelecer a convenção que 0 corresponde à não ação e 1 à ação. A discussão acima seria então convenientemente interpretada pela propriedade

$$1 + 1 = 0$$

Parece um pouco estranho, porém a discussão fica interessante quando entendemos que podemos continuar e descobrimos que as igualdades

$$1 + 0 = 0 + 1 = 1 \quad \text{e} \quad 0 + 0 = 0$$

são perfeitamente coerentes quando interpretamos 0 e 1 como antes. De fato, por exemplo, a igualdade $1 + 0 = 1$ significa que *fazer algo e depois não fazer nada* tem como resultado *fazer algo*, algo que podemos concordar que faz sentido.

Tudo o que foi dito pode ser sintetizado na seguinte *tabela de adição* sobre o conjunto dos símbolos 0, 1

+	0	1
0	0	1
1	1	**0**

Somente o zero em baixo à direita parece estranho, já que com a soma usual em tal posição deveríamos ter o número 2. E se ao lado desta tabela de soma colocássemos a *usual* tabela de multiplicação?

×	0	1
0	0	0
1	0	1

Que significado poderíamos dar a essa operação de produto? E o conjunto $\{0, 1\}$ que dotamos de operações de soma e produto, no que se parece com $\mathbb{Q}$, o corpo dos números racionais?

Daremos uma resposta à primeira pergunta daqui a pouco em um caso concreto do uso desta estranha estrutura. A segunda pergunta parece ser mais estranha ainda, porém observamos que, da mesma forma que acontece nos racionais, cada número diferente de 0 tem um inverso; de fato, o único número diferente de zero é 1 e dado que $1 \times 1 = 1$, temos que 1 é o inverso dele mesmo. Portanto, pelo menos uma analogia existe. Os matemáticos dão um nome a esta estrutura composta por dois números e duas operações, eles chamam $\mathbb{Z}_2$ (ou $\mathbb{F}_2$) e observam que estão tratando de um corpo numérico como $\mathbb{Q}$. Tanto o nome $\mathbb{Z}_2$ quanto $\mathbb{F}_2$ contém o número 2, que significa que neste conjunto $1+1 = 0$, um pouco como dizer que $2 = 0$. Veja que retornamos ao ponto de partida, ou seja ao fato que existem situações mesmo práticas em que fazer duas vezes a mesma coisa é como não fazer nada, ou seja $2 = 0$!

Agora vamos mais uma vez dar um salto adiante. Se consideramos uma matriz A quadrada de tipo r com entradas em $\mathbb{Z}_2$, podemos procurar, se existe, a inversa A^{-1}. Mas, para que serve? Veremos em breve um exemplo que vai dar sentido a essa idéia estranha.

Exemplo 2.5.1. Acendendo as lâmpadas

Suponhamos que temos um circuito elétrico representado pelo seguinte grafo

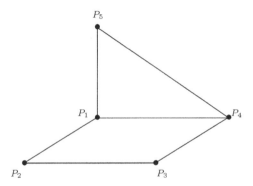

Os vértices P_1, P_2, P_3, P_4, P_5 do grafo representam dispositivos elétricos constituídos de uma lâmpada e um interruptor cada um; as laterais do grafos representam as conexões diretas, obtidas por exemplo através de cabos elétricos. Cada interruptor pode estar ligado (ON) ou desligado (OFF). O mesmo acontece para as lâmpadas acesas (ON) ou apagadas (OFF). Acionando um interruptor muda-se o estado da lâmpada correspondente e das *adjacentes*, ou seja as que possuem uma conexão direta com a lâmpada em questão.

Façamos um exemplo. Suponhamos que no dispositivo acima, as lâmpadas em P_1 e P_3 estão acesas e as em P_2, P_4, P_5 estão apagadas e suponhamos que os interruptores colocados em P_3 e P_4 são acionados. O que acontece? Como estão as cinco lâmpadas no final? Vamos examinar a lâmpada P_1. A ação do interruptor em P_3 não altera o estado em P_1, dado que P_1 e P_3 não são adjacentes, porém a ação do interruptor de P_4 altera o estado em P_1, dado que P_1 e P_4 são adjacentes. Em conclusão o estado da lâmpada em P_1 é alterado e no final a lâmpada em P_1 estará apagada. A mesma coisa pode-se fazer para cada lâmpada e no final teremos a seguinte situação: lâmpada em P_1 apagada, em P_2 acesa, em P_3 acesa, em P_4 apagada, em P_5 acesa.

Se a idéia agora é suficientemente clara, o próximo passo é encontrar um bom modelo matemático para esse tipo de situação. Começamos com a observação de que podemos colocar todas as informações sobre as conexões do grafo em uma matriz simétrica de tipo 5, assim como fizemos na Seção 2.2. Obtemos a matriz

$$A = \begin{pmatrix} 1 & 1 & 0 & 1 & 1 \\ 1 & 1 & 1 & 0 & 0 \\ 0 & 1 & 1 & 1 & 0 \\ 1 & 0 & 1 & 1 & 1 \\ 1 & 0 & 0 & 1 & 1 \end{pmatrix}$$

Lembrando que, por exemplo, a entrada 1 na posição $(4,3)$ significa que existe uma conexão direta entre P_4 e P_3, enquanto que a entrada 0 em $(3,5)$ significa que existe uma conexão direta entre P_3 e P_5. Observemos também que, diferente do Exemplo 2.2.3, a natureza do problema nos leva a escolha de ter 1 na diagonal principal.

Consideremos agora uma matriz coluna onde inserimos os dados relativos às ações a serem executadas nos interruptores. Tendo em vista que queremos acionar os interruptores nas posições P_3 e P_4, será conveniente usar a matriz coluna

$$V = \begin{pmatrix} 0 \\ 0 \\ 1 \\ 1 \\ 0 \end{pmatrix}$$

Neste ponto, temos então uma lindíssima aplicação do produto de matrizes. Interpretamos seja A que V como matrizes com entrada em $\mathbb{Z}_2$ e calculamos o produto, que é possível dado que A é do tipo 5 e V é do tipo $(5,1)$. Obtemos

$$A \cdot V = \begin{pmatrix} 1 & 1 & 0 & 1 & 1 \\ 1 & 1 & 1 & 0 & 0 \\ 0 & 1 & 1 & 1 & 0 \\ 1 & 0 & 1 & 1 & 1 \\ 1 & 0 & 0 & 1 & 1 \end{pmatrix} \begin{pmatrix} 0 \\ 0 \\ 1 \\ 1 \\ 0 \end{pmatrix} = \begin{pmatrix} 1 \\ 1 \\ 0 \\ 0 \\ 1 \end{pmatrix}$$

Vamos ver porque obtemos o resultado acima, e também tentar entender qual é o significado de $A \cdot V$. Verificamos por exemplo o que é a entrada de posição $(3,1)$ do produto. Obtemos esta entrada fazendo o produto da terceira linha de A com a coluna de V. Portanto temos $0 \times 0 \ + \ 1 \times 0 \ + \ 1 \times 1 \ + \ 1 \times 1 \ + \ 0 \times 0 \ = \ 0$ (lembre-se da tabela de adição na qual em $\mathbb{Z}_2$ temos $1 + 1 = 0$).

Agora vamos iniciar a parte mais interessante. O que significa a soma de produtos $0 \times 0 + 1 \times 0 + 1 \times 1 + 1 \times 1 + 0 \times 0$? Lembramos que a terceira linha diz respeito a posição P_3. A primeira parcela 0×0 pode ser lida da seguinte maneira: o interruptor em P_3 não é diretamente conectado com a posição em P_1 (daí a razão do 0 na posição $(3,1)$ da matriz A) e interage com o fato que o estado do interruptor em P_1 *não é* alterado (daí a razão de termos um 0 na primeira posição da matriz V). O resultado dessa interação é que o estado da lâmpada em P_3 *não é* alterado.

A segunda parcela 1×0 se lê assim: o interruptor em P_3 *é* diretamente conectado com a posição P_2 (daí a razão do 1 na posição $(3, 2)$ da matriz A) e interage com o fato que o estado do interruptor em P_2 *não é* alterado (daí a razão do zero na posição $(2, 1)$ da matriz V). O resultado dessa interação é que o estado da lâmpada em P_3 *não é* alterado.

A terceira parcela 1×1 se interpreta da seguinte maneira: o interruptor em P_3 *é* diretamente conectado com a posição P_3 (daí a razão do 1 na posição $(3, 3)$ da matriz A) e interage com o fato que o estado do interruptor em P_3 *é* alterado (daí a razão do 1 na posição $(3, 1)$ da matriz V). O resultado dessa interação é que o estado da lâmpada em P_3 *é* alterado.

Agora deve ser claro como continuar até a quinta parcela. Devemos portanto calcular a soma das cinco ações para ver o resultado definitivo em P_3 Temos $0 + 0 + 1 + 1 + 0$ e portanto o estado da lâmpada em P_3 não é alterado,

Analogamente podemos interpretar os outros produtos e concluímos que este produto de matrizes com entradas em $\mathbb{Z}_2$ é um bom modelo matemático para o problema de saber como a alteração do estado de alguns interruptores se repercute em todo o sistema elétrico.

É muito interessante notar como, neste contexto, a tábua de multiplicação de $\mathbb{Z}_2$, ou seja a tabela seguinte

$$
\begin{array}{c|cc}
\times & 0 & 1 \\
\hline
0 & 0 & 0 \\
1 & 0 & 1 \\
\end{array}
$$

assume um significado. De fato, $0 \times 1 = 0$ é o modelo matemático da seguinte consideração: unindo o fato que não existe conexão direta entre a primeira e a segunda posição com o fato que se alteramos o estado do interruptor na segunda posição o estado da lâmpada na primeira posição não é alterado e assim por diante.

Note a sutileza que 1×0 tem um significado completamente diferente de 0×1 apesar do resultado em ambos os casos ser 0, salvando assim a comutatividade do produto! Se você gostou desta última observação é um sintoma claro de uma *doença matemática*.

Vamos dar mais um passo adiante. Suponhamos que queremos determinar as ações a serem realizadas nos interruptores a fim de obter um determinado estado final, conhecendo o estado inicial das lâmpadas. A diferença entre o estado final e o inicial nos dá um quadro das mudanças de estado. Por exemplo se inicialmente todas as lâmpadas estão apagadas e queremos que no final todas estejam acesas, significa que queremos mudar o estado de todas as lâmpadas. Portanto, queremos fazer uma série de ações nos interruptores a fim de obter a matriz coluna

$$\mathbf{b} = \begin{pmatrix} 1 \\ 1 \\ 1 \\ 1 \\ 1 \end{pmatrix}$$

As incógnitas do problema são evidentemente as ações nos interruptores e portanto são cinco x_1, x_2, x_3, x_4, x_5. Por fim, o queremos é saber se existem soluções para o sistema linear

$$A\mathbf{x} = \mathbf{b} \qquad \text{ou seja} \qquad \begin{pmatrix} 1 & 1 & 0 & 1 & 1 \\ 1 & 1 & 1 & 0 & 0 \\ 0 & 1 & 1 & 1 & 0 \\ 1 & 0 & 1 & 1 & 1 \\ 1 & 0 & 0 & 1 & 1 \end{pmatrix} \begin{pmatrix} x_1 \\ x_2 \\ x_3 \\ x_4 \\ x_5 \end{pmatrix} = \begin{pmatrix} 1 \\ 1 \\ 1 \\ 1 \\ 1 \end{pmatrix}$$

Mais uma vez estamos diante de um sistema de equações lineares $\mathcal{S}$, com cinco equações e cinco incógnitas. Imediatamente a noção de inversa intervém de modo substancial. De fato, se existe a matriz inversa de A, então temos

$$\mathbf{x} = A^{-1}A\mathbf{x} = A^{-1}\mathbf{b}$$

e portanto a solução é encontrada! No nosso caso não sabemos ainda como calcular a inversa, porém podemos verificar que

$$A^{-1} = \begin{pmatrix} 1 & 1 & 0 & 1 & 0 \\ 1 & 0 & 0 & 0 & 1 \\ 0 & 0 & 0 & 1 & 1 \\ 1 & 0 & 1 & 1 & 0 \\ 0 & 1 & 1 & 0 & 1 \end{pmatrix}$$

então

$$\mathbf{x} = A^{-1}\mathbf{b} = \begin{pmatrix} 1 \\ 0 \\ 0 \\ 1 \\ 1 \end{pmatrix}$$

é solução. Em outras palavras, se todas as lâmpadas estão apagadas, para acender todas devemos acionar os interruptores das posições P_1, P_4, P_5, o que se pode verificar facilmente com a ajuda do grafo.

Concluímos esta importante seção com uma pergunta. Por que ao invés de utilizar o recurso da inversa da matriz, não tentamos resolver o sistema linear $\mathcal{S}$ diretamente? E se a inversa de A não existisse poderíamos concluir que não tínhamos solução? É bom nos acostumarmos com o fato que a ciência, como a vida, possui mais perguntas que respostas. Neste caso porém podemos nos considerar sortudos pois no próximo capítulo teremos uma resposta.

Exercícios

Exercício 1. Calcule, quando for possível, o produto dos seguintes pares de matrizes

(a) $A = \begin{pmatrix} 0 & 1 \\ 0 & 0 \end{pmatrix}$ $A' = \begin{pmatrix} 0 & 2 \\ 0 & 0 \end{pmatrix}$

(b) $A = \begin{pmatrix} 0 & 1 & 0 \\ 0 & 0 & 1 \end{pmatrix}$ $A' = \begin{pmatrix} 0 & 2 & 2 \\ 0 & 0 & 4 \end{pmatrix}$

(c) $A = \begin{pmatrix} 0 & 1 & 0 \\ 0 & 0 & 1 \end{pmatrix}$ $A' = \begin{pmatrix} 0 & 2 \\ 0.3 & 0 \\ 0.2 & 5 \end{pmatrix}$

Exercício 2. É mais caro multiplicar duas matrizes A, B quadradas de tipo 6, ou duas matrizes A, B de tipo $(4,5)$, $(5,11)$ respectivamente?

Exercício 3. É verdade que podemos multiplicar uma matriz por ela mesma somente quando a matriz é quadrada?

Exercício 4. Seja I a matriz identidade de tipo 2.

(a) Encontrar todas as soluções da equação matricial $X^2 - I = 0$, ou seja todas as matrizes quadradas $A \in \mathrm{Mat}_2(\mathbb{R})$ tais que $A^2 - I = 0$.

(b) É verdade que existem infinitas soluções?

(c) É verdade que qualquer que seja a solução vale a igualdade $|a_{11}| = |a_{22}|$?

Exercício 5. Seja $A \in \mathrm{Mat}_n(\mathbb{R})$ e seja I a matriz identidade de tipo n.

(a) Mostre que se $A^3 = 0$ então $I + A$ e $I - A + A^2$ são uma a inversa da outra.

(b) É verdade que se existe um número natural k tal que $A^k = 0$ então $I + A$ é invertível?

(c) É sempre verdade que uma matriz do tipo $I + A$ é invertível?

Exercício 6. Calcular A^3 nos seguintes casos

$$A = \begin{pmatrix} 0 & 1 \\ 0 & 0 \end{pmatrix} \qquad A = \begin{pmatrix} 1 & 0 \\ 0 & 1 \end{pmatrix}$$

Exercício 7. Seja $A = \begin{pmatrix} 1 & -1 \\ 1 & 0 \end{pmatrix}$. Verificar que $A^6 = I$.

Exercício 8. Consideremos as matrizes

$$A = \begin{pmatrix} 1 & 1 & 1 \\ 0 & -1 & 3 \\ 2 & -1 & 1 \end{pmatrix} \qquad B = \begin{pmatrix} 1 & a & b \\ a & -1 & b \\ b & -b & a \end{pmatrix}$$

Determinar, caso existam, valores reais de a, b tais que as duas matrizes A, B sejam comutativas (ou seja tal que $A \cdot B = B \cdot A$).

Exercício 9. Seja A uma matriz de tipo (r, c) e B uma matriz de tipo (c, s).

(a) É verdade que se A possui uma linha nula, então AB também possui uma linha nula?

(b) É verdade que se A possui uma coluna nula, então AB também possui uma coluna nula?

Exercício 10. Construir um exemplo simples, semelhante ao do Exemplo 2.5.1, onde partindo de um particular estado dos dispositivos não seja possível acender todas as lâmpadas.

Exercício 11. Seja A uma matriz.

(a) É verdade que $(A^{\mathrm{tr}})^{\mathrm{tr}} = A$, qualquer que seja A?

(b) É verdade que se A^{tr} é simétrica, então A também é?

Exercício 12. Seja A uma matriz a entradas reais.

(a) Provar que os elementos da diagonal de $A^{\mathrm{tr}}A$ são não negativos.

(b) Se $(A^{\mathrm{tr}})^{\mathrm{tr}} = I$, é possível identificar A^{-1} sem fazer cálculos?

Exercício 13. Consideremos matrizes com entradas racionais e suponhamos que o custo de cada operação entre os números seja unitário.

(a) Calcular o custo computacional do produto de duas matrizes quadradas diagonais de tipo n.

(b) Calcular o custo computacional da operação A^2, onde A é uma matriz simétrica de tipo n.

Exercício 14. Consideremos as matrizes diagonais em $\mathrm{Mat}_2(\mathbb{Q})$, ou seja as matrizes $A_{a,b} = \begin{pmatrix} a & 0 \\ 0 & b \end{pmatrix}$ con $a, b \in \mathbb{Q}$.

(a) Prove que para cada $a \in \mathbb{Q}$ a matriz $A_{a,a}$ comuta com todas as matrizes de $\mathrm{Mat}_2(\mathbb{Q})$.

(b) A mesma informação é verdadeira para a matriz $A_{1,2}$?

(c) Provar que cada matriz diagonal comuta com todas as matrizes diagonais.

Os exercícios seguintes se apresentam em um modo um pouco diferente. De fato a palavra **Exercício** *é precedida do símbolo* @. *Isto significa que sua solução é feita com a ajuda do computador (veja a introdução e o apêndice), ou que a utilização do computador é fortemente aconselhada. No último capítulo veremos um método mais sofisticado onde utilizamos os autovalores para resolver os Exercícios 15 e 16.*

@ **Exercício 15.** Calcular A^{100} nos seguintes casos

(a) $A = \begin{pmatrix} 1 & 1 \\ 0 & 2 \end{pmatrix}$

(b) $A = \begin{pmatrix} 3 & 0 \\ 2 & -1 \end{pmatrix}$

@ **Exercício 16.** Considere as seguintes matrizes

$$A = \begin{pmatrix} 0 & 1 & -\frac{1}{2} \\ 0 & 0 & 12 \\ 3 & \frac{1}{5} & 8 \end{pmatrix} \qquad B = \begin{pmatrix} \frac{1}{3} & 1 & 1 \\ 2 & 1 & -21 \\ 0 & \frac{3}{4} & 1 \end{pmatrix}$$

e prove as seguintes igualdades

$$A^{13} = \begin{pmatrix} \frac{281457596383971}{6250} & \frac{8243291212479289}{1000000} & \frac{257961125226942479}{2000000} \\ \frac{1883521814429871}{3125} & \frac{13791079790208861}{125000} & \frac{431570585554290003}{250000} \\ \frac{431570585554290003}{1000000} & \frac{394993103775412801}{5000000} & \frac{154508738617589077}{125000} \end{pmatrix}$$

$$B^{13} = \begin{pmatrix} \frac{2075574373808189}{3265173504} & \frac{-2771483961974593}{272097792} & \frac{-34285516978000235}{2176782336} \\ \frac{-22589583602079623}{1088391168} & \frac{-7482652061373805}{725594112} & \frac{155899288381048673}{725594112} \\ \frac{46412434031431}{120932352} & \frac{-2468698236647575}{322486272} & \frac{-872661281513917}{80621568} \end{pmatrix}$$

os computadores não são inteligentes,
porém pensam que são

3

Solução dos Sistemas Lineares

em teoria não tem nenhuma diferença
entre teoria e prática,
na prática ao invés tem

Neste capítulo vamos explorar a questão de como resolver *na prática* os sistemas lineares. Nossa *estratégia* consiste em reunir um determinado número de observações que nos permita elaborar uma *estratégia*. Visto que os matemáticos usam muitas vezes o termo *evidente* para algumas coisas que além de não serem completamente evidentes são cansativas de *demonstrar*, mostraremos nossa intenção de evitar esse mau hábito iniciando com uma observação que é totalmente *evidente*. Lembrando que com o símbolo I indicamos as matrizes idênticas, a observação é que para cada sistema linear do tipo $I\mathbf{x} = \mathbf{b}$, a solução é $\mathbf{x} = \mathbf{b}$. De fato como vale a igualdade $I\mathbf{x} = \mathbf{x}$ então claramente $\mathbf{x} = \mathbf{b}$ e portanto *o sistema está resolvido*.

Porém ninguém pode esperar de ter a sorte de se deparar frequentemente com essa situação, em geral não é mesmo dito que a matriz dos coeficientes seja quadrada. E então, qual é o caminho a seguir? A idéia fundamental é a de substituir o sistema dado com outro que possua as mesmas soluções, porém cuja matriz dos coeficientes seja *mais semelhante* à matriz identidade, e portanto seja *mais fácil* de resolver.

Essa idéia nos levará ao estudo das *matrizes elementares*, destacará a importância do produto linha por coluna e permitirá a elaboração de um algoritmo, chamado método de Gauss, baseado na escolha de elementos especiais chamados *pivôs*. Poderemos calcular a inversa de uma matriz, quando ela existir, faremos uma digressão sobre o custo computacional do método de Gauss, aprenderemos quando e como decompor uma matriz quadrada na forma LU, ou seja como produto de duas matrizes triangulares especiais. Por fim veremos entrar como destaques certos números chamados *determinantes*, expressões *não lineares* que porém tem um papel essencial na álgebra linear.

Mas não tínhamos dito que esse é um capítulo de métodos práticos? Então vamos parar a conversa e começar a trabalhar.

Robbiano L.: Álgebra Linear para todos
© Springer-Verlag Italia 2011

3.1 Matrizes elementares

De agora em diante vamos estabelecer a convenção de chamar de **equiva-lentes** dois sistemas lineares que possuem mesmas soluções. A palavra equivalente não foi escolhida por acaso. Os matemáticos amam esta palavra, e por ótimos motivos. Sem entrar nos detalhes, é suficiente dizer que grande parte do formalismo matemático baseia-se nas **relações de equivalência**. No nosso caso, visto que sistemas lineares equivalentes tem as mesmas soluções, se nosso objetivo é resolver um sistema linear, temos a notável liberdade de substituí-lo com um equivalente. O leitor, sobretudo o leitor genovês, dirá: fazendo dessa maneira, o que ganhamos? E será mesmo essa pergunta que tentaremos responder a partir de agora.

Para começar, planejamos criar um certo número de operações elementares que transformem o sistema em um equivalente *mais simples de resolver*. Iniciaremos com algumas observações de fácil verificação.

(a) Se trocamos a posição de duas equações, obtemos um sistema equivalente.

(b) Se multiplicamos uma equação por um número diferente de zero, obtemos um sistema equivalente.

(c) Se substituímos uma equação pela soma de si mesma com um múltiplo de uma outra equação, obtemos um sistema equivalente.

As operações acima descritas se chamam *operações elementares* sobre o sistema linear dado.

Vejamos em detalhes alguns exemplos.

Exemplo 3.1.1. Um sistema com duas equações e duas incógnitas
Consideremos o seguinte sistema

$$\begin{cases} 2x_1 - 3x_2 = 2 \\ x_1 + x_2 = 4 \end{cases} \qquad (1)$$

As suas soluções são as mesmas de

$$\begin{cases} x_1 + x_2 = 4 \\ 2x_1 - 3x_2 = 2 \end{cases} \qquad (2)$$

que obtivemos trocando a posição das duas equações em (1), e as mesmas de

$$\begin{cases} x_1 + x_2 = 4 \\ -5x_2 = -6 \end{cases} \qquad (3)$$

que obtivemos substituíndo em (2) a segunda equação pela diferença entre ela mesma e duas vezes a primeira equação, e as mesmas de

$$\begin{cases} x_1 + x_2 = 4 \\ x_2 = \frac{6}{5} \end{cases} \qquad (4)$$

que obtivemos multiplicando a segunda equação em (3) pelo número $-\frac{1}{5}$, e as mesmas de

$$\begin{cases} x_1 = \frac{14}{5} \\ \\ x_2 = \frac{6}{5} \end{cases} \tag{5}$$

que obtivemos substituíndo a primeira equação em (4) por ela mesma menos a segunda equação. Neste caso, dado que o sistema (5) é do tipo $I\mathbf{x} = \mathbf{b}$ e portanto resolvido diretamente, chegamos ao nosso objetivo.

Exemplo 3.1.2. Um sistema com duas equações e três incógnitas
Consideremos o seguinte sistema

$$\begin{cases} 2x_1 - 3x_2 + x_3 = 2 \\ x_1 + x_2 - 5x_3 = 4 \end{cases} \tag{1}$$

Suas soluções são as mesmas de

$$\begin{cases} x_1 + x_2 - 5x_3 = 4 \\ 2x_1 - 3x_2 + x_3 = 2 \end{cases} \tag{2}$$

que obtivemos trocando de posição as duas equações em (1), e as mesmas de

$$\begin{cases} x_1 + x_2 - 5x_3 = 4 \\ -5x_2 + 11x_3 = -6 \end{cases} \tag{3}$$

que obtivemos substituíndo em (2) a segunda equação pela diferença entre ela mesma e duas vezes a primeira equação, e as mesmas de

$$\begin{cases} x_1 + x_2 - 5x_3 = 4 \\ x_2 - \frac{11}{5}x_3 = \frac{6}{5} \end{cases} \tag{4}$$

que obtivemos multiplicando a segunda equação em (3) por $-\frac{1}{5}$, e as mesmas de

$$\begin{cases} x_1 - \frac{14}{5}x_3 = \frac{14}{5} \\ x_2 - \frac{11}{5}x_3 = \frac{6}{5} \end{cases} \tag{5}$$

que obtivemos substituindo a primeira equação em (4) com a primeira equação menos a segunda.

Em ambos os exemplos acima para cada passagem substituímos um sistema com outro equivalente, portanto as soluções de (1) são as mesmas de (5). Observamos que o sistema (5) no exemplo 3.1.1 é do tipo $I\mathbf{x} = \mathbf{b}$ e portanto sua solução é explícita. O sistema (5) no exemplo 3.1.2 é, ao invés, de natureza muito diferente e falaremos novamente na Seção 3.6.

Voltaremos mais adiante às soluções dos sistemas, por agora vamos analisar somente as várias passagens feitas nos cálculos anteriores. Percebemos imediatamente que as modificações que fizemos nos sistemas somente envolveram *as matrizes que fazem parte do sistema* e certamente não o nome das incógnitas.

É conveniente portanto dar um nome às transformações de matrizes que correspondem a transformações elementares dos sistemas.

> *Chamaremos* **trasformações elementares** *de uma matriz às seguintes operações:*
>
> (a) *Troca de duas linhas.*
> (b) *Multiplicação de uma linha por um número diferente de zero.*
> (c) *Substituição de uma linha com a que se obtém somando a ela mesma um múltiplo de outra linha.*

As operações elementares sobre o sistema linear $A\mathbf{x} = \mathbf{b}$ podem portanto serem feitas através de operações elementares sobre as matrizes A, $\mathbf{b}$, então vamos retornar o Exemplo 3.1.1 e seguir passo a passo tais operações.

A passagem de (1) a (2) se obtém trocando as linhas de A e $\mathbf{b}$ portanto ficamos com as matrizes

$$A_2 = \begin{pmatrix} 1 & 1 \\ 2 & -3 \end{pmatrix} \qquad \mathbf{b}_2 = \begin{pmatrix} 4 \\ 2 \end{pmatrix}$$

que são respectivamente a matriz dos coeficientes e a dos termos constantes do sistema (2). Analogamente a passagem de (2) para (3) nos retorna as matrizes

$$A_3 = \begin{pmatrix} 1 & 1 \\ 0 & -5 \end{pmatrix} \qquad \mathbf{b}_3 = \begin{pmatrix} 4 \\ -6 \end{pmatrix}$$

que são respectivamente a matriz dos coeficientes e a dos termos constantes do sistema (3). A passagem de (3) para (4) termina com as matrizes

$$A_4 = \begin{pmatrix} 1 & 1 \\ 0 & 1 \end{pmatrix} \qquad \mathbf{b}_4 = \begin{pmatrix} 4 \\ \frac{6}{5} \end{pmatrix}$$

que são respectivamente a matriz dos coeficientes e a dos termos constantes do sistema (4). A passagem de (4) para (5) termina com as matrizes

$$A_5 = \begin{pmatrix} 1 & 0 \\ 0 & 1 \end{pmatrix} \qquad \mathbf{b}_5 = \begin{pmatrix} \frac{14}{5} \\ \frac{6}{5} \end{pmatrix}$$

que são respectivamente a matriz dos coeficientes e a matriz dos termos constantes do sistema (5), tornando explícita sua solução.

Sabemos que a matemática é cheia de surpresas e nos oferece muitas maravilhas e agora ela nos oferecerá uma das mais interessantes. Estamos nos referindo ainda ao Exemplo 3.1.1. Considando a matriz identidade de tipo 2 fazendo a troca das duas linhas de I obtemos a matriz $\begin{pmatrix} 0 & 1 \\ 1 & 0 \end{pmatrix}$ que chamamos de E_1. Em seguida multiplicamos A e $\mathbf{b}$ à esquerda por essa matriz e obtemos

$$E_1 A = \begin{pmatrix} 1 & 1 \\ 2 & -3 \end{pmatrix} \qquad E_1 \mathbf{b} = \begin{pmatrix} 4 \\ 2 \end{pmatrix}$$

A maravilha consiste no fato que estas novas matrizes são respectivamente a matriz dos coeficientes e dos termos constantes do sistema linear (2), o qual podemos escrever portanto como

$$E_1 A \, \mathbf{x} = E_1 \mathbf{b}$$

A regra de troca de duas linhas é portanto dada através da multiplicação à esquerda pela matriz que se obtém através da matriz identidade quando trocamos as duas linhas correspondentes. E tem mais: relações análogas também são obtidas para as outras operações elementares sobre o sistema. Em conclusão, temos a nossa disposição o seguinte conjunto de regras *aplicáveis em uma matriz qualquer*, até mesmo não quadrada: Seja A uma matriz com r linhas.

(a) Denotando com E a matriz que se obtém trocando a i-ésima linha pela j-ésima linha da matriz I_r, a matriz produto EA é a que se obtém trocando a i-ésima linha pela j-ésima linha da matriz A.

(b) Denotando com E a matriz que se obtém multiplicando i-ésima linha da matriz I_r pela constante γ, a matriz produto EA é a que se obtém multiplicando a i-ésima linha da matriz A pela constante γ.

(c) Denotando com E a matriz que se obtém somando a i-ésima linha da matriz I_r com a j-ésima linha da matriz I_r multiplicada pela constante γ, a matriz produto EA é a que se obtém somando a i-ésima linha da matriz A com a j-ésima linha da matriz A multiplicada pela constante γ.

Visto que as operações em questão sobre as linhas da matriz A se chamam operações elementares, as matrizes que obtemos fazendo tais operações na matriz identidade serão chamadas de **matrizes elementares**. Uma maneira elegante de condensar o que dissemos anteriormente é a seguinte.

Cada operação elementar sobre linhas da matriz A pode ser realizada multiplicando A à esquerda pela correspondente matriz elementar.

Reconhecida a importância das matrizes elementares, vale a pena examiná-las com mais detalhes. Consideremos o seguinte exemplo de matriz elementar obtida trocando a segunda com a quarta linha da matriz identidade I_4

$$E = \begin{pmatrix} 1 & 0 & 0 & 0 \\ 0 & 0 & 0 & 1 \\ 0 & 0 & 1 & 0 \\ 0 & 1 & 0 & 0 \end{pmatrix}$$

Se calculamos o produto $EE = E^2$ obtemos a matriz identidade I_4. O motivo é fácil de entender já que a multiplicação à esquerda de E por E tem o efeito de trocar a segunda com a quarta linha da matriz E e portando obter a matriz que começamos, ou seja a matriz identidade.

Vamos considerar agora o exemplo de matriz elementar obtida multiplicando-se por 2 a segunda linha da matriz identidade I_4

$$E = \begin{pmatrix} 1 & 0 & 0 & 0 \\ 0 & 2 & 0 & 0 \\ 0 & 0 & 1 & 0 \\ 0 & 0 & 0 & 1 \end{pmatrix}$$

e considerando a análoga cuja multiplicação é feita por $\frac{1}{2}$

$$E' = \begin{pmatrix} 1 & 0 & 0 & 0 \\ 0 & \frac{1}{2} & 0 & 0 \\ 0 & 0 & 1 & 0 \\ 0 & 0 & 0 & 1 \end{pmatrix}$$

Se calculamos o produto $E'E$ obtemos evidentemente a matriz identidade I_4. Considerando agora a matriz elementar obtida somando à segunda linha da matriz identidade I_4, 3 vezes a terceira linha obtemos

$$E = \begin{pmatrix} 1 & 0 & 0 & 0 \\ 0 & 1 & 3 & 0 \\ 0 & 0 & 1 & 0 \\ 0 & 0 & 0 & 1 \end{pmatrix}$$

e considerando a matriz análoga cuja multiplicação é feita por -3, obtemos a matriz elementar

$$E' = \begin{pmatrix} 1 & 0 & 0 & 0 \\ 0 & 1 & -3 & 0 \\ 0 & 0 & 1 & 0 \\ 0 & 0 & 0 & 1 \end{pmatrix}$$

Claramente calculando o produto $E'E$ obtemos a matriz identidade I_4. É alguma surpresa? Certamente não, se tivermos em mente que a adição da segunda linha da matriz identidade com a terceira linha multiplicada por -3, tem o efeito de anular a operação feita sobre a matriz identidade de adicionar à segunda linha a terceira linha multiplicada por 3. Através dos exemplos em questão percebemos os seguintes fatos:

(1) **As matrizes elementares são invertíveis e tem como inversa matrizes elementares.**

(2) **Se $A\mathbf{x} = \mathbf{b}$ é um sistema linear com r equações e as matrizes $E_1, E_2, \ldots, E_{m-1}, E_m$ são matrizes elementares de tipo r, então o sistema linear**

$$E_m E_{m-1} \cdots E_2 E_1 A\mathbf{x} = E_m E_{m-1} \cdots E_2 E_1 \mathbf{b}$$

é equivalente ao sistema $A\mathbf{x} = \mathbf{b}$.

Vamos tentar refazer os passos do Exemplo 3.1.1 com o qual começamos esta seção. O sistema é

$$A\mathbf{x} = \mathbf{b} \quad \text{onde} \quad A = \begin{pmatrix} 2 & -3 \\ 1 & 1 \end{pmatrix} \quad \mathbf{b} = \begin{pmatrix} 2 \\ 4 \end{pmatrix}$$

A passagem de (1) para (2) se obtém multiplicando à esquerda as matrizes A e $\mathbf{b}$ pela matriz $E_1 = \begin{pmatrix} 0 & 1 \\ 1 & 0 \end{pmatrix}$ obtendo assim as matrizes

$$A_2 = \begin{pmatrix} 1 & 1 \\ 2 & -3 \end{pmatrix} = E_1 A \qquad \mathbf{b}_2 = \begin{pmatrix} 4 \\ 2 \end{pmatrix} = E_1 \mathbf{b}$$

Analogamente a passagem de (2) a (3) obtemos multiplicando à esquerda as matrizes A_2 e $\mathbf{b}_2$ pela matriz $E_2 = \begin{pmatrix} 1 & 0 \\ -2 & 1 \end{pmatrix}$ obtendo portanto as matrizes

$$A_3 = \begin{pmatrix} 1 & 1 \\ 0 & -5 \end{pmatrix} = E_2 A_2 = E_2 E_1 A \qquad \mathbf{b}_3 = \begin{pmatrix} 4 \\ -6 \end{pmatrix} = E_2 \mathbf{b}_2 = E_2 E_1 \mathbf{b}$$

Para passar de (3) a (4) multiplicamos à esquerda as matrizes A_3 e $\mathbf{b}_3$ pela matriz $E_3 = \begin{pmatrix} 1 & 0 \\ 0 & -\frac{1}{5} \end{pmatrix}$ e portanto ficamos com as matrizes

$$A_4 = \begin{pmatrix} 1 & 1 \\ 0 & 1 \end{pmatrix} = E_3 A_3 = E_3 E_2 E_1 A \qquad \mathbf{b}_4 = \begin{pmatrix} 4 \\ \frac{6}{5} \end{pmatrix} = E_3 \mathbf{b}_3 = E_3 E_2 E_1 \mathbf{b}$$

Por fim, a passagem de (4) a (5) se obtém multiplicando à esquerda as matrizes A_4 e $\mathbf{b}_4$ pela matriz $E_4 = \begin{pmatrix} 1 & -1 \\ 0 & 1 \end{pmatrix}$ e portanto terminando com

$$A_5 = \begin{pmatrix} 1 & 0 \\ 0 & 1 \end{pmatrix} = E_4 A_4 = E_4 E_3 E_2 E_1 A \quad \mathbf{b}_5 = \begin{pmatrix} \frac{14}{5} \\ \frac{6}{5} \end{pmatrix} = E_4 \mathbf{b}_4 = E_4 E_3 E_2 E_1 \mathbf{b}$$

A conclusão é então que todas as operações elementares foram interpretadas como produto à esquerda com matrizes elementares, obtendo no final $A_5 = I$ e desse modo um sistema equivalente com soluções explícitas. Porém observe que com essa interpretação obtemos também que $I = A_5 = E_4 E_3 E_2 E_1 A$ e portanto obtivemos explicitamente a inversa de A escrita como produto de matrizes elementares

$$A^{-1} = E_4 E_3 E_2 E_1$$

Se fizermos os cálculos, obtemos

$$A^{-1} = \begin{pmatrix} \frac{1}{5} & \frac{3}{5} \\ -\frac{1}{5} & \frac{2}{5} \end{pmatrix} = \frac{1}{5} \begin{pmatrix} 1 & 3 \\ -1 & 2 \end{pmatrix}$$

A utilização do formalismo que usa o produto de matrizes nos permitiu então calcular não só a solução do sistema linear, mas também contextualmente a inversa da matriz dos coeficientes. Esta observação é muito importante já que a matriz dos coeficientes do sistema (1) é também matriz dos coeficientes de *qualquer sistema linear* de tipo $A\mathbf{x} = \mathbf{b}'$, ao variar de $\mathbf{b}'$ arbitrariamente. Um sistema desse tipo ha uma única solução, que é precisamente $A^{-1}\mathbf{b}'$. Portanto resolvendo um sistema conseguimos na verdade resolver contextualmente tantos outros. Esta é uma expressão da força da matemática, e é útil mais uma vez enfatizar o fato que tal resultado foi possível através da introdução do formalismo $A\mathbf{x} = \mathbf{b}$, e portanto do uso do produto linha por coluna.

3.2 Sistemas lineares quadrados, o método de Gauss

Vamos agora abordar o problema geral de resolução dos sistemas lineares $A\mathbf{x} = \mathbf{b}$ no caso em que A é uma matriz quadrada. Tais sistemas serão simplesmente chamados **sistemas lineares quadrados**.

O caso em que a matriz é invertível, em um certo sentido já resolvemos. Não dissemos que com essa hipótese temos uma única solução, precisamente $\mathbf{x} = A^{-1}\mathbf{b}$? Porém neste caso precisamos ter muita cautela. Dado um sistema linear quadrado, a princípio não sabemos se a matriz é invertível ou não, descobriremos somente *depois e não antes* de tê-lo resolvido. Quando descobrirmos que A é invertível, certamente a solução será $A^{-1}\mathbf{b}$, porém o ponto fundamental é que nós não calcularemos a inversa de A, e sim calcularemos diretamente a solução $A^{-1}\mathbf{b}$. Esta frase não está em contradição com a do final da seção anterior. Enfatizamos o fato que se calculamos A^{-1}, podemos calcular facilmente a solução de todos os sistemas $A\mathbf{x} = \mathbf{b}$, ao variar de $\mathbf{b}$. Porém a questão é bem diferente se queremos calcular somente a solução de um sistema. Voltemos um momento ao Exemplo 3.1.1. Lembremos que depois de algumas transformações encontramos o seguinte sistema equivalente

$$\begin{cases} x_1 + x_2 = 4 \\ \quad\ x_2 = \frac{6}{5} \end{cases} \qquad (4)$$

Nesse ponto a matriz dos coeficientes não é a matriz identidade, porém o sistema se resolve facilmente. De fato, a segunda equação nos fornece diretamente a igualdade $x_2 = \frac{6}{5}$. *Substituindo* na primeira obtemos $x_1 = 4 - \frac{6}{5} = \frac{14}{5}$.

Esta observação nos sugere o seguinte método, que é chamado **método de Gauss** ou **método da redução gaussiana**, para resolver o sistema linear $A\mathbf{x} = \mathbf{b}$.

(a) Utilizando as operações elementares sobre a matriz A, se obtém uma matriz A' **triangular superior**, ou seja tal que todos os elementos abaixo da diagonal principal são nulos.

(b) Se A' possui todos os elementos da diagonal diferentes de zero, o sistema linear equivalente $A'\mathbf{x} = \mathbf{b}'$ se resolve através de substituições retroativas.

Exemplo 3.2.1. Vamos ver em detalhes o sistema que nasce do Exemplo 2.5.1. Devemos resolver o seguinte sistema linear

$$\begin{pmatrix} 1 & 1 & 0 & 1 & 1 \\ 1 & 1 & 1 & 0 & 0 \\ 0 & 1 & 1 & 1 & 0 \\ 1 & 0 & 1 & 1 & 1 \\ 1 & 0 & 0 & 1 & 1 \end{pmatrix} \begin{pmatrix} x_1 \\ x_2 \\ x_3 \\ x_4 \\ x_5 \end{pmatrix} = \begin{pmatrix} 1 \\ 1 \\ 1 \\ 1 \\ 1 \end{pmatrix}$$

lembrando que estamos trabalhando em $\mathbb{Z}_2$ e que portanto $1 + 1 = 0$ e $-1 = 1$. Visto que $a_{11} = 1$, podemos fazer de maneira tal que todos os números sejam iguais a zero abaixo de a_{11} na primeira coluna. De fato basta fazer as três seguintes operações elementares: segunda linha menos a primeira, quarta linha menos a primeira, quinta linha menos a primeira. Obtemos o sistema equivalente

$$\begin{pmatrix} 1 & 1 & 0 & 1 & 1 \\ 0 & 0 & 1 & 1 & 1 \\ 0 & 1 & 1 & 1 & 0 \\ 0 & 1 & 1 & 0 & 0 \\ 0 & 1 & 0 & 0 & 0 \end{pmatrix} \begin{pmatrix} x_1 \\ x_2 \\ x_3 \\ x_4 \\ x_5 \end{pmatrix} = \begin{pmatrix} 1 \\ 0 \\ 1 \\ 0 \\ 0 \end{pmatrix}$$

Trocando a segunda com a terceira linha

$$\begin{pmatrix} 1 & 1 & 0 & 1 & 1 \\ 0 & 1 & 1 & 1 & 0 \\ 0 & 0 & 1 & 1 & 1 \\ 0 & 1 & 1 & 0 & 0 \\ 0 & 1 & 0 & 0 & 0 \end{pmatrix} \begin{pmatrix} x_1 \\ x_2 \\ x_3 \\ x_4 \\ x_5 \end{pmatrix} = \begin{pmatrix} 1 \\ 1 \\ 0 \\ 0 \\ 0 \end{pmatrix}$$

continuamos em modo tal que todos os elementos abaixo de a_{22} sejam iguais a zero. É suficiente fazer as seguintes duas operações elementares: quarta linha menos a segunda, quinta linha menos a segunda. Obtemos o seguinte sistema equivalente

$$\begin{pmatrix} 1 & 1 & 0 & 1 & 1 \\ 0 & 1 & 1 & 1 & 0 \\ 0 & 0 & 1 & 1 & 1 \\ 0 & 0 & 0 & 1 & 0 \\ 0 & 0 & 1 & 1 & 0 \end{pmatrix} \begin{pmatrix} x_1 \\ x_2 \\ x_3 \\ x_4 \\ x_5 \end{pmatrix} = \begin{pmatrix} 1 \\ 1 \\ 0 \\ 1 \\ 1 \end{pmatrix}$$

Por fim façamos a seguinte operação elementar: quinta linha menos a terceira. Obtemos o sistema equivalente

$$\begin{pmatrix} 1 & 1 & 0 & 1 & 1 \\ 0 & 1 & 1 & 1 & 0 \\ 0 & 0 & 1 & 1 & 1 \\ 0 & 0 & 0 & 1 & 0 \\ 0 & 0 & 0 & 0 & 1 \end{pmatrix} \begin{pmatrix} x_1 \\ x_2 \\ x_3 \\ x_4 \\ x_5 \end{pmatrix} = \begin{pmatrix} 1 \\ 1 \\ 0 \\ 1 \\ 1 \end{pmatrix}$$

Fazendo substituições retroativas obtemos $x_5 = 1$, $x_4 = 1$, $x_3 = 0 - x_4 - x_5 = 0$, $x_2 = 1 - x_3 - x_4 = 0$, $x_1 = 1 - x_2 - x_4 - x_5 = 1$ e portanto, para concluir, a solução $(1, 0, 0, 1, 1)$, de acordo com o que foi visto no final do Exemplo 2.5.1.

Detenhamo-nos em uma observação muito importante. No exemplo anterior a substituição retroativa pôde ser feita assim que obtivemos como matriz dos coeficientes uma matriz triangular superior com *elementos não nulos na diagonal principal*. O leitor deve se esforçar para entender bem a importância de ambos os fatos, ou seja que a matriz seja triangular superior e que os elementos da diagonal principal sejam não nulos.

Vejamos um outro exemplo.

Exemplo 3.2.2. Matriz quadrada não invertível
Consideremos o sistema linear $A\mathbf{x} = \mathbf{b}$, onde

$$A = \begin{pmatrix} 1 & 2 & -4 \\ 3 & 0 & 2 \\ 5 & 4 & -6 \end{pmatrix} \qquad \mathbf{b} = \begin{pmatrix} 0 \\ -1 \\ 1 \end{pmatrix}$$

Usando o método de Gauss, podemos substituir a segunda linha pela segunda menos três vezes a primeira e a terceira linha com a terceira menos cinco vezes a primeira. Obtemos

$$A_2 = \begin{pmatrix} 1 & 2 & -4 \\ 0 & -6 & 14 \\ 0 & -6 & 14 \end{pmatrix} \qquad \mathbf{b}_2 = \begin{pmatrix} 0 \\ -1 \\ 1 \end{pmatrix}$$

Substituindo a terceira linha pela terceira menos a segunda obtemos

$$A_3 = \begin{pmatrix} 1 & 2 & -4 \\ 0 & -6 & 14 \\ 0 & 0 & 0 \end{pmatrix} \qquad \mathbf{b}_3 = \begin{pmatrix} 0 \\ -1 \\ 2 \end{pmatrix}$$

Nesse ponto, observe que a última equação do sistema é $0 = 2$. Podemos portanto concluir que o sistema não possui soluções.

O leitor notou que em cada passo de redução feito nos exemplos precedentes nos preocupamos sempre em procurar um elemento não nulo na diagonal principal? Quando não existia fazíamos a troca de linhas e o encontrávamos. Se por acaso não conseguíssemos o procedimento acabaria. Portanto na redução gaussiana um elemento não nulo na diagonal principal possui um papel fundamental, em termos do basquetebol diríamos que joga como pivô. E, não surpreendentemente, esta entrada se chama **pivô**.

Vamos fazer agora uma digressão de caráter puramente matemático para esclarecer melhor um ponto muito importante. Queremos ver quando e como o método de Gauss funciona e se é verdade que no final verificamos que a matriz é invertível. Assim, seja A uma matriz quadrada. Uma importante observação é a seguinte.

Se uma linha de uma matriz é nula, então a matriz não é invertível.

Os matemáticos amam recorrer a **demonstrações por absurdo** para provar alguns fatos. Vejamos uma demonstração por absurdo em ação assim, o leitor pode ter uma idéia de como a matemática faz para conquistar territórios. Nesse caso queremos conquistar a certeza que se uma linha da matriz é nula, então a matriz não é invertível ou, de maneira equivalente, que se uma matriz é invertível então suas linhas são não nulas (ou seja pelo menos uma entrada de cada linha é não nula). Para os interessados aqui está a demonstração.

Para provar a afirmação podemos raciocinar da seguinte maneira. Suponhamos que a linha nula de A seja a i-ésima. Se existisse uma inversa B de A, teríamos $AB = I$, e portanto a i-ésima linha de AB não seria nula. Porém a i-ésima linha de AB se obtém multiplicando a i-ésima linha de A pelas colunas de B, portanto é uma linha nula e assim chegamos num absurdo. Em conclusão não é possível que A tenha uma linha nula. Com um raciocínio análogo podemos demonstrar que se uma coluna de A é não nula, então A não é invertível.

Outro fato importante, cuja fácil demonstração daremos em breve (desta vez uma prova direta e não por absurdo), é o seguinte.

O produto de duas matrizes A, B invertíveis é uma matriz invertível e temos $(AB)^{-1} = B^{-1}A^{-1}$.

Para demonstrar este fato, podemos proceder da seguinte maneira.

Sejam A, B as duas matrizes em questão. Basta verificar que valem as igualdades $B^{-1}A^{-1}AB = B^{-1}IB = B^{-1}B = I$ e portanto concluir.

Podemos portanto deduzir que a matriz

$$A = \begin{pmatrix} 1 & 2 & -4 \\ 3 & 0 & 2 \\ 5 & 4 & -6 \end{pmatrix}$$

do Exemplo 3.2.2 não é invertível pois A_3 não é invertível e A_3 é produto de A por matrizes elementares, que são invertíveis. Observamos que o sistema linear $A\mathbf{x} = \mathbf{b}$ não possui solução, visto que um seu sistema equivalente é $A_3\mathbf{x} = \mathbf{b}_3$ que há como equação $0 = 2$.

Podemos concluir que se A não é invertível então cada sistema do tipo $A\mathbf{x} = \mathbf{b}$ não possui solução? A resposta é definitivamente não, ou seja não podemos tirar essa conclusão. De fato podemos ver de maneira imediata que a resposta depende de $\mathbf{b}$. Basta considerar o sistema $A\mathbf{x} = \mathbf{b}$ onde

$$A = \begin{pmatrix} 1 & 1 \\ 1 & 1 \end{pmatrix} \qquad \mathbf{b} = \begin{pmatrix} 2 \\ 2 \end{pmatrix}$$

que se transforma em

$$A_2 = \begin{pmatrix} 1 & 1 \\ 0 & 0 \end{pmatrix} \qquad \mathbf{b} = \begin{pmatrix} 2 \\ 0 \end{pmatrix}$$

e portanto é equivalente à única equação $x_1 + x_2 = 2$, a qual possui claramente infinitas soluções. Neste caso o sistema quadrado que iniciamos é equivalente a um sistema não quadrado. Voltaremos aos sistemas lineares não quadrados nas próximas seções.

Faremos agora outra importante observação. Para ver diretamente se uma matriz quadrada do tipo n é invertível, podemos raciocinar da seguinte maneira: nosso problema é o de encontrar uma matriz X tal que $AX = I$ e podemos ver isso como uma equação onde A é dada e X é uma incógnita. Por definição de igualdade de matrizes as colunas de AX e I_n devem ser iguais. A j-ésima coluna de AX é $A\mathbf{x}_j$ onde $\mathbf{x}_j$ é a j-ésima coluna de B. Assim, a coluna $A\mathbf{x}_j$ deve ser igual à j-ésima coluna da matriz identidade. Isto equivale a tentar encontrar uma solução para o sistema linear cuja matriz dos coeficientes é A e cuja coluna dos termos constantes é a j-ésima coluna da matriz identidade I_n.

Desse modo, a possibilidade de encontrar X é equivalente à possibilidade de resolver n sistemas lineares onde todos tem como matriz dos coeficientes A e coluna dos termos constantes as respectivas colunas da matriz identidade I_n.

Não é difícil demonstrar (porém aqui não faremos) que uma matriz quadrada A é invertível se e somente se para cada passagem da redução gaussiana ou encontramos um pivô não nulo ou podemos fazer uma troca adequada de de linhas e obter um pivô não nulo. Portanto com a redução e eventuais trocas de linhas se chega a uma matriz triangular superior com todos os elementos da diagonal não nulos.

Por outro lado a redução gaussiana e as eventuais trocas de linhas nos dá em qualquer caso uma matriz triangular superior. Juntando todos esses fatos chegamos à seguinte conclusão.

Uma matriz quadrada é invertível se e somente se com o método de Gauss se transforma em uma matriz triangular superior com todos os elementos da diagonal principal não nulos.

Assim, revelamos o *mistério* da matriz invertível. Quando iniciamos a resolver um sistema linear quadrado com o método de Gauss, não sabemos se a matriz dos coeficientes é invertível ou não, porém descobriremos ao longo do caminho exatamente quando chegarmos à forma triangular. Por outro lado, se nos interessa somente resolver um sistema e chegamos a uma forma triangular com todos os elementos da diagonal principal não nulos, sabemos que a matriz dos coeficientes é invertível, porém podemos resolver por substituição sem calcular a inversa.

3.3 Cálculo efetivo da inversa

Neste ponto, será útil fazer um esclarecimento sobre o cálculo da inversa de uma matriz quadrada A invertível de tipo n. No final da Seção 3.1 dissemos que a utilização das matrizes elementares nos permite calcular a inversa de A e na Seção 3.2 observamos que em geral não se calcula a inversa para resolver um sistema linear, porém se usa o método de Gauss. Observamos também que as vezes pode ser muito útil calcular a inversa de A, sobretudo quando queremos resolver muitos sistemas lineares com matrizes dos coeficientes A. Vamos então parar um momento para ver como se calcula efetivamente A^{-1}. Em um certo sentido já respondemos no final da Seção 3.1. De fato vimos em um exemplo que se consideramos todas as operações elementares $E_1, E_2, \ldots, E_r$ que transformam a matriz A na matriz identidade, então $A^{-1} - E_r E_{r-1} \cdots E_1$. Porém na prática *não se deve calcular o produto das matrizes elementares*.

De fato vimos no final da Seção 3.2 que a inversa de A pode ser pensada como a solução da *equação matricial* $AX = I_n$, onde X é uma matriz incógnita. Observamos que da relação se deduz

$$E_r E_{r-1} \cdots E_1 AX = E_r E_{r-1} \cdots E_1 I_n \tag{1}$$

Se supomos que $E_r E_{r-1} \cdots E_1 A = I_n$, então

$$X = E_r E_{r-1} \cdots E_1 I_n = E_r E_{r-1} \cdots E_1 \tag{2}$$

Vamos reler com atenção o que está escrito nas fórmulas (1) e (2). Em primeiro lugar note que escrevemos que se $E_r E_{r-1} \cdots E_1 A = I_n$, ou seja se as operações elementares descritas pelas matrizes elementares $E_1, E_2, \ldots, E_{r-1}, E_r$ nos dão a matriz identidade, então a inversa de A é a matriz $E_r E_{r-1} \cdots E_1 I_n$, ou seja a matriz que obtemos a partir da matriz identidade realizando nela as *mesma operações elementares*. Em outros termos, deduzimos a seguinte regra.

> **Se as operações elementares que são executadas na matriz A para transformá-la em I_n são executadas também na matriz identidade, então encontra-se A^{-1}.**

Vejamos em detalhes um exemplo.

Exemplo 3.3.1. Calculando a inversa
Consideremos a seguinte matriz quadrada de tipo 3

$$A = \begin{pmatrix} 1 & 2 & 1 \\ 2 & -1 & 6 \\ 1 & 1 & 2 \end{pmatrix}$$

Vamos colocar em prática o que foi dito antes e calcular a inversa de A, assumindo que A seja invertível, o que por agora não sabemos.

Tentaremos portanto transformar A em uma matriz triangular superior com todas as entradas da diagonal iguais a 1 utilizando as operações elementares e, *ao mesmo tempo faremos as mesmas operações sobre a matriz identidade.*

Usemos a entrada de indíce $(1,1)$ como pivô e reduzimos a zero todos os elementos da matriz *abaixo* do pivô

$$\begin{pmatrix} 1 & 2 & 1 \\ 0 & -5 & 4 \\ 0 & -1 & 1 \end{pmatrix} \qquad \begin{pmatrix} 1 & 0 & 0 \\ -2 & 1 & 0 \\ -1 & 0 & 1 \end{pmatrix}$$

Trocando a segunda linha com a terceira

$$\begin{pmatrix} 1 & 2 & 1 \\ 0 & -1 & 1 \\ 0 & -5 & 4 \end{pmatrix} \qquad \begin{pmatrix} 1 & 0 & 0 \\ -1 & 0 & 1 \\ -2 & 1 & 0 \end{pmatrix}$$

Usemos agora a entrada de índice $(2,2)$ como pivô e reduzimos a zero o elemento que está *abaixo* do pivô

$$\begin{pmatrix} 1 & 2 & 1 \\ 0 & -1 & 1 \\ 0 & 0 & -1 \end{pmatrix} \qquad \begin{pmatrix} 1 & 0 & 0 \\ -1 & 0 & 1 \\ 3 & 1 & -5 \end{pmatrix}$$

Agora vamos fazer algo diferente do habitual, ou seja algumas operações que normalmente não fazemos quando resolvemos um sistema linear. Usando ainda a técnica da redução, vamos transformar a matriz triangular em uma matriz diagonal.

Usemos a entrada de índice $(3,3)$ como pivô e reduzimos a zero todos os elementos que estão *acima* do pivô

$$\begin{pmatrix} 1 & 2 & 0 \\ 0 & -1 & 0 \\ 0 & 0 & -1 \end{pmatrix} \qquad \begin{pmatrix} 4 & 1 & -5 \\ 2 & 1 & -4 \\ 3 & 1 & -5 \end{pmatrix}$$

Novamente utilizaremos a entrada de índice $(2,2)$ como pivô e reduzimos a zero o elemento *acima* do pivô

$$\begin{pmatrix} 1 & 0 & 0 \\ 0 & -1 & 0 \\ 0 & 0 & -1 \end{pmatrix} \qquad \begin{pmatrix} 8 & 3 & -13 \\ 2 & 1 & -4 \\ 3 & 1 & -5 \end{pmatrix}$$

Multiplicamos por -1 a segunda e a terceira linhas

$$\begin{pmatrix} 1 & 0 & 0 \\ 0 & 1 & 0 \\ 0 & 0 & 1 \end{pmatrix} \qquad \begin{pmatrix} 8 & 3 & -13 \\ -2 & -1 & 4 \\ -3 & -1 & 5 \end{pmatrix}$$

E portanto vemos que a matriz A foi transformada na matriz identidade, enquanto que a matriz identidade foi transformada na matriz A^{-1}.

$$A^{-1} = \begin{pmatrix} 8 & 3 & -13 \\ -2 & -1 & 4 \\ -3 & -1 & 5 \end{pmatrix}$$

Um leitor particularmente curioso pode facilmente verificar a identidade

$$AA^{-1} = A^{-1}A = I_3$$

e finalmente se convencer que, de fato, calculamos a inversa de A.

Exemplo 3.3.2. Vamos calular a inversa... caso seja possível

Consideremos a seguinte matriz quadrada de tipo 3

$$A = \begin{pmatrix} 1 & 1 & 1 \\ 2 & 2 & 4 \\ 1 & 1 & 4 \end{pmatrix}$$

Como no exemplo anterior, vamos tentar calcular a inversa de A, assumindo que A seja invertível, o que ainda não sabemos.

Vamos tentar então fazer as operações elementares que transformam A em uma matriz triangular superior com todas as entradas da diagonal iguais a 1, e ao mesmo tempo façamos as mesmas operações sobre a matriz identidade.

E aqui estamos nós ao trabalho. Usemos a entrada de índice $(1,1)$ como pivô e reduzimos a zero todos os elementos abaixo do pivô

$$\begin{pmatrix} 1 & 1 & 1 \\ 0 & 0 & 2 \\ 0 & 0 & 3 \end{pmatrix} \qquad \begin{pmatrix} 1 & 0 & 0 \\ -2 & 1 & 0 \\ -1 & 0 & 1 \end{pmatrix}$$

Usemos a entrada $(2,3)$ como pivô e reduzimos a zero o elemento *abaixo* do pivô

$$\begin{pmatrix} 1 & 1 & 1 \\ 0 & 0 & 2 \\ 0 & 0 & 0 \end{pmatrix} \qquad \begin{pmatrix} 1 & 0 & 0 \\ -2 & 1 & 0 \\ 2 & -\frac{3}{2} & 1 \end{pmatrix}$$

O que acontece a partir desse ponto? Acontece que a terceira linha da matriz é nula e portanto o método de Gauss se interrompe por falta de um elemento pivô. Melancolicamente percebemos que a matriz de partida não é invertível. Digo melancolicamente porque as operações feitas sobre a matriz identidade que nos deram a matriz da direita foram inúteis. Trabalho perdido! Mas não existia uma maneira de saber antes que a matriz A não era invertível? Na Seção 3.7 discutiremos uma resposta para essa pergunta.

3.4 Quanto custa o método de Gauss?

Vamos fazer uma digressão *genovêsa* à luz do que vimos na Seção 2.3 e tentar descobrir o custo do método de Gauss, ou seja calcularemos quantas operações elementares devem ser feitas para encontrar a solução de um sistema linear quadrado $A\mathbf{x} = \mathbf{b}$ com A invertível de tipo n. Para simplificar um pouco a questão, vamos assumir que o troca de linhas tenha *custo zero*. Devemos portanto somar os custos da seguintes operações.

(1) Redução a um do primeiro pivô e redução à zero dos elementos abaixo do primeiro pivô.

(2) Redução a um do segundo pivô e redução à zero dos elementos abaixo do segundo pivô.

    ...

(n-1) Redução a um do $(n-1)$-ésimo pivô e redução à zero dos elementos abaixo do $(n-1)$-ésimo pivô.

(n) Redução a um do n-ésimo pivô.

Nesse ponto a matriz é triangular superior com elementos iguais a 1 sobre a diagonal principal e devemos avaliar quanto custa a substituição. Mais precisamente devemos avaliar quanto custam as seguintes operações.

(1) Substituição do valor de x_n na penúltima equação e dedução do valor de x_{n-1}.

(2) Substituição na antepenúltima equação e dedução do valor de x_{n-2}.

    ...

(n-1) Substituição na primeira equação e dedução do valor de x_1.

Vamos calcular o custo da redução à forma triangular, com todos elementos sobre a diagonal iguais a 1.

(1) Redução a um do primeiro pivô e redução a zero dos elementos abaixo do primeiro pivô.
Dividimos cada entrada da primeira linha pelo pivô. Em total, temos n divisões e o pivô será 1. A cada linha diferente da primeira somamos a primeira linha multiplicada por um coeficiente oportuno. Temos $n - 1$ linhas e para cada linha fazemos n multiplicações e n somas. Em total temos $n(n-1)$ multiplicações e $n(n-1)$ somas. A tais operações sobre A adicionamos as feitas em $\mathbf{b}$ que são 1 divisão, $n-1$ multiplicações e $n-1$ somas.

(2) Redução a um do segundo pivô e redução a zero dos elementos abaixo do segundo pivô.
Raciocinando como acima vemos que fazemos $n-1$ divisões, $(n-1)(n-2)$ multiplicações e $(n-1)(n-2)$ somas. Em $\mathbf{b}$ fazemos 1 divisão, $n-2$ multiplicações e $n-2$ somas.

    ...

(n-1) Redução a um do $(n-1)$-ésimo pivô e redução a zero dos elementos abaixo do $(n-1)$-ésimo pivô .

Raciocinando como acima vemos que fazemos 2 divisões, 2 multiplicações e 2 somas. Em **b** fazemos 1 divisão, 1 multiplicação e 1 soma.

(n) Redução a um n-ésimo pivô.
Fazemos 1 divisão. Em **b** fazemos 1 divisão.

Em total, a redução à forma diagonal com todos os elementos sobre a diagonal principal iguais a 1 exige:

$n + (n - 1) + \cdots + 1$ divisões sobre A, n divisões sobre **b**

$n(n - 1) + (n - 1)(n - 2) + \cdots + 2$ multipicações sobre A, $(n - 1) + \cdots + 1$ multiplicações sobre **b**.

$n(n - 1) + (n - 1)(n - 2) + \cdots + 2$ somas sobre A, $(n - 1) + \cdots + 1$ somas sobre **b**.

Podemos demonstrar que

$$n + (n - 1) + \cdots + 1 = \frac{(n + 1)n}{2}$$

e que

$$n(n - 1) + (n - 1)(n - 2) + \cdots + 2 \cdot 1 = \frac{n^3 - n}{3}$$

Nesse ponto podemos iniciar a calcular as somas e avaliar quanto custa colocar a matriz na forma triangular superior com 1 sobre a diagonal.

O custo é: $\frac{(n+1)n}{2}$ divisões, $\frac{n^3-n}{3}$ multiplicações, $\frac{n^3-n}{3}$ somas.

Visto que as multiplicações e divisões são predominantes e a parcela mais relevante é $\frac{n^3}{3}$, dizemos que colocar uma matriz quadrada na forma diagonal custa $O(\frac{n^3}{3})$, para dizer que a ordem de grandeza do custo é $\frac{n^3}{3}$.

A estas operações somamos as operações relativas a **b**, que são n divisões, $\frac{n(n-1)}{2}$ multiplicações, $\frac{n(n-1)}{2}$ soma, o custo total é de $O(\frac{n^2}{2})$.

Agora calculamos o custo da solução.

(1) Substituição do valor de x_n na penúltima equação e dedução do valor de x_{n-1}.
Devemos fazer uma multiplicação e uma soma.

(2) Substituição na antepenúltima equação e dedução do valor de x_{n-2}.
Devemos fazer duas multiplicações e duas somas.

. . .

(n-1) Substituição na primeira equação e dedução do valor de x_1.
Devemos fazer $n - 1$ multiplicações e $n - 1$ somas.

No total a segunda parte exige:
$n - 1 + (n - 2) + \cdots + 1$ multiplicações,
$n - 1 + (n - 2) + \cdots + 1$ somas.
Como já dissemos

$$n - 1 + (n - 2) + \cdots + 1 = \frac{n(n - 1)}{2}$$

Portanto, a conclusão de todo nosso raciocínio é a seguinte.

O método de Gauss custa

$\frac{(n+1)n}{2} + n$ **divisões,**

$\frac{n^3-n}{3} + \frac{n(n-1)}{2} + \frac{n(n-1)}{2} = \frac{n^3-n}{3} + n(n-1)$ **multiplições,**

$\frac{n^3-n}{3} + \frac{n(n-1)}{2} + \frac{n(n-1)}{2} = \frac{n^3-n}{3} + n(n-1)$ **somas.**

A parcela me maior relevância continua sendo $\frac{n^3}{3}$ e portanto concluímos dizendo que o **método de Gauss custa** $O(\frac{n^3}{3})$, para dizer que a ordem de grandeza do custo computacional é $\frac{n^3}{3}$ operações.

Com certeza algum leitor deve ter se perguntado o que quer dizer precisamente que a parte relevante do custo é $\frac{n^3}{3}$, ou que a ordem de grandeza do custo é de $\frac{n^3}{3}$. Vamos tentar satisfazê-lo. É claro que pouco importa quanto custa resolver um sistema *pequeno*, por exemplo com $n = 2$ o $n = 3$, porque em tal caso o custo é praticamente zero para qualquer computador. Porém ter uma idéia do número de operações a resolver, ou melhor a serem resolvidas pelo computador, se torna essencial quando n é grande. Por exemplo para $n = 100$, o número total das multiplicações é

$$\frac{100^3 - 100}{3} + 100 \times 99 = 343,200$$

Se fizermos as contas parciais, veremos que $\frac{100^3-100}{3} = 333,300$, $100 \times 99 = 9900$ e que $\frac{100^3}{3} \cong 333,333$. A consequência é que $\frac{100^3}{3}$ é uma boa aproximação da resposta correta. Além disso temos que quanto maior é o número n (ou seja o tipo da matriz), mais $\frac{n^3}{3}$ se aproxima da resposta correta. É por isso dizemos que o custo computacional da redução gaussiana é $\frac{n^3}{3}$.

Façamos uma observação para que tem curiosidade pela matemática (espero que entre os leitores alguém tenha). Consideremos a sucessão $F(n) = \frac{n^3/3}{\text{custo}(n)}$, onde custo$(n)$ é o número de multiplicações a fazer para resolver um sistema linear quadrado com matriz de tipo n. O matemático observa que $\lim_{n\to\infty} F(n) = 1$ e este fato já lhe basta para concluir que as duas funções tem a mesma ordem de grandeza e portanto para dizer que o método de Gauss custa $O(\frac{n^3}{3})$.

Outro aspecto importante no cálculo é a escolha do pivô. Do ponto de vista puramente teórico a única coisa importante para um pivô é a de ser *diferente de zero*. Porém já vimos no capítulo introdutório que *existem modos e modos de ser diferente de zero*. Brincadeiras à parte, vamos ver daqui a pouco o que pode acontecer quando se usa uma *aritmética aproximada* e escolhe um pivô *muito pequeno*.

Antes disso porém façamos uma observação que possui uma enorme importância no cálculo prático. Quando falamos de custo computacional, fizemos sempre a hipótese que o custo de cada única operação não dependia do operador, porém é claro que essa suposição vale somente se cada número é codificado com uma quantidade finita e constante de cifras. Para que essa hipótese seja válida não podemos portanto operar em um mundo completamente simbólico com números inteiros ou racionais onde aproximações não são permitidas. De fato em tal caso seria claramente insensato acreditar que o custo para calcular o produto 2×3 seja o mesmo que o necessário para calcular o produto $2323224503676442793 \times 373762538264396298389217128$.

Por outro lado, como já comentamos no capítulo introdutório, o uso de números aproximados pode ter consequeências desastrosas, se não são tomadas as precauções adequadas. Não entraremos nessa problemática, porém ilustraremos através de um exemplo como a escolha dos pivôs na eliminação gaussiana requer cuidados especiais, se usarmos aproximações.

Exemplo 3.4.1. Um pequeno pivô
Consideremos o seguinte sistema linear

$$\begin{cases} 0.001x + y = 1 \\ x + y = 1.3 \end{cases} \tag{1}$$

Sejam

$$A = \begin{pmatrix} 0.001 & 1 \\ 1 & 1 \end{pmatrix} \qquad b = \begin{pmatrix} 1 \\ 1.3 \end{pmatrix} \qquad x = \begin{pmatrix} x \\ y \end{pmatrix}$$

e reescrevemos o sistema como $Ax = b$.

Suponhamos que não serão permitidas mais de três dígitos depois da vírgula e portanto se usará um **arredondamento** quando existirem mais de três. Lembrando que a única condição que um pivô deve satisfazer é a de ser diferente de zero, podemos então usar 0.001 como pivô e as matrizes se transformam da seguinte maneira

$$A_2 = \begin{pmatrix} 0.001 & 1 \\ 0 & -999 \end{pmatrix} \qquad b_2 = \begin{pmatrix} 1 \\ -998.7 \end{pmatrix}$$

A segunda equação fornece a solução $y = \frac{9987}{9990}$. Exatamente, quanto vale $\frac{9987}{9990}$? Em termos exatos, o número já está expresso corretamente como fração. Sua representação decimal é $0.999(699)$. Arredondando-se para três casas decimais nos dá 1, com um erro de $1 - 0.999(699) \cong 0.0003$, ou seja da ordem de *três décimos de milésimos*. Substituindo $y = 1$ na primeira equação, obtemos a equação $0.001x + 1 = 1$, da qual deduzimos que $x = 0$.

Agora, trocamos as duas equações e continuamos utilizando 1 como pivô. Obtemos

$$A = \begin{pmatrix} 1 & 1 \\ 0.001 & 1 \end{pmatrix} \qquad b = \begin{pmatrix} 1.3 \\ 1 \end{pmatrix}$$

$$A_2 = \begin{pmatrix} 1 & 1 \\ 0 & 0.999 \end{pmatrix} \qquad b_2 = \begin{pmatrix} 1.3 \\ 0.9987 \end{pmatrix}$$

O número 0.9987 é aproximado para 0.999 portanto obtemos $y = 1$, que substituído na primeira equação nos dá $x = 0.3$. Portanto temos uma discrepância notável dos resultados. Com o pivô 0.001 obtivemos a solução $(0, 1)$, com o pivô 1 obtivemos a solução $(0.3, 1)$. Porém qual é a solução exata? Se não fizermos arredondamentos, no segundo caso obtemos $y = \frac{0.9987}{0.999}$, que substituindo na primeira equação se obtém $x = 1.3 - \frac{0.9987}{0.999}$. Portanto a solução exata é

$$\left(\frac{10039}{33330}, \frac{9987}{9990} \right)$$

Arredondando os resultados a três dígitos decimais, obtemos a solução $(0.301, 1)$. A conclusão é que a segunda escolha do pivô nos deu um resultado atendível, porém a primeira não, e o motivo é que o pivô escolhido no primeiro caso era pequeno em relação aos outros coeficientes.

3.5 Decomposição LU

É interessante estudar uma forma de decomposição de matrizes quadradas dita *decomposição LU* ou *forma LU*. Esta desempenha um papel importante no estudo dos sistemas lineares, especialmente, mas não somente, do ponto de vista computacional.

Em primeiro lugar de onde vêm as letras L e U, usadas assim como se fossem nomes? Não precisa ter muita imaginação para entender quem elas vêm do inglês e que L representa *Lower*, enquanto U representa *Upper*. Se referem ao fato que podemos decompor certas matrizes quadradas invertíveis como produto de uma matriz L, ou seja *lower triangular* (triangular inferior), por uma matriz U, ou seja *upper triangular* (triangular superior). Iniciamos observando porém que esta decomposição nem sempre é possível.

Exemplo 3.5.1. LU não é sempre possível

Seja $A = \begin{pmatrix} 0 & 1 \\ 1 & 0 \end{pmatrix}$ e suponhamos que temos $A = LU$ com L matriz triangular inferior e U matriz triangular superior. Sejam portanto

$$L = \begin{pmatrix} \ell_{11} & 0 \\ \ell_{21} & \ell_{22} \end{pmatrix} \qquad U = \begin{pmatrix} u_{11} & u_{12} \\ 0 & u_{22} \end{pmatrix}$$

Da igualdade $A = LU$ obtemos

$$\ell_{11}u_{11} = 0, \quad \ell_{11}u_{12} = 1, \quad \ell_{21}u_{11} = 1, \quad \ell_{21}u_{12} + \ell_{22}u_{22} = 0$$

As primeiras três igualdades são incompatíveis, porque a segunda e a terceira impõe que ℓ_{11} e u_{11} sejam diferentes de zero e portanto rendem a primeira não resolvível. A conclusão é que A não admite uma decomposição do tipo LU.

Consideremos agora uma matriz A quadrada e suponhamos que no cálculo da inversa o pivô pode ser sempre encontrado *sem fazer troca de linhas*. Suponhamos que $E_1, E_2, \ldots, E_r$ sejam as matrizes elementares correspondentes às operações elementares que transformam A em uma matriz U triangular superior, ou seja as operações que fazemos na primeira parte do método de Gauss. Temos

$$E_r E_{r-1} \cdots E_1 A = U \qquad (*)$$

Dado que as matrizes elementares E_i correspondem a produtos de uma linha por uma constante ou a soma de uma linha com outra linha precedente multiplicada por uma constante, um pouco de reflexão nos faz entender que essas matrizes são triangulares inferiores. Observe que isso não é verdade no Exemplo 3.5.1, dado que naquele caso para obter o primeiro pivô não nulo fizemos uma troca de linha. Observamos que da fórmula $(*)$ encontramos

$$A = E_1^{-1} E_2^{-1} \cdots E_r^{-1} U \qquad (**)$$

Os matemáticos garantem que os dois fatos seguintes são verdadeiros.

(1) **A inversa de uma matriz triangular inferior (superior) é uma matriz triangular inferior (superior).**

(2) **O produto de duas matrizes triangulares inferiores (superiores) é uma matriz triangular inferior (superior).**

Então se conclui que a matriz

$$L = E_1^{-1} E_2^{-1} \cdots E_r^{-1}$$

é triangular inferior, e portanto a fórmula $(**)$ se lê

$$A = LU$$

que é exatamente nossa tese. O leitor mais atencioso não deve ter dificuldades em demonstrar os dois fatos precedentemente enunciados. De fato o segundo segue da definição de produto, enquanto que o primeiro se vê seguindo o raciocínio feito na Seção 3.3.

Concluímos a seção com alguns comentários sobre a potencial utilidade da decomposição LU. Suponhamos que queremos resolver um sistema linear $A\mathbf{x} = \mathbf{b}$ com A invertível e que conhecemos uma decomposição $A = LU$. Então teremos menos trabalho para resolver o sistema, no sentido que custará menos como número de operações. Procederemos da seguinte maneira.

O sistema se escreve $LU\mathbf{x} = \mathbf{b}$. Se tomamos $U\mathbf{x} = \mathbf{y}$, o sistema original fica $L\mathbf{y} = \mathbf{b}$. Primeiro resolvemos $L\mathbf{y} = \mathbf{b}$ e obtemos $\mathbf{y} = \mathbf{b}'$. Depois substituímos e obtemos $U\mathbf{x} = \mathbf{b}'$ e finalmente encontramos a solução de $A\mathbf{x} = \mathbf{b}$. Mas, um momento, para resolver o sistema linear original dessa maneira tivemos que resolver dois outros sistemas. Que tipo de economia é essa?

Na verdade os dois sistemas a resolver possuem matrizes dos coeficientes triangulares e portanto, fazendo uma análise das operações como na Seção 3.4, vemos que o custo *é da ordem de $\frac{n^2}{2}$ multiplicações*, em contraste com $\frac{n^3}{3}$ do caso geral. É facil convencer-se do fato que $2 \cdot \frac{n^2}{2}$ é de ordem inferior a $\frac{n^3}{3}$.

3.6 Método de Gauss para sistemas gerais

Nem todos os sistemas possuem tantas equações quanto incógnitas e mesmo neste caso nem sempre a matriz dos coeficientes é invertível. Chegamos então ao momento de lidar com o problema geral de resolver um sistema linear qualquer. Como de costume, vamos começar estudando um exemplo.

Exemplo 3.6.1. Um sistema linear não quadrado
Consideremos o seguinte sistema linear

$$\begin{cases} x_1 + 2x_2 + 2x_3 \quad\quad + 7x_5 = 1 \\ -x_1 - 2x_2 - 4x_3 + x_4 - 2x_5 = 0 \\ x_1 + 2x_2 + 3x_3 \quad\quad + 4x_5 = 0 \end{cases} \tag{1}$$

Sejam

$$A = \begin{pmatrix} 1 & 2 & 2 & 0 & 7 \\ -1 & -2 & -4 & 1 & -2 \\ 1 & 2 & 3 & 0 & 4 \end{pmatrix} \quad \mathbf{b} = \begin{pmatrix} 1 \\ 0 \\ 0 \end{pmatrix} \quad \mathbf{x} = \begin{pmatrix} x_1 \\ x_2 \\ x_3 \\ x_4 \\ x_5 \end{pmatrix}$$

o sistema é então escrito como $A\mathbf{x} = \mathbf{b}$. Naturalmente estamos lidando com uma matriz não quadrada A, como já vimos no Exemplo 3.1.2 deixado em aberto na Seção 3.1, porém podemos agir igualmente sobre ela com operações elementares, a fim de *simplificá-la*. Até que ponto?

Vamos tentar fazer algumas operações elementares, tentando ser o mais metódico possível. É importante ser metódico porque desse modo, nos avizinharemos ao modo de execução de um computador, portanto, nos avizinharemos da *construção de um algoritmo*.

Sabemos que podemos substituir o sistema (1) com um sistema equivalente obtido substituindo a segunda equação pela segunda equação mais a primeira. Produzimos assim as matrizes

$$A_2 = \begin{pmatrix} 1 & 2 & 2 & 0 & 7 \\ 0 & 0 & -2 & 1 & 5 \\ 1 & 2 & 3 & 0 & 4 \end{pmatrix} \quad \mathbf{b}_2 = \begin{pmatrix} 1 \\ 1 \\ 0 \end{pmatrix}$$

Em seguida, substituímos a terceira equação pela terceira equação menos a primeira, obtendo assim as matrizes

$$A_3 = \begin{pmatrix} 1 & 2 & 2 & 0 & 7 \\ 0 & 0 & -2 & 1 & 5 \\ 0 & 0 & 1 & 0 & -3 \end{pmatrix} \quad \mathbf{b}_3 = \begin{pmatrix} 1 \\ 1 \\ -1 \end{pmatrix}$$

Agora trocamos a terceira equação pela segunda obtendo assim as matrizes

$$A_4 = \begin{pmatrix} 1 & 2 & 2 & 0 & 7 \\ 0 & 0 & 1 & 0 & -3 \\ 0 & 0 & -2 & 1 & 5 \end{pmatrix} \quad \mathbf{b}_4 = \begin{pmatrix} 1 \\ -1 \\ 1 \end{pmatrix}$$

Substituímos a terceira equação pela terceira mais duas vezes a segunda, obtendo assim as matrizes

$$A_5 = \begin{pmatrix} 1 & 2 & 2 & 0 & 7 \\ 0 & 0 & 1 & 0 & -3 \\ 0 & 0 & 0 & 1 & -1 \end{pmatrix} \qquad \mathbf{b}_5 = \begin{pmatrix} 1 \\ -1 \\ -1 \end{pmatrix}$$

O sistema (1) é portanto equivalente ao sistema

$$\begin{cases} x_1 + 2x_2 + 2x_3 & + 7x_5 = & 1 \\ & x_3 & - 3x_5 = -1 \\ & x_4 - & x_5 = -1 \end{cases} \tag{5}$$

Agora devemos resolver o sistema (5) e podemos raciocinar assim. Se deixamos variar livremente x_5, ou seja se transformamos x_5 em *parâmetro*, podemos resolver a última equação da mesma forma que fazemos o método de Gauss para matrizes quadradas. Colocamos $x_5 = t_1$, obtemos $x_4 = -1 + t_1$ da terceira equação e $x_3 = -1 + 3t_1$ da segunda. Substituímos na primeira e obtemos $x_1 + 2x_2 = 1 - 2(-1 + 3t_1) - 7t_1 = 3 - 13t_1$. Então podemos fazer variar livremente x_2, transformando-o em parâmetro. Consideramos $x_2 = t_2$ e obtemos $x_1 = 3 - 13t_1 - 2t_2$.

Concluímos dizendo que a solução geral do sistema (5), e portanto do sistema (1), é

$$(3 - 13t_1 - 2t_2, \ t_2, \ -1 + 3t_1, \ -1 + t_1, \ t_1) \tag{$*$}$$

Podemos dizer que existem infinitas soluções dependentes de dois parâmetros, portanto dizemos que existem **infinito ao quadrado** (se escreve ∞^2) soluções. Para encontrar uma solução específica basta fixar o valor dos parámetros. Por exemplo para $t_1 = 1$ e $t_2 = 0$, obtemos $(-10, 0, 2, 0, 1)$, para $t_1 = 1$ e $t_2 = 3$ obtemos ao invés $(-16, 3, 2, 0, 1)$.

Neste ponto é conveniente fazer uma observação que é de fundamental importância. Quando chegamos na equação $x_1 + 2x_2 = 3 - 13t_1$, poderíamos também proceder de maneira diferente. Por exemplo poderíamos fazer variar x_1 livremente e portanto obteríamos como solução geral a seguinte

$$\left(t_2, \ \frac{1}{2}(3 - 13t_1 - t_2), \ -1 + 3t_1, \ -1 + t_1, \ t_1\right) \tag{$**$}$$

O leitor é convidado a refletir sobre o fato que as duas expressões ($*$) e ($**$) são distintas, porém representam o mesmo subconjunto.

O exemplo anterior ilustra bem o fato que a escolha das **variáveis livres** não é em geral forçada. Porém existe algo sobre elas que não muda, e é seu **número**.

Temos que ser também um pouco cuidados na nossa maneira de dizer as coisas. Se por exemplo um sistema linear tem soluções dependentes de dois parâmetros em $\mathbb{Z}_2$, então este enorme *número infinito ao quadrado* não é nada mais que o modesto número 4, De fato cada parâmetro pode assumir somente um dos dois valores $0, 1$, portanto o par de parâmetros pode somente assumir os quatro valores $(0,0), (0,1), (1,0), (1,1)$. Portanto a expressão *infinito à alguma coisa* presta-se bem somente no caso em que o corpo numérico em questão seja infinito.

Outra importante consideração é que, mesmo que existam mais incógnitas que equações, isto não significa que o sistema tenha soluções, como mostra o seguinte exemplo.

Exemplo 3.6.2. Muitas incógnitas porém nenhuma solução

Consideremos o seguinte sistema linear

$$
\begin{cases}
x_1 + 2x_2 + 2x_3 + 7x_5 = 1 \\
-x_1 - 2x_2 - 4x_3 + x_4 - 2x_5 = 0 \\
-2x_3 + x_4 + 5x_5 = 0
\end{cases}
\tag{1}
$$

Sejam

$$
A = \begin{pmatrix} 1 & 2 & 2 & 0 & 7 \\ -1 & -2 & -4 & 1 & -2 \\ 0 & 0 & -2 & 1 & 5 \end{pmatrix}
\qquad
\mathbf{b} = \begin{pmatrix} 1 \\ 0 \\ 0 \end{pmatrix}
\qquad
\mathbf{x} = \begin{pmatrix} x_1 \\ x_2 \\ x_3 \\ x_4 \\ x_5 \end{pmatrix}
$$

o sistema é escrito como $A\mathbf{x} = \mathbf{b}$. Substituindo a segunda equação pela segunda equação mais a primeira encontramos as seguintes matrizes

$$
A_2 = \begin{pmatrix} 1 & 2 & 2 & 0 & 7 \\ 0 & 0 & -2 & 1 & 5 \\ 0 & 0 & -2 & 1 & 5 \end{pmatrix}
\qquad
\mathbf{b}_2 = \begin{pmatrix} 1 \\ 2 \\ 0 \end{pmatrix}
$$

Em seguida substituímos a terceira equação pela terceira equação menos a segunda, obtendo assim as matrizes

$$
A_3 = \begin{pmatrix} 1 & 2 & 2 & 0 & 7 \\ 0 & 0 & -2 & 1 & 5 \\ 0 & 0 & 0 & 0 & 0 \end{pmatrix}
\qquad
\mathbf{b}_3 = \begin{pmatrix} 1 \\ 2 \\ -2 \end{pmatrix}
$$

A terceira equação $0 = -2$ não ha solução e consequentemente o sistema (1), apesar de ter cinco incógnitas e três equações, não possui solução.

Na próxima seção entrará em cena um número muito importante associado às matrizes quadradas.O seu ser ou não ser zero nos dará informações fundamentais.

3.7 Determinantes

Vimos muitos aspectos da teoria das matrizes e nos detivemos longamente sobre a importância da noção e do cálculo da matriz inversa. Vimos também que nem todas as matrizes quadradas admitem inversa, por exemplo vimos que uma matriz com uma linha nula não admite inversa. É natural se perguntar: se quisermos saber se uma matriz tem inversa ou não, é necessário tentar calcular essa inversa, ou é suficiente perguntar a um *oráculo* que *a priori* seja capaz de dar uma resposta segura?

Visto que a ciência não pode confiar nas forças sobrenaturais, nos perguntamos se existe uma função adequada que dê a resposta que queremos. Vamos tentar raciocinar sobre o que poderia nos dar essa informação. Consideremos inicialmente uma matriz genérica quadrada de tipo 2, portanto uma matriz

$$A = \begin{pmatrix} a_{11} & a_{12} \\ a_{21} & a_{22} \end{pmatrix}$$

e consideremos o número

$$d = a_{11}a_{22} - a_{12}a_{21}$$

Separemos os dois casos

(1) A primeira coluna de A é nula.

(2) A primeira coluna de A não é nula.

No primeiro caso já observamos que a matriz não é invertível e que temos $d = 0 \cdot a_{22} - a_{12} \cdot 0 = 0$.

No segundo caso temos dois subcasos

(2a) O elemento $a_{11} \neq 0$.

(2b) O elemento $a_{11} = 0$.

No caso (2a) podemos usar a_{11} come pivô e com uma operação elementar transformar a matriz em

$$A_2 = \begin{pmatrix} a_{11} & a_{12} \\ 0 & a_{22} - \frac{a_{21}}{a_{11}}a_{12} \end{pmatrix} = \begin{pmatrix} a_{11} & a_{12} \\ 0 & \frac{d}{a_{11}} \end{pmatrix}$$

Se $d \neq 0$ a matriz A_2 é invertível porque é triangular superior com elementos sobre a diagonal não nulos. Portanto A é invertível. Se ao invés $d = 0$ a matriz A_2 não é invertível porque possui uma linha nula, e portanto a matriz A também não é invertível.

No caso (2b) necessariamente $a_{21} \neq 0$, podemos trocar as linha e obter

$$A_2 = \begin{pmatrix} a_{21} & a_{22} \\ a_{11} & a_{12} \end{pmatrix}$$

Agora podemos utilizar a_{21} como pivô e com uma operação elementar podemos transformar a matriz em

$$A_3 = \begin{pmatrix} a_{21} & a_{22} \\ 0 & a_{12} - \frac{a_{11}}{a_{21}}a_{22} \end{pmatrix} = \begin{pmatrix} a_{21} & a_{22} \\ 0 & -\frac{d}{a_{21}} \end{pmatrix}$$

E assim podemos pensar como no caso (2a) e concluir que se $d \neq 0$ a matriz A_3 é invertível, portanto a matriz A também é invertível. Se ao invés $d = 0$ a matriz A_3 não é invertível pois tem uma linha nula, e portanto a matriz A também não será invertível. Neste ponto esgotamos todos os possíveis casos e encontramos, em nossas mãos, o seguinte fato inesperado.

A matriz A é invertível se e somente se $a_{11}a_{22} - a_{12}a_{21} \neq 0$.

Então encontramos o tão procurado oráculo! O número $a_{11}a_{22} - a_{12}a_{21}$ deciderá a invertibilidade de A . Se $a_{11}a_{22} - a_{12}a_{21} = 0$, então A non é invertível, se $a_{11}a_{22} - a_{12}a_{21} \neq 0$, então a matriz A é invertível.

Tal número tem um papel *determinante* no estudo das matrizes de tipo 2, portanto merece um nome: ele será chamado de **determinante de A** e indicado com o símbolo $\det(A)$. Visto que toda matriz quadrada de tipo 2 possui um determinante podemos falar de **função determinante**.

Porém esta função, na verdade o que mede? O que vimos até agora é um aspecto muito importante mas somente parte da história. Por enquanto vimos somente o significado de quando ou não o determinante de A ($\det(A)$) é nulo. E se é não nulo, o seu específico valor tem algum significado? E se a matriz quadrada é de tipo superior a dois, existe um determinante? Por agora nos satisfaremos de responder para o caso de matrizes quadradas de tipo 3, temos

$$A = \begin{pmatrix} a_{11} & a_{12} & a_{13} \\ a_{21} & a_{22} & a_{23} \\ a_{31} & a_{32} & a_{33} \end{pmatrix}$$

$$\det(A) = a_{11}a_{22}a_{33} - a_{11}a_{23}a_{32} - a_{12}a_{21}a_{33} + a_{12}a_{23}a_{31} + a_{13}a_{21}a_{32} - a_{13}a_{22}a_{31}$$

Mas como fazemos para lembrar uma tal fórmula? E de onde ela vem? Por enquanto nos limitaremos a fazer alguns reagrupamentos na fórmula acima, obtendo assim

$$\det(A) = a_{11}(a_{22}a_{33} - a_{23}a_{32}) - a_{12}(a_{21}a_{33} - a_{23}a_{31}) + a_{13}(a_{21}a_{32} - a_{22}a_{31})$$

Isto se chama desenvolvimento do determinante en relação à primeira linha, no sentido que se lê como a soma com sinais alternados dos produtos dos elementos da primeira linha pelo *determinante* de três matrizes de tipo 2. E a regra é simples de lembrar pois a matriz cujo determinante é multiplicado por a_{ij} é a que obtemos cancelando exatamente a i-ésima linha e a j-ésima coluna.

Outra observação importante é que $\det(A)$ pode ser obtido desenvolvendo em relação à qualquer linha ou coluna. Por exemplo, reagrupando as parcelas de maneira diferentes temos

$$\det(A) = a_{11}(a_{22}a_{33} - a_{23}a_{32}) - a_{21}(a_{12}a_{33} - a_{13}a_{32}) + a_{31}(a_{12}a_{23} - a_{13}a_{22})$$

Pode-se definir de maneira análoga o determinante das matrizes quadradas de qualquer tipo. Os matemáticos elaboraram uma teoria que permite ver a função determinante com a única que verifica certas propriedades formais e falaremos novamente com mais detalhes na Seção 4.6. Por agora ficaremos satisfeitos em saber algo a mais sobre os determinantes e a sobre a sua importância de ser ou não nulo, pelo menos no caso das matrizes de tipo 2. Restam sempre perguntas que ainda não foram dadas as respostas, como por exemplo de onde vem o determinante e o que ele representa.

Agora estamos prontos para fechar este capítulo. Terminaremos com perguntas? Como já foi dito, na vida e consequentemente também na ciência, existem mais perguntas que respostas. Felizmente, algumas respostas serão dadas no próximo capítulo.

Exercícios

Exercício 1. Resolver a equação linear

$$2x_1 + x_2 + x_3 + x_4 - x_5 = 0$$

Exercício 2. Resolver o sistema linear

$$\begin{cases} 2x_1 + x_2 = 0 \\ x_1 - x_2 = 0 \end{cases}$$

@ **Exercício 3.** Resolver o sistema linear

$$\begin{cases} x_1 + \frac{2}{5}x_2 + 5x_3 - \frac{12}{3}x_4 + 2x_5 - 4x_6 = 0 \\ \frac{1}{2}x_1 + 3x_2 - x_3 - 13x_4 + 12x_5 - 3x_6 = 1 \\ \frac{1}{2}x_1 - 11x_2 - 3x_3 + 13x_4 - \frac{7}{2}x_5 - 2x_6 = 8 \\ 6x_1 + \frac{2}{7}x_2 + \frac{1}{2}x_3 + 14x_4 + 7x_5 - 2x_6 = 0 \\ 13x_1 + x_2 + \frac{1}{4}x_3 - 2x_4 + 22x_5 - 13x_6 = 7 \\ 9x_1 + \frac{1}{7}x_2 + 12x_3 + 13x_4 - 7x_5 - 2x_6 = \frac{1}{2} \end{cases}$$

@ **Exercício 4.** Dado o parâmetro $t \in \mathbb{Q}$ e o sistema linear parametrizado

$$\begin{cases} x + \frac{2}{5}y + z = 0 \\ ty - \frac{2}{3}z = 0 \\ tx - \frac{8}{5}y + \frac{7}{3}z = 1 \end{cases}$$

nas incógnitas x, y, z. Descreva as soluções ao variar do parâmetro.

@ **Exercício 5.** Dada a família de sistemas lineares (nas incógnitas x, y, z, w)

$$\begin{cases} x + ay + 2z + 3w = 0 \\ -by + 3z + 3w = 0 \\ z + w = -1 \end{cases}$$

decreva as soluções ao variar de $a, b \in \mathbb{Q}$.

@ **Exercício 6.** Sejam x, y, z, w incógnitas e considere a família de sistemas lineares

$$\begin{cases} x + 2y + z = 0 \\ ax + y + 2z + 2w = 0 \\ -y + 3z + 3w = 0 \\ z + 3w = 0 \end{cases}$$

(a) Descreva as soluções ao variar de $a \in \mathbb{Q}$.
(b) Seja A a matriz incompleta associada ao sistema linear dado. Encontre duas matrizes $B, U \in \mathrm{Mat}_3(\mathbb{R})$ tais que B seja invertível, U seja triangular superior e $BU = A$.
(c) Encontrar os valores de $a \in \mathbb{R}$ tais que A seja invertível.
(d) Considerando os valores a tais que A é invertível, determinar A^{-1}.

Exercício 7. Dada a seguinte matriz

$$A = \begin{pmatrix} 1 & 1 & -2 \\ \frac{1}{2} & -2 & 1 \\ 1 & 0 & \frac{2}{5} \end{pmatrix}$$

calcular a decomposição LU de A.

@ **Exercício 8.** Calcular a decomposição LU da seguinte matriz

$$\begin{pmatrix} 1 & 1 & 2 & 1 & 2 & 1 \\ 1 & 10 & -1 & 4 & -10 & 4 \\ 2 & -1 & 6 & -1 & 9 & -1 \\ 1 & 4 & -1 & 7 & -3 & 8 \\ 2 & -10 & 9 & -3 & 23 & -7 \\ 1 & 4 & -1 & 8 & -7 & 36 \end{pmatrix}$$

Exercício 9. *(Difícil)*
Provar que o número de soluções de um sistema linear com entradas em $\mathbb{Z}_2$ não pode ser 7.

Exercício 10. *(Difícil)*
(a) Provar que a decomposição LU de uma matriz quadrada não é única.
(b) Provar que, se além disso, exigimos que L possua todos os elementos da diagonais iguais a 1, então a decomposição LU, quando existe, é única.

Exercício 11. Considere a família de matrizes

$$A_a = \begin{pmatrix} 0 & 2-a & 1 \\ a-1 & 1 & 0 \\ a & a & 0 \end{pmatrix}$$

(a) Dizer para quais valores de $a \in \mathbb{R}$ a matriz A_a é invertível.
(b) Existem valores de $a \in \mathbb{R}$ para os quais seja possível fazer a decomposição LU de A_a?

Exercício 12. Seja A uma matriz quadrada de tipo n. Provar que se em A existem $n^2 - n + 1$ entradas nulas, então A não é invertível.

Exercício 13. Neste exercício consideraremos matrizes quadradas de tipo 2 com entrada em $\mathbb{Z}_2$.

(a) Quantas são as matrizes em $\mathrm{Mat}_2(\mathbb{Z}_2)$?

(b) Quantas são as matrizes em $\mathrm{Mat}_2(\mathbb{Z}_2)$ com determinante diferente de zero?

Exercício 14. Encontrar, caso exista, a inversa da matriz

$$\begin{pmatrix} 1 & 2 & 3 & 4 & 5 \\ 6 & 7 & 8 & 9 & 10 \\ 11 & 12 & 13 & 14 & 15 \\ 16 & 17 & 18 & 19 & 20 \\ 21 & 22 & 23 & 24 & 25 \end{pmatrix}$$

Exercício 15. Consideremos a matriz genérica em $\mathrm{Mat}_2(\mathbb{R})$, ou seja a matriz

$$A = \begin{pmatrix} a_{11} & a_{12} \\ a_{21} & a_{22} \end{pmatrix}$$

Chamamos de d o determinante de A e suponhamos que $d \neq 0$. Verificar a seguinte igualdade

$$A^{-1} = \frac{1}{d} \begin{pmatrix} a_{22} & -a_{12} \\ -a_{21} & a_{11} \end{pmatrix}$$

4

Sistema de coordenadas

pergunta: *quanto vale um Real?*
resposta: *falta o sistema*
de coordenadas (Au, Ag),
é impossível responder

Até agora falamos de entidades algébricas, sobretudo de matrizes e vetores. Porém no início (veja Seção 1.2) falamos de exemplos de vetores que vinham da física, como força, velocidade, aceleração. Parece claro que utilizamos a palavra vetor como pelo menos dois significados diferentes. Mas, como entidades físicas ou geométricas e entidades puramente algébricas podem ter o mesmo nome? Neste capítulo estudaremos o como e o porquê e descobriremos uma extraordinária propriedade da arte matemática: a de poder construir modelos não somente de objetos físicos ou biológicos ou estatísticos mas também de outros objetos matemáticos. Dito em outras palavras, entidades matemáticas, muitas vezes criadas para serem modelos de outras coisas, podem ser modeladas dentro da própria matemática.

Esta discussão está começando a ficar um pouco técnica por isso utilizarei uma simples observação para tentar dar a vocês uma idéia do conteúdo deste capítulo. Faz parte do patrimônio cultural de *todos* que, a fim de medir algo é necessário ter uma unidade de medida. Dizer que um pedaço de madeira tem comprimento 3 não significa nada para ninguém, mas é bem claro o que significa dizer que um pedaço de madeira tem comprimento 3 metros. Dizer que a distância entre uma cidade e outra é 30 não significa nada, porém é bem claro o que significa dizer que a distância entre uma cidade e outra é de 30 quilômetros. A falta de uma unidade padrão de medida e de referências nos impede de compreender o significado dos números mencionados nas frases anteriores.

Existe, no entanto, uma exceção enorme e absurda a esta regra. Desde que o dinheiro perdeu seu valor fixado em ouro e prata, ninguém mais foi capaz de responder á pergunta: quanto vale um Real (ou um Dólar, ou um Euro, ...)?

Robbiano L.: Álgebra Linear para todos
© Springer-Verlag Italia 2011

E assim nós vivemos num mundo econômico-financeiro que não dispõe de um sistema padrão de referência.

Para eliminar o estado de estresse seguramente gerado por esta observação convido o leitor a avançar rapidamente no sentido da primeira seção. Mas pelo menos deixem-me dizer uma frase de efeito: Neste capítulo, vamos começar a ver como *geometrizar a álgebra e algebrizar a geometria*.

4.1 Escalares e Vetores

Na Seção 1.2 vimos exemplos de vetores provenientes da física. Agora voltaremos novamente a essa questão e analisaremos as seguintes frases retiradas da linguagem comum.

- O ponto P do muro está a uma temperatura de 15 graus centígrados.
- No ponto P da mesa se move uma bolinha com velocidade de 15 centímetros ao segundo.
- O automóvel se deslocou três metros.

Notamos imediatamente que somente a primeira frase exprime um conceito completo, enquanto que as outras duas são ambíguas e despertam imediatamente as questões: em que direção, em que sentido? Com as respostas completas, podemos visualizar a primeira situação da seguinte maneira

Para a segunda situação podemos usar uma representação do tipo

Para a terceira situação podemos usar uma representação do tipo

O segundo e o terceiro caso representam portanto grandezas que, além da quantidade expressa por um número, precisam também de uma direção dada pelo segmento e de um sentido dado pela flecha. A temperatura é chamada **grandeza escalar**, a velocidade e o deslocamento **grandezas vetoriais**.

É importante observar como o número, ou seja a quantidade escalar presente também nas grandezas vetoriais, pode ser representado através do comprimento do seguimento. Tal segmento orientado é chamado **vetor**. Cada vetor é portanto caracterizado por uma *direção*, *um sentido* e um *módulo* ou comprimento do segmento que o representa.

Se agora digo que o automóvel se deslocou de dois metros ao longo de um determinado percurso em um determinado sentido, então, conhecendo onde ele estava antes, saberemos onde ele estará agora. O fenômeno é portanto inteiramente descrito por um vetor.

Mas qual é a diferença entre o segundo e o terceiro caso? No segundo caso eu especifiquei uma posição de partida para a bolinha, enquanto que no terceiro caso eu poderia ter especificado *um ponto qualquer* como ponto de partida do automóvel. Sem entrar muito nos detalhes técnicos, digamos que esta diferença distingue o conceito de **vetor aplicado** do de **vetor livre**. Em outras palavras um vetor livre nada mais é que uma classe de vetores obtidos a partir de um vetor dado *movendo-o paralelamente*. Os matemáticos dizem que temos uma **relação de equipolência** no conjunto dos vetores aplicados, cujas classes são os vetores livres. Se trata de uma particular **relação de equivalência**, conceito fundamental em matemática.

Agora, não nos deixemos enganar por palavras ressonantes e não pensemos que os matemáticos amem conceitos abstratos e obscuros somente por esnobismo. A relação de equipolência exprime corretamente o que eu disse anteriormente em termos mais vagos, isto é o deslocamento paralelo. Porém em matemática precisamos ser rigorosos, sobretudo quando estamos discutindo noções básicas (exatamente onde estamos agora). Se não fizermos isso, assim que passássemos á fase inicial, não estaríamos em condição de continuar de forma correta o que nos forçaria a voltar.

E se não gostamos dos vetores livres, então vamos tirar deles a liberdade! Para obter isso, fixamos um ponto O e portanto todo vetor livre pode ser representado por um vetor aplicado em O. E este é o primeiro passo importante para transformar a geometria em álgebra e portanto permitir a utilização das técnicas algébricas para resolver problemas geométricos. Porém outros passos devem ser feitos.

4.2 Coordenadas cartesianas

No parágrafo anterior vimos que os vetores livres podem ser bloqueados e forçados a terem o mesmo ponto de aplicação.

Suponhamos agora que estamos interessados em vetores livres que se movem em apenas uma direção. Se pensamos que todos eles são aplicados no mesmo ponto O, estaremos obrigando-lhes a viver em uma reta.

Se agora queremos representar um vetor, é suficiente dizer onde é colocada a *segunda extremidade A*.

Agora, se queremos dar uma utilidade a nossa reta, podemos dotá-la de uma **unidade de medida** que nos permitirá medir o módulo do vetor, ou seja o comprimento do segmento OA. No entanto, ainda teremos uma ambiguidade: de fato, se dissermos que A está a uma distância de 5 unidades de medida de O não saberemos de que lado de O encontra-se A. Para resolver essa ambiguidade, é suficiente dotar a reta de uma **orientação** e chama-la de orientação positiva. Diremos então que a **reta é orientada** e portanto concluímos nosso trabalho.

unidade de medida

Mas de que tipo de trabalho estamos falando? Note-se que com as propriedades que nossa reta possui agora, cada vetor livre que possui sua direção é representado por um vetor aplicado em O e portanto é determinado pelo seu outro extremo A. O comprimento do segmento OA medido com a unidade de medida determinada é um número real ao qual atribuiremos um sinal positivo se A está do mesmo lado da flecha que indica o sentido da reta e negativo se está do outro lado. Pode parecer pouco o que fizemos, porém se trata de uma etapa fundamental, que nos permitirá representar vetores livres com direção dada como pontos de uma reta e em seguida como números reais.

Assim nasce o que em matemática chamamos sistema de **coordenadas cartesianas** sobre a reta. O que é portanto um sistema de coordenadas cartesianas sobre a reta? É um instrumento constituído por um ponto privilegiado, chamado O e dito **origem das coordenadas**, uma **unidade de medida** que permite medir o comprimento dos segmentos e portando os módulos dos vetores e um **sentido** que permite decidir de que lado está um vetor. Por exemplo, se decidimos que um vetor sobre a reta é representado pelo número -5, queremos dizer que estamos falando do vetor aplicado em O, que possui como extremo o ponto A que dista 5 unidades de medida de O e que está do lado oposto ao lado privilegiado dado à reta.

unidade de medida

Desta maneira conseguimos descrever toda a classe de um vetor livre usando *somente um número real*. Toda esta conversa pode ser sintetizada ainda, de fato o sentido da reta e a unidade de medida podem ser codificadas com um vetor u_1 aplicado em O, cujo comprimento assumimos como unidade de medida. Nesse caso, o vetor u_1 é chamado **vetor unitário** ou **versor**. Nosso sistema de coordenadas sobre a reta pode ser portanto visualizado da seguinte maneira

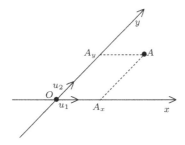

e o chamaremos $\Sigma(O\,;u_1)$.

O fato que no sistema de coordenadas $\Sigma(O\,;u_1)$ um determinado vetor u possua coordenada a_1 pode ser descrito através da igualdade $u = a_1 u_1$.

Mas o que acontece se os vetores estão no plano? A idéia de base é a de utilizar *duas retas orientadas incidentes em um ponto.*

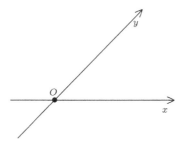

As duas retas são chamadas **eixo x** e **eixo y** ou também **eixo das abscissas** e **eixo das ordenadas**. Cada uma tem um seu vetor unitário e se, para simplificar nossa vida, assumimos que as duas retas são dotadas da mesma unidade de medida, diremos que o sistema é **monométrico**.

O sistema de coordenadas é chamado de $\Sigma(O\,;u_1,u_2)$. Raciocinando como no caso da reta, cada vetor livre pode ser representado como vetor aplicado em O e portanto é identificado pelo segundo extremo A. Então consideremos o ponto A e dele traçamos duas retas paralelas aos eixos, de modo tal que obtenhamos dois pontos A_x, A_y como na figura. Dado que o ponto O e os vetores unitários u_1, u_2 dotam os eixos de sistemas de coordenadas, podemos associar aos pontos A_x e A_y números reais. Se tais números são a_1, a_2, podemos dizer que as coordenadas do vetor OA (ou do ponto A) são (a_1, a_2). Muitas vezes em tal circunstância escrevemos $A(a_1, a_2)$.

Chamando de u o vetor OA, podemos também escrever $u = a_1 u_1 + a_2 u_2$, mesmo se por enquanto não é ainda claro o porquê do símbolo $+$ (veremos em breve na Seção 4.3).

O raciocínio é semelhante no caso do espaço. Utiliza-se *três retas orientadas incidentes em um ponto e não coplanares*

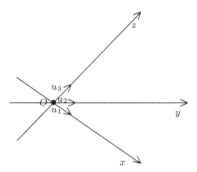

As três retas são chamadas **eixos x**, **eixo y**, **eixo z**. O plano individualizado pelos eixos x, y será chamado **plano xy**, o plano individualizado pelos eixos x, z será chamado **plano xz**, o plano individualizado pelos eixos y, z será chamado **plano yz**. Tais planos são chamados **planos coordenados**.

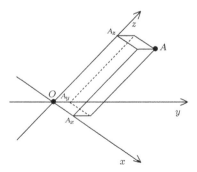

O sistema de coordenadas é chamado $\Sigma(O; u_1, u_2, u_3)$. Pensando como antes, cada vetor livre pode ser representado como vetor aplicado em O e portanto é individualizado pelo segundo extremo A. Consideremos então o ponto A e dele traçamos três planos paralelos aos planos coordenados, de modo tal que obtenhamos três pontos A_x, A_y, A_z como na figura. Dado que o ponto O e os três vetores unitários dotam o eixo de sistemas de coordenadas, podemos associar números reais aos pontos A_x, A_y e a A_z. Se os números reais são a_1, a_2, a_3, podemos dizer que as coordenadas do vetor OA (ou do ponto A) são (a_1, a_2, a_3). Muitas vezes em tal circunstância escrevemos $A(a_1, a_2, a_3)$.

Como nos casos da reta e do plano, *se u é o vetor OA, podemos também escrever* $u = a_1 u_1 + a_2 u_2 + a_3 u_3$. Brevemente na Seção 4.3 veremos por que podemos fazer isso.

Vale a pena parar um momento e fazer uma reflexão importante acerca do que fizemos. Na Seção 1.2 falamos de vetores, identificando-lhes com matrizes linha ou matrizes coluna. Substancialmente falamos de vetores pensando-lhes como n-uplas ordenadas de números, dissemos várias vezes que vetores e matrizes eram modelos matemáticos para situações e problemas reais e fornecemos exemplos.

O que vimos nesta seção pode ser interpretado da mesma forma. Falamos novamente de vetores com significado geométrico, representáveis através de segmentos orientados sobre a reta, no plano e no espaço. O uso de um instrumento chamado sistema de coordenadas permite representar tais vetores através de pontos e os pontos através de números reais (ou par de números reais ou ternas de números reais). A correspondência que a cada vetor livre sobre a reta associa um número real é chamada **biunívoca** por que pode ser percorrida também no outro sentido, ou seja podemos iniciar de um número e encontrar um ponto A sobre a reta, com o qual descrevemos um vetor aplicado em O e consequentemente um vetor livre. Podemos fazer uma dicussão análoga para o plano e para o espaço.

Mas então o que é exatamente um sistema de coordenadas cartesianas, por exemplo no plano? Na verdade não é nada mais que uma ferramenta que permite identificar vetores livres (ou vetores aplicados todos no mesmo ponto) com pares de números reais. Usado no sentido oposto é uma ferramenta que nos permite identificar pares ordenados de números reais com vetores livres no plano. Portanto um sistema de coordenadas no plano (e analogamente na reta e no espaço) nos permite visualizar geometricamente, através de vetores, pares ordenados de números reais, os mesmos pares de números que no final da Seção 1.2 tínhamos chamado de vetores. Finalmente nos libertamos de uma considerável ambiguidade. Agora entendemos melhor a *dupla utilização da palavra vetor*!

Um número, um par de números, uma tripla de números, não importa a situação ou problema que os gera, podem ser visualizados como números, beneficiando-nos de poder utilizar fatos e intuições geométricas para pensar sobre eles. Este foi um dos grandes progressos da matemática. Por exemplo, para cada equação com duas incógnitas podemos associar o conjunto das suas soluções. Fixando um sistema de coordenadas no plano, tal conjunto de soluções corresponde a um conjunto de pontos e portanto a uma figura geométrica. Tal realização é um passo fundamental na geometrização da álgebra, como prometemos na introdução.

Chegando até aqui, como de costume, nascem novas perguntas. Em primeiro lugar quais são os benefícios dessa teoria? Além disso todo esse trabalho parece perdido, visto que com estas discussões geométricas chegamos, no máximo, às triplas de números reais. Será que tudo isso nos ajudará a lidar por exemplo com 13-uplas, como no caso do bilhete da loteca (veja Exemplo 1.2.2)?

Procuraremos respostas no que segue, por enquanto fixemos algumas terminologias. *Os números reais indicamos com* $\mathbb{R}$, *os pares ordenados de números reais indicamos com* $\mathbb{R}^2$ *e as triplas com* $\mathbb{R}^3$. A visualização geométrica que nos foi dada pelos sistemas lineares acaba com as triplas, porém a formalização algébrica não possui problemas em considerar após as triplas, as quádruplas, quíntuplas, sêxtuplas e assim por diante. No que segue construiremos e utilizaremos livremente os conjuntos $\mathbb{R}^n$ para qualquer número natural de n.

4.3 A regra do paralelogramo

Nesta seção começaremos a colher alguns dos benefícios que falamos nas seções precedentes. A *geometrização* dos vetores nos dará algumas indicações de como olhar de maneira geométrica para algumas coisas que, até onde vimos, eram puramente algébricas.

Primeiro estabeleceremos algumas notações. Dado um sistema de coordenadas com origem O, se u é um vetor livre representado pelo vetor aplicado em O e com segunda extremidade em A, a partir de agora escreveremos

$$u = A - O$$

A estranha maneira de representar o vetor com o símbolo $A - O$ será clara em alguns instantes. Mas antes eu gostaria de discutir um pouco mais sobre a *audácia matemática* do que acabamos de escrever. Como um vetor livre pode ser igual a um vetor aplicado? Na verdade não pode ser e o modo que escrevemos é um claro *abuso de notação*. Deveríamos escrever $A - O \in u$ ou $u \ni A - O$, uma vez que, de fato, tais duas notações tem o seguinte significado: $A - O$ *está na classe do vetor livre* u. Se usa o símbolo de igualdade porém o significado é de pertinência. Fazendo uma analogia com a vida cotidiana, é um pouco como chamar de Bahia uma pessoa que que é da Bahia.

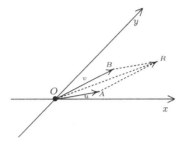

Aceitando o abuso de notação, podemos portanto escrever $u = R - B$ para dizer que u é o vetor livre representado pelo vetor aplicado em B que tem como segundo extremo R. Uma primeira consideração importante obtemos observando a figura acima. Faremos sua leitura da seguinte maneira: consideremos um sistema de coordenadas cartesianas (não representamos os vetores unitários para não comprometer o aspecto gráfico) e nele representemos os seguintes vetores livres $u = A - O$, $v = B - O$. Suponhamos que as coordenadas de A, B sejam respectivamente (a_1, a_2), (b_1, b_2). O ponto R é obtido como o único ponto tal que $OARB$ seja um paralelogramo.

Nota-se imediatamente o fato que $u = R - B$, $v = R - A$ e consequentemente as coordenadas de R são $(a_1 + b_1, a_2 + b_2)$.

A evidência algébrica e a conveniência experimental que nos induziu a definir a soma de vetores e de matrizes de maneira natural, ou seja o de somar as entradas termo a termo, encontra aqui uma interpretação geométrica. Identificando os pares de números reais com vetores através de um sistema de coordenadas, a soma feita termo a termo corresponde a soma de vetores feita com a chamada **regra do paralelogramo**, como ilustra a figura anterior.

Este é o nosso primeiro objetivo alcançado. Não me cansarei de repetir que a utilização dos sistemas de coordenadas cartesianas abre a estrada para a algebrização da geometria e para a geometrização da álgebra.

Outra observação segue das considerações anteriores. Voltando a nossa figura, dissemos que $v = B - O = R - A$, o que nos fez refletir sobre o uso aparentemente descuidado do símbolo de igualdade. Porém se consideramos as coordenadas dos pontos em jogo, observamos que valem as seguintes igualdades $(b_1, b_2) - (0, 0) = (b_1, b_2)$ e $(a_1 + b_1, a_2 + b_2) - (a_1, a_2) = (b_1, b_2)$. Isso explica a utilidade do símbolo $R - A$ para representar seja o vetor aplicado em A com extremo em R, que o vetor livre associado a ele. A regra do paralelogramo que apenas vimos nos garante que as componentes de tal vetor livre são exatamente as diferenças das coordenadas de R e A.

4.4 Sistemas ortogonais, áreas, determinantes

Agora vamos considerar uma situação análoga á anterior, porém num contexto de um sistema de coordenadas cartesianas ortogonais monomêtrico, ou seja um sistema de coordenadas cartesianas tal que os eixos são ortogonais entre si e as unidades de medida sobre os eixos são as mesmas.

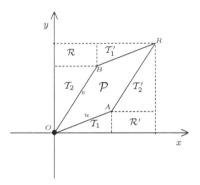

Se as coordenadas de A são (a_1, a_2) e as coordenadas de B são (b_1, b_2), como já observamos e discutimos na seção anterior, as coordenadas do ponto R são $(a_1 + b_1, a_2 + b_2)$, portanto a área do retângulo determinado pelos pontos O e R é $(a_1 + b_1)(a_2 + b_2)$. Queremos calcular a área do paralelogramo $\mathcal{P}$, ou seja do paralelogramo definido por u, v. Observamos imediatamente que os dois retângulos $\mathcal{R}$, $\mathcal{R}'$ são iguais, da mesma forma que são iguais os dois triângulos $\mathcal{T}_1$, $\mathcal{T}_1'$ e também $\mathcal{T}_2$, $\mathcal{T}_2'$. Façamos alguns cálculos. Em primeiro lugar observamos que

$$\text{Área}(\mathcal{P}) = (a_1 + b_1)(a_2 + b_2) - 2\,\text{Área}(\mathcal{R}) - 2\,\text{Área}(\mathcal{T}_1) - 2\,\text{Área}(\mathcal{T}_2)$$

e portanto

$$\text{Área}(\mathcal{P}) = (a_1 + b_1)(a_2 + b_2) - 2a_2b_1 - a_1a_2 - b_1b_2 = a_1b_2 - a_2b_1$$

Parece magia porém é realidade, se trata mesmo de um determinante! De fato podemos escrever

$$\text{Área}(\mathcal{P}) = \det \begin{pmatrix} a_1 & b_1 \\ a_2 & b_2 \end{pmatrix}$$

Acabamos de dar uma interpretação geométrica ao conceito de determinante de uma matriz quadrada de tipo 2 com entradas reais. Se lemos as duas colunas como as coordenadas dos dois vetores em um sistema de coordenadas cartesianas ortogonais monomêtrico, então temos a seguinte regra.

O valor absoluto do determinante de uma matriz quadrada de tipo 2 com entradas reais coincide com a área do paralelogramo definido por dois vetores, cujas coordenadas em um sistema de coordenadas cartesianas ortogonais monomêtrico no plano formam as colunas da matriz.

E assim respondemos a uma das perguntas deixada em aberto no final do capítulo anterior. Como qualquer leitor atencioso deverá ter notado, é necessário que seja feita uma pequena observação para completar a discussão. A área é, por sua própria natureza, um número não negativo, enquanto o determinante pode ser negativo. De fato, o valor absoluto do determinante indica a área em questão enquanto que o sinal indica a orientação do **ângulo** formado pelo primeiro e segundo vetor. O sinal é positivo se o ângulo é percorrido no sentido anti-horário e negativo se o ângulo é percorrido no sentido horário. Faremos mais um esclarecimento acerca disso na Seção 6.2. Em uma analogia perfeita, temos a seguinte regra.

O valor absoluto do determinante de uma matriz quadrada de tipo 3 com entradas reais coincide com o volume do paralelepípedo definido por três vetores, cujas coordenadas em um sistema de coordenadas cartesianas ortogonais monométrico no espaço formam as colunas da matriz.

4.5 Ângulos, módulos, produtos escalares

Nós tivemos sucesso em dar ao determinante um significado geométrico e agora gostaríamos de continuar no mesmo caminho e avançar com a geometrização de alguns conceitos algébricos e algebrização de alguns conceitos geométricos.

Tenha em mente que nesta seção vamos trabalhar sempre com sistemas de coordenadas cartesianas ortogonais monométricos.

Uma pergunta natural é a seguinte: quanto vale o comprimento de um vetor? E se o vetor se representa no nosso sistema como $u = (a, b)$ podemos representar o comprimento de u através de a e b? Esta, como todas as perguntas, é fácil para se perguntar e por sorte a resposta também é fácil de encontrar.

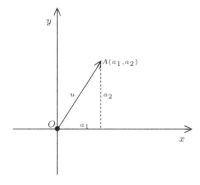

É suficiente usar o teorema de Pitágoras para concluir que o comprimento de u è $\sqrt{a_1^2 + a_2^2}$. O comprimento de um vetor u se indica com $|u|$, se chama **módulo** de u e se $u = (a_1, a_2)$ temos

$$|u| = \sqrt{a_1^2 + a_2^2}$$

Analogamente no espaço, se $u = (a_1, a_2, a_3)$ temos

$$|u| = \sqrt{a_1^2 + a_2^2 + a_3^2}$$

É claro que o comprimento de um vetor não depende da escolha do vetor na classe de um vetor livre. Os matemáticos diriam que o comprimento é um *invariante por equipolência*, uma maneira certa de assustar os não especialistas. Porém o significado é esse e se baseia na consideração empírica que, deslocando um vetor paralelamente a ele mesmo, o seu comprimento não muda (Einstein permitindo!). Em particular se $u = B - A$ e se $A = (a_1, a_2)$, $B = (b_1, b_2)$, então

$$|u| = \sqrt{(b_1 - a_1)^2 + (b_2 - a_2)^2}$$

Esta fórmula pode ser também ser lida como a fórmula **distância** dos pontos A, B no plano.

Se $u = B - A$ e se $A = (a_1, a_2, a_3)$, $B = (b_1, b_2, b_3)$, então

$$|u| = \sqrt{(b_1 - a_1)^2 + (b_2 - a_2)^2 + (b_3 - a_3)^2}$$

que pode ser lida como a fórmula da distância dos pontos A, B no espaço.

Se um vetor u não é nulo então existe um bem definido vetor que possui a mesma direção, sentido e comprimento unitário. Tal vetor se chama **versor** de u e se indica com $\text{vers}(u)$.

Da definição segue a fórmula

$$\text{vers}(u) = \frac{u}{|u|}$$

Estamos empolgados e não queremos parar. Outro conceito invariante por deslocamentos paralelos é o de **ângulo entre dois vetores**. Existe alguma maneira de calcular isto utilizando somente as coordenadas?

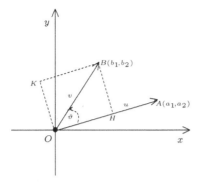

Para resolver esse problema devemos utilizar uma idéia e fórmulas bem conhecidas pelos matemáticos, de maneira análoga ao que fizemos no caso dos determinantes onde, primeiro os definimos algebricamente e somente depois revelamos sua natureza geométrica. No caso em questão, prefiro que o leitor faça um esforço extra para entender melhor como funciona o raciocínio matemático.

Lembremos que nosso problema é o de expressar o ângulo entre dois vetores usando suas coordenadas. Em particular, dado um sistema de coordenadas cartesianas ortogonais monométrico, gostaríamos de ser capazes de decidir, conhecendo somente suas coordenadas, se dois vetores são ortogonais. O que segue é um típico raciocínio matemático.

Suponhamos que temos um sistema de coordenadas cartesianas ortogonais monométrico e suponhamos que temos dois vetores livres u, v no plano (o raciocínio para o espaço é análogo). Os representaremos como na figura, respectivamente pelos vetores $A - O$, $B - O$. De B traçamos uma perpendicular à direção de u e obtemos um ponto de projeção H. Determinamos o ponto K de modo que $OHBK$ seja um retângulo. Lembramos que queremos encontrar uma função φ que a cada par de vetores associa um número real. Que tipo de propriedade deve ter φ? Se suponhamos que $\varphi(u, v)$ de alguma forma descreve o ângulo formado pelos vetores u, v, então poderíamos exigir o seguinte:

(a) Se u, v são ortogonais, então $\varphi(u, v) = 0$.

Compreendemos imediatamente que este pedido é muito vago. Olhando a figura acima, observamos que

$$H - O = (|v| \cos(\vartheta)) \operatorname{vers}(u)$$

e portanto de alguma maneira o cosseno do ângulo ϑ entrou na jogada. Por outro lado a figura mostra que vale a igualdade

$$v = (H - O) + (K - O)$$

Suponhamos que a nossa função tenha a seguinte propriedade.

(b) Se vale $v = v_1 + v_2$, então $\varphi(u,v) = \varphi(u,v_1) + \varphi(u,v_2)$.

Em tal caso podemos deduzir a igualdade

$$\varphi(u,v) = \varphi(u, H - O) + \varphi(u, K - O)$$

Porém a segunda parcela do segundo membro é nula pela propriedade (a) e portanto temos

$$\varphi(u,v) = \varphi(u, H - O) = \varphi(|u|\operatorname{vers}(u), |v|\cos(\vartheta)\operatorname{vers}(u))$$

Suponhamos agora que nossa função tenha a seguinte propriedade.

(c) Se vale $u = cu'$, então $\varphi(u,v) = c\,\varphi(u',v)$ e analogamente se vale $v = dv'$, então $\varphi(u,v) = d\,\varphi(u,v')$.

Em tal caso temos a igualdade

$$\varphi(|u|\operatorname{vers}(u), |v|\cos(\vartheta)\operatorname{vers}(u)) = |u||v|\cos(\vartheta)\,\varphi(\operatorname{vers}(u), \operatorname{vers}(u))$$

Suponhamos por fim que nossa função possua a seguinte propriedade

(d) $\varphi(u,u) = |u|^2$.

Então temos $\varphi(\operatorname{vers}(u), \operatorname{vers}(u)) = 1$ e portanto a igualdade

$$\varphi(u,v) = |u||v|\cos(\vartheta)$$

A fórmula mencionada acima $\varphi(u,v) = |u||v|\cos(\vartheta)$ satisfaz plenamente a exigência de dar informações sobre o ângulo de u, v, porém o problema é que nós queremos uma função $\varphi(u,v)$ expressa mediante as coordenadas dos dois vetores. Parece que estamos no ponto de partida, mas não estamos. Agora, na verdade o problema tornou-se o seguinte. Existe uma função das coordenadas dos dois vetores que satisfaz todas as propriedades especificadas anteriormente? Note a sutileza que será suficiente provar a existência da função e gratuitamente teremos a unicidade, uma vez que, qualquer que seja a formulação da função, devemos ter $\varphi(u,v) = |u||v|\cos(\vartheta)$. Assim o problema é simplesmente o de examinar cuidadosamente os requisitos de tal função. Vejamos novamente

(1) Se u, v são ortogonais, então $\varphi(u,v) = 0$.

(2) A função $\varphi(u,v)$ deve ser linear seja em u que em v.

(3) $\varphi(u,u) = |u|^2$

A condição (2) (veremos melhor em instantes o que ela significa) absorve as condições (b), (c) enunciadas anteriormente. Finalmente chegou o momento da intervenção das coordenadas. Se no nosso sistema de coordenadas cartesianas ortogonais monométrico temos as igualdades $u = (a_1, a_2)$, $v = (b_1, b_2)$, então obtemos

$$|u+v|^2 = (a_1 + b_1)^2 + (a_2 + b_2)^2 = (a_1^2 + a_2^2) + (b_1^2 + b_2^2) + 2(a_1 b_1 + a_2 b_2)$$

Em outros termos

$$|u + v|^2 = |u|^2 + |v|^2 + 2(a_1b_1 + a_2b_2)$$

Por outro lado o teorema de Pitágoras diz que $|u+v|^2 = |u|^2 + |v|^2$ se e somente se u, v são ortogonais. Portanto a quantidade $a_1b_1 + a_2b_2$ se torna imediatamente relevante. É uma função das coordenadas e o fato dela ser zero nos diz que os dois vetores são ortogonais, ou seja verifica a propriedade (1). Vejamos se temos em mãos a função que procuramos. Colocamos portanto

$$\varphi(u,v) = a_1b_1 + a_2b_2$$

Agora o caminho é fácil, estamos descendo a ladeira. Tal função, que verifica a propriedade (1), também verifica as propriedades (2) e (3) e a verificação é fácil. Vejamos por exemplo a (3). Se $u = (a_1, a_2)$ então

$$\varphi(u,u) = a_1a_1 + a_2a_2 = a_1^2 + a_2^2 = |u|^2$$

De maneira análoga verificamos facilmente a (2). E finalmente nosso problema está resolvido.

O raciocínio nos deu uma solução e nos fez também entender que não existem outras. A importância dessa função é enorme, por isso a ela vem dado um nome e um símbolo particular. Se o leitor não seguiu os detalhes da discussão anterior, não se preocupe, aquilo que deve ser absolutamente claro é que definimos uma função que, dados dois vetores $u = (a_1, a_2)$, $v = (b_1, b_2)$, nos fornece um número $a_1b_1 + a_2b_2$. Tal função se indica com $u \cdot v$ e se chama **produto escalar** de u e v. Vale a fórmula

$$u \cdot v = a_1b_1 + a_2b_2 = |u||v|\cos(\vartheta) \qquad (*)$$

Observe que, usando esta fórmula, podemos encontrar $|u|$ e $|v|$ através de produtos escalares, de fato

$$|u| = \sqrt{u \cdot u}$$

No caso espacial faremos de maneira análoga e se são válidas as igualdades $u = (a_1, a_2, a_3)$, $v = (b_1, b_2, b_3)$, obtemos

$$u \cdot v = a_1b_1 + a_2b_2 + a_3b_3$$

Também neste caso $u \cdot v$ é chamado de produto escalar de u, v e vale uma fórmula análoga a $(*)$

$$u \cdot v = a_1b_1 + a_2b_2 + a_3b_3 = |u||v|\cos(\vartheta)$$

Nesta seção o leitor pode ver alguns raciocínios matemáticos típicos a trabalho. Convido-o, mesmo os menos interessado, a meditar sobre essa estrutura lógico-formal. No mundo cheio de incertezas em que vivemos, pode ser útil reconhecer a força de certos aspectos lógicos do pensamento humano.

4.6 Produtos escalares e determinantes em geral

Tendo chegado a este ponto, é necessário fazer uma pausa e formular algumas idéias gerais sobre dois conceitos matemáticos fundamentais: o produto escalar e o determinante. Em primeiro lugar devemos lembrar que os dois foram interpretados geometricamente, porém naturalmente somente no caso de vetores com duas ou três componentes. Se olharmos a definição de produto escalar no entanto, observamos imediatamente que é possível esquecer as motivações e as interpretações geométricas úteis para geometrizar $\mathbb{R}^2$, $\mathbb{R}^3$ e livremente nos trabalharmos em qualquer $\mathbb{R}^n$.

De fato se $u = (a_1, a_2, \ldots, a_n)$, $v = (b_1, b_2, \ldots, b_n)$ não existem dificuldades em generalizar a definição conhecida e escrever

$$u \cdot v = a_1 b_1 + a_2 b_2 + \cdots + a_n b_n$$

chamando-o ainda de produto escalar. Quais são as propriedades mais relevantes do produto escalar?

(1) **Simetria**, ou seja $u \cdot v = v \cdot u$ para todo u, v.
(2) **Bilinearidade**, ou seja linearidade em ambas as coordenadas
$(a_1 u_1 + a_2 u_2) \cdot v = a_1 (u_1 \cdot v) + a_2 (u_2 \cdot v)$
$u \cdot (b_1 v_1 + b_2 v_2) = b_1 (u \cdot v_1) + b_2 (u \cdot v_2)$.
(3) **Positividade**, ou seja $u \cdot u = |u|^2 \geq 0$ e $u \cdot u = 0$ se e somente se $u = 0$.

Além disso existe uma relação fundamental que não demonstraremos aqui que se chama **desigualdade de Cauchy-Schwarz**, que diz

$$|u \cdot v| \leq |u||v|$$

portanto, quando ambos os vetores u, v forem não nulos teremos

$$-1 \leq \frac{u \cdot v}{|u||v|} \leq 1$$

Esta relação nos permite ver $\frac{u \cdot v}{|u||v|}$ como o *cosseno de um ângulo*! A fria abstração da desigualdade nos permite portanto pensar a ângulos entre vetores que vivem em espaços não físicos como $\mathbb{R}^n$, com n tão grande quanto quisermos. Em particular podemos falar de **ortogonalidade de vetores em $\mathbb{R}^n$**, no sentido que diremos que dois vetores u, v são ortogonais se $u \cdot v = 0$ como por exemplo os dois vetores $u = (1, -1, -1, 0, 3)$, $v = (-1, 0, -1, 5, 0)$ de $\mathbb{R}^5$. E nós nem sequer temos mais necessidade de sistemas de coordenadas, uma vez que o produto escalar é uma função das componentes dos dois vetores. Podemos ir realmente muito longe com a fantasia dos matemáticos unida à capacidade lógica que eles possuem. Além disso a coisa mais notável nisso tudo é que toda esta abstração é imediatamente útil para aplicações do mundo real. Por exemplo, a estatística moderna é permeada por esses conceitos.

É um pouco mais difícil generalizar o conceito de determinante para o caso das matrizes quadradas de qualquer tipo. No que se segue vamos dar a definição e as propriedades principais, sem muitos comentários, exceto o importante comentário que, como no caso do produto escalar, são as propriedades que determinam a definição de maneira única, um outro aspecto da harmonia que permeia as mais importantes construções matemáticas.

Lembremos que uma **permutação** dos números naturais $\{1, 2, \ldots, n\}$ é um arranjamento dos n números, o que os matemáticos descreveriam como uma correspondência biunívoca do conjunto $\{1, 2, \ldots, n\}$ em si mesmo. Por exemplo todas as permutações de $(1, 2, 3)$ são

$$(1,2,3), \ (1,3,2), \ (2,1,3), \ (2,3,1), \ (3,1,2), \ (3,2,1)$$

Podemos ver que o números de permutações de $\{1, 2, \ldots, n\}$ é precisamente o número $n \cdot (n-1) \cdots 2 \cdot 1$, ou seja o produto dos primeiros n números naturais, que é indicado por $n!$ e chamado **fatorial de n**, ou n **fatorial**. Se π é o nome de uma permutação de $(1, 2, \ldots, n)$, então π é usualmente escrita como $(\pi(1), \pi(2), \ldots, \pi(n))$. O sinal da permutação π é por definição $+$ o $-$, dependendo se é par ou ímpar o número de trocas necessárias para recolocar os números $(\pi(1), \pi(2), \ldots, \pi(n))$ na ordem natural. A operação de recolocar os números $(\pi(1), \pi(2), \ldots, \pi(n))$ em sua ordem natural pode ser feita com diferentes estratégias de troca, porém se pode verificar que a paridade do número de trocas é invariante. O leitor é convidado a fazer alguns exemplos com diferentes estratégias para se convencer desse fato. Por exemplo o sinal de $(1, 3, 2)$ é $-$, pois basta a troca de 3 por 2 para obter $(1, 2, 3)$; o sinal de $(3, 1, 2)$ por sua vez é $+$, pois com duas trocas obtemos $(1, 2, 3)$.

Vamos considerar agora uma matriz quadrada $A = (a_{ij})$ de tipo n. Para cada permutação $\pi = (\pi(1), \pi(2), \ldots, \pi(n))$ di $\{1, 2, \ldots, n\}$ consideremos o produto $a_{1\pi(1)} a_{2\pi(2)} \cdots a_{n\pi(n)}$, multiplicamos por $+1$ ou -1 a depender do sinal da permutação. Dessa maneira obtemos um número que é chamado **produto derivado** de A. Se somamos todos os produtos derivados de A ao variar das permutações de $\{1, 2, \ldots, n\}$ obtemos um número $\det(A)$, que é chamado **determinante** de A. Por exemplo se verifica que o determinante de uma matriz quadrada de tipo 2 e 3 é exatamente o que definimos na Seção 3.7.

Parece imediatamente claro que com uma definição desse tipo o custo do de um determinante poderia ser proibitivo. Para calcular o determinante de uma matriz quadrada de tipo 20 por exemplo, se deveria calcular 20! produtos derivados. Porém $20! = 2,432,902,008,176,640,000$ ou seja de cerca de dois mil e quinhentos quadrilhões![1] (o ponto de excamação aqui não significa fatorial, apenas um choque). Mesmo se a vida do planeta dependesse do cálculo daquele determinante, nunca poderíamos calculá-lo utilizando somente a

---

[1]Em Portugal se lê dois mil e quinhentos milhares de biliões, adotando a regra da grande escala (large scale system) como na maioria dos países europeus. Alguns países como Brasil e EUA adotam regra da pequena escala (short scale system) na leitura dos grandes números).

definição. Porém o que podemos dizer é que a própira definição e um pouco de raciocínio nos fará descobrir propriedades notáveis da função determinante, com as quais faremos muitas coisas. A seguir elencamos algumas delas, cujas demonstrações, que serão omitidas aqui, exigem vários graus de habilidade. Deixo paro o leitor o gosto de tentar demonstrar algumas e espero que o resultado seja incentivante.

(a) **Se trocamos duas linhas ou duas colunas da matriz A então o determinante muda de sinal e portanto se A possui duas linhas ou colunas iguais o determinante vale zero.**

(b) **Se uma linha ou coluna de A é multiplicada por uma constante c, então o determinante de A também é multiplicado por c.**

(c) **Se a uma linha de soma uma outra linha multiplicada por uma constante o determinante não muda. O mesmo ocorre com as colunas.**

(d) **Se A é uma matriz triangular superior ou inferior então**

$$\det(A) = a_{11}a_{22} \cdots a_{nn}$$

Em particular $\det(I_n) = 1$

(e) $\det(A^{\mathrm{tr}}) = \det(A)$.

(f) **Se A, B são duas matrizes quadradas de tipo n, então**

$$\det(AB) = \det(A)\det(B)$$

Esta última se chama **teorema de Binet** e sua demonstração não é fácil.

(g) **Uma matriz quadrada com entradas em um corpo numérico (por exemplo $\mathbb{Q}$ ou $\mathbb{R}$) é invertível se e somente se seu determinante é diferente de zero.**

Notemos que, como acontece no processo de solução dos sistemas lineares, as propriedades mencionadas acima nos permitem realizar as operações que reduzem uma matriz quadrada à forma triangular, *mantendo o controle do valor do determinante*. Em seguida podemos aplicar a regra (d).

Observemos com satisfação que, voltando ao caso da matriz quadrada de tipo 20, se recalculamos o custo de reduzi-la à forma triangular, temos que o custo total é da ordem de $\frac{20^3}{3}$ multiplicações, que vale cerca de 3000, *muito menos que* 20! (nesse caso o ponto exclamativo significa fatorial e também... satisfação por ter se salvado do perigo). Vejamos agora um exemplo concreto de aplicação das observações precedentes.

Exemplo 4.6.1. Consideremos a seguinte matriz a entradas racionais

$$A = \begin{pmatrix} 1 & 2 & 1 & 5 & 1 \\ \frac{1}{2} & 2 & 1 & -1 & 2 \\ 3 & 2 & \frac{2}{3} & 1 & 1 \\ 1 & 1 & 2 & 1 & 2 \\ 2 & 2 & 3 & 3 & 4 \end{pmatrix}$$

Façamos alguns cálculos. Utilizando somente as transtormações elementares que não alteram o determinante, transformamos A na matriz

$$A_2 = \begin{pmatrix} 1 & 2 & 1 & 5 & 1 \\ 0 & 1 & \frac{1}{2} & -\frac{7}{2} & \frac{3}{2} \\ 0 & -4 & -\frac{7}{3} & -14 & -2 \\ 0 & -1 & 1 & -4 & 1 \\ 0 & -2 & 1 & -7 & 2 \end{pmatrix}$$

em seguida na matriz

$$A_3 = \begin{pmatrix} 1 & 2 & 1 & 5 & 1 \\ 0 & 1 & \frac{1}{2} & -\frac{7}{2} & \frac{3}{2} \\ 0 & 0 & -\frac{1}{3} & -28 & 0 \\ 0 & 0 & \frac{3}{2} & -\frac{15}{2} & \frac{5}{2} \\ 0 & 0 & 2 & -14 & 5 \end{pmatrix}$$

e na matriz

$$A_4 = \begin{pmatrix} 1 & 2 & 1 & 5 & 1 \\ 0 & 1 & \frac{1}{2} & -\frac{7}{2} & \frac{3}{2} \\ 0 & 0 & -\frac{1}{3} & -28 & 4 \\ 0 & 0 & 0 & -\frac{267}{2} & \frac{41}{2} \\ 0 & 0 & 0 & -182 & 29 \end{pmatrix}$$

por fim na matriz

$$A_5 = \begin{pmatrix} 1 & 2 & 1 & 5 & 1 \\ 0 & 1 & \frac{1}{2} & -\frac{7}{2} & \frac{3}{2} \\ 0 & 0 & -\frac{1}{3} & -28 & 4 \\ 0 & 0 & 0 & -\frac{267}{2} & \frac{3}{2} \\ 0 & 0 & 0 & 0 & \frac{281}{267} \end{pmatrix}$$

Utilizando as várias regras enunciadas anteriormente, sabemos que vale a igualdade $\det(A) = \det(A_5)$. Porém A_5 é uma matriz triangular, então finalmente podemos utilizar a regra (d). Multiplicamos os elementos da diagonal e concluímos afirmando que $\det(A) = \frac{281}{6}$.

4.7 Mudança de coordenadas

Voltamos por um momento ao caso das coordenadas no plano, com o qual procuraremos inspirações para situações mais gerais. A pergunta que nos colocamos é a seguinte. O que acontece quando estamos lidando com dois sistemas de coordenadas diferentes? Mais especificamente, qual é a relação entre as coordenadas de um mesmo vetor em relação aos dois sistemas?

Suponhamos que estamos lidando com dois sistemas $\Sigma(O\,;u_1,u_2)$, $\Sigma(P\,;v_1,v_2)$. Em primeiro lugar observa-se que o problema pode ser decomposto em dois problemas mais simples, utilizando a antiga, porém sempre eficaz, estratégia do *divide e conquista*. Primeiro se compara os sistemas $\Sigma(O\,;u_1,u_2)$ com $\Sigma(P\,;u_1,u_2)$ e em seguida $\Sigma(P\,;u_1,u_2)$ com $\Sigma(P\,;v_1,v_2)$. A primeira comparação se faz através da *translação* do sistema inicial, como podemos visualizar na figura seguinte.

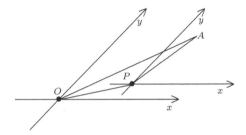

A regra do paralelogramo fornece

$$A - O = (A - P) + (P - O)$$

Se as coordenadas de A com relação ao sistema $\Sigma(O\,;u_1,u_2)$ são (a_1,a_2) e em relação a $\Sigma(P\,;u_1,u_2)$ são (b_1,b_2) e se as coordenadas de P em relação a $\Sigma(O\,;u_1,u_2)$ são (c_1,c_2), então temos

$$\begin{pmatrix} a_1 \\ a_2 \end{pmatrix} = \begin{pmatrix} b_1 \\ b_2 \end{pmatrix} + \begin{pmatrix} c_1 \\ c_2 \end{pmatrix} \tag{$*$}$$

Mais interessante e menos evidente é a segunda comparação. Nesse caso nos deparamos com o problema da *mudança de base*, ou seja a origem das coordenadas é a mesma, porém mudam as direções das retas coordenadas e os vetores unitários.

Para enfrentar este problema é conveniente adaptar um pouco as notações, de modo que elas estejam prontas e adequadas para o problema em questão e futuras generalizações. Uma vez que determinamos que a origem P dos dois sistemas de coordenadas é comum, temos que comparar as coordenadas de um vetor com respeito a $\Sigma(P\,;u_1,u_2)$ com as respeito a $\Sigma(P\,;v_1,v_2)$. Indicaremos com $F = (u_1,u_2)$ o par de vetores unitários do primeiro sistema e com $G =$

(v_1, v_2) o par de vetores unitários do segundo sistema. Já observamos que se um vetor possui coordenadas (a_1, a_2) em relação ao primeiro sistema, podemos escrever tal fato como

$$v = a_1 u_1 + a_2 u_2 \tag{1}$$

Agora vem a boa idéia. A quantidade $a_1 u_1 + a_2 u_2$ pode ser interpretada como *produto linha por coluna* de F com $\binom{a_1}{a_2}$. Este fato nos induz a utilizar o símbolo

$$M_v^F = \begin{pmatrix} a_1 \\ a_2 \end{pmatrix}$$

que é particularmente expressivo, uma vez que diz que (a_1, a_2) são as coordenadas de v em relação ao sistema cujos vetores unitários formam F. O fato de escrever as coordenadas em coluna na matriz coluna M_v^F nos permite ler a fórmula (1) como

$$v = F \cdot M_v^F \tag{2}$$

O que acontece se ao invés de um vetor v tivermos um par $S = (v_1, v_2)$ de vetores? Para cada um deles vale a fórmula (2) e portanto temos

$$S = F \cdot M_S^F \tag{3}$$

Observe mais uma vez a eficiência da utilização do produto linha por coluna. Porém o melhor ainda está por vir. De fato, podemos aplicar a fórmula (3) ao par $G = (v_1, v_2)$ e obter assim

$$G = F \cdot M_G^F \tag{4}$$

O que acontece então se as coordenadas de v em relação a G são (b_1, b_2)? Para iniciar podemos escrever como antes $M_v^G = \binom{b_1}{b_2}$ e $v = G \cdot M_v^G$. Transformamos a expressão $v = G \cdot M_v^G$ substituindo a (4) e obtemos

$$v = F \cdot M_G^F M_v^G \tag{5}$$

Como temos também que $v = F \cdot M_v^F$ (veja (2)), a unicidade das coordenadas implica a seguinte igualdade

$$M_v^F = M_G^F M_v^G \tag{6}$$

A conclusão deste discurso sobre a mudança de coordenadas se obtém juntando as fórmulas anteriores. Temos portanto

$$\begin{pmatrix} a_1 \\ a_2 \end{pmatrix} = M_G^F \begin{pmatrix} b_1 \\ b_2 \end{pmatrix} + \begin{pmatrix} c_1 \\ c_2 \end{pmatrix} \tag{7}$$

Visto que o argumento anterior pode ter ficado um pouco complicado, vamos ver imediatamente um caso particular Se P, v_1, v_2 possuem respectivamente coordenadas $(1,2)$, $(-1,4)$, $(2,-11)$ em relação a $\Sigma(O; u_1, u_2)$, então temos

$$M_G^F = \begin{pmatrix} -1 & 2 \\ 4 & -11 \end{pmatrix}$$

e então

$$M_v^F = \begin{pmatrix} -1 & 2 \\ 4 & -11 \end{pmatrix} M_v^G + \begin{pmatrix} 1 \\ 2 \end{pmatrix}$$

Se x, y são as coordenadas de um vetor genérico u com respeito a $\Sigma(O; u_1, u_2)$ e x', y' as coordenadas de u com respeito a $\Sigma(P; v_1, v_2)$, temos a fórmula

$$\begin{pmatrix} x \\ y \end{pmatrix} = \begin{pmatrix} -1 & 2 \\ 4 & -11 \end{pmatrix} \begin{pmatrix} x' \\ y' \end{pmatrix} + \begin{pmatrix} 1 \\ 2 \end{pmatrix} \tag{8}$$

ou seja

$$\begin{cases} x = -x' + 2y' + 1 \\ y = 4x' - 11y' + 2 \end{cases} \tag{9}$$

O capítulo se conclui com a próxima breve, porém intensa seção. O leitor deverá concentrar-se para seguir um raciocínio matemático que nos permitirá inserir em um contexto muito mais amplo tudo aquilo que acabamos de ver sobre os sistemas de coordenadas.

4.8 Espaços vetoriais e bases

A última seção da primeira parte do livro desempenha um papel *basi*lar, já que além de completar algumas respostas de perguntas anteriores, forncece *bases* para muitos temas tratados na segunda parte do livro.

Iniciaremos com a seguinte pergunta: como seria a discussão feita na seção anterior, se ao invés se usarmos o plano, passássemos ao caso geral de $\mathbb{R}^n$? Em primeiro lugar o que significa ter um sistema de coordenadas em $\mathbb{R}^n$? Lembremos que se um vetor v tem coordenadas (a_1, a_2) em um sistema de coordenadas $\Sigma(O; u_1, u_2)$ no plano, então podemos escrever de maneira única $v = a_1 u_1 + a_2 u_2$. O elemento essencial é o fato que existem vetores u_1, u_2 tais que cada vetor se escreve de maneira única como *constante multiplicada pelo primeiro vetor mais constante multiplicada pelo segundo vetor*. Vale a pena dar um nome especial a uma soma $a_1 u_1 + a_2 u_2 + \cdots + a_r u_r$ de vetores $u_1, u_2, \ldots, u_r$ multiplicados por constantes $a_1, a_2, \ldots, a_r$. Chamaremos tal soma de **combinação linear** dos vetores $u_1, u_2, \ldots, u_r$. Se considerarmos os conjuntos das n-uplas, ou seja os conjuntos K^n com K corpo numérico, vemos que nele podemos fazer operações que permitem a construção de combinações lineares. Tais conjuntos se chamam **espaços vetoriais**. Os matemáticos consideram vários outros tipos de espaços vetoriais, porém para aquilo que nos serve, os espaços das n-uplas são mais que suficientes.

O equivalente das uplas de vetores unitários que definem sistema de coordenadas dobre a reta, no plano e no espaço, é portanto em K^n uma n-upla de vetores $F = (f_1, f_2, \ldots, f_n)$, tais que cada vetor de K^n se escreve de maneira única como combinação linear dos vetores de F. Uma tal n-upla é chamada **base** de K^n. Chegamos agora ao ponto fundamental onde a geometria não pode mais nos ajudar com os desenhos, como fez na reta, no plano. Precisamente nesse ponto que entra em cena a álgebra para generalizar o conceito de sistemas de coordenadas através do conceito de base.

Mas, existem bases? Nada de medo, existem muitas, uma em particular se coloca em destaque, de um modo tal a ser chamada de **base canônica**. Se trata da base $E = (e_1, e_2, \ldots, e_n)$ onde

$$e_1 = (1, 0, \ldots, 0), \ e_2 = (0, 1, 0, \ldots, 0), \ldots, \ e_n = (0, \ldots, 0, 1)$$

Observe como é fácil encontrar as coordenadas de um vetor com relação a E. De fato, se $\ u = (a_1, a_2, \ldots, a_n)$, então temos $u = a_1 e_1 + a_2 e_2 + \cdots + a_n e_n$, ouseja **as coordenadas coincidem com as componentes**.

Dissemos que existem tantas bases. Como fazemos para encontrá-las ou para reconhecê-las? Suponhamos que temos uma r-upla $F = (f_1, f_2, \ldots, f_r)$ de vetores em K^n. Como vimos no caso dos vetores no plano, podemos escrever as coordenadas com respeito a base canônica ordenadamente em uma matriz de tipo (n, r). Parece natural utilizar a mesma notação que introduzimos no caso dos vetores do plano e portanto teremos

$$F = E \cdot M_F^E \tag{a}$$

Agora o raciocínio continua da seguinte maneira. Dizer que F é uma base significa dizer que cada vetor de K^n pode ser escrito de maneira única como combinação linear dos vetores de F. Em particular os vetores de E são escritos de maneira única. Portanto existe uma matriz, que naturalmente chamamos M_E^F, tal que

$$E = F \cdot M_E^F \tag{b}$$

Se $S = (v_1, v_2, \ldots, v_s)$ é uma s-upla di vetores, temos

$$S = E \cdot M_S^E \qquad S = F \cdot M_S^F \tag{c}$$

Substituindo (a) na segunda de (c) e substituindo (b) na primeira de (c) temos

$$S = E \cdot M_F^E M_S^F \qquad S = F \cdot M_E^F M_S^E \tag{d}$$

Comparando (c) com (d) e lembrando que as representações por meio de bases são únicas, obtemos a igualdade de matrizes

$$M_S^E = M_F^E M_S^F \qquad M_S^F = M_E^F M_S^E \tag{e}$$

Em particular temos

$$I_n = M_E^E = M_F^E M_E^F \qquad I_r = M_F^F = M_E^F M_F^E \tag{f}$$

Já dissemos na Seção 2.5 que duas relações (f) tem como consequência o fato que as matrizes M_F^E, M_E^F são quadradas e uma é a inversa da outra, ou seja

$$M_E^F = (M_F^E)^{-1} \tag{g}$$

E finalmente temos a condição procurada. Usando a regra (g) da Seção 4.6, podemos deduzir as seguintes propriedades.

(1) **Uma r-upla de vetores forma uma base se e somente se sua matriz associada em relação à base canônica é invertível. Em tal caso temos $r = n$.**

(2) **Uma n-upla de vetores forma uma base se e somente se o determinante da matriz associada com relação à base canônica é diferente de zero.**

Mais uma vez a noção de matriz invertível vem fortemente à tona. E da propriedade (1) deduzimos o seguinte fato muito importante.

Todas as bases de K^n são formadas por n vetores.

Naturalmente não é verdade o vice versa, ou seja não é verdade que todas as n-uplas de vetores de K^n são base. Seria como querer que todas as matrizes quadradas fossem invertíveis e nós já sabemos que não é verdade. Como normalmente, vamos ver com alguns exemplos para tentar nos familiarizar com fatos matemáticos que acabamos de discutir.

Exemplo 4.8.1. Consideremos o seguinte par de vetores $S = (v_1, v_2)$ in $\mathbb{R}^2$, com $v_1 = (1,1)$, $v_2 = (2,2)$. Temos

$$M_S^E = \begin{pmatrix} 1 & 2 \\ 1 & 2 \end{pmatrix}$$

e observe que M_S^E não é invertível pois seu determinante é zero. Portanto S não é uma base de $\mathbb{R}^2$. A explicação geométrica deste fato se encontra na observação de que se $(1,1)$, $(2,2)$ representam as coordenadas de dois vetores em um plano com coordenadas cartesianas, então os dois vetores estão alinhados e portanto usando somente suas combinações lineares não é possível obter todos os vetores no plano, somente os de uma reta.

Exemplo 4.8.2. Consideremos a seguinte tripla de vetores $S = (v_1, v_2, v_3)$ in $\mathbb{R}^2$, com $v_1 = (1,2)$, $v_2 = (1,0)$, $v_3 = (0,2)$. Temos

$$M_S^E = \begin{pmatrix} 1 & 1 & 0 \\ 2 & 0 & 2 \end{pmatrix}$$

Já observamos que três vetores são demais para constituir uma base de $\mathbb{R}^2$. E de fato se observa que $v_1 - v_2 - v_3 = 0$ e portanto $v_1 - v_2 - v_3 = 0v_1 - 0v_2 - 0v_3$

são duas representações distintas do vetor nulo. Isto contradiz a propriedade fundamental que cada base S possui, que diz que todo vetor de $\mathbb{R}^n$ se escreve de maneira única como combinação linear dos vetores de S.

Exemplo 4.8.3. Consideremos o seguinte par de vetores $S = (v_1, v_2)$ em $\mathbb{R}^3$, com $v_1 = (1, 2, 3)$, $v_2 = (1, 2, 4)$. Temos

$$M_S^E = \begin{pmatrix} 1 & 1 \\ 2 & 2 \\ 3 & 4 \end{pmatrix}$$

observe que M_S^E não é invertível, pois não é quadrada. Neste caso S possui poucos vetores e seria demais acreditar que combinações lineares de apenas dois vetores poderia nos dar todos os vetores de $\mathbb{R}^3$. A visão geométrica para este fato é a seguinte. As combinações lineares de dois vetores não paralelos no espaço nos dá todos os vetores de um plano portanto não preenchem todo o espaço.

Uma ampliação das idéias consideradas aqui será feita na Parte II, Seção 6.3, enquanto isso podemos imediatamente a extrair alguns benefícios das idéias que acabamos de mencionar. Seja E a base canônica de K^n, seja $F = (f_1, \ldots, f_n)$ uma base de K^n e $v = (a_1, \ldots, a_n)$ um vetor de K^n. Sabemos que v pode ser escrito de maneira única como combinação linear dos vetores de E e temos $M_v^E = (a_1 \cdots a_n)^{\mathrm{tr}}$. Além disso o vetor v pode ser escrito de maneira única como combinação linear dos vetores de F, ou seja existem univocamente determinados números $b_1, \ldots, b_n \in K$ tais que $v = b_1 f_1 + \cdots + b_n f_n$. Em outros termos, existem univocamente determinados números $b_1, \ldots, b_n \in K$ tais que $M_v^F = (b_1 \cdots b_n)^{\mathrm{tr}}$. Temos portanto as seguintes identidades

$$v = E \cdot M_v^E \qquad v = F \cdot M_v^F$$

Nesse ponto, podemos responder as seguintes perguntas. Que relação existe entre as coordenadas de v em telação a E e as coordenadas de v em relação a F? Note que esta pergunta é a generalização natural da pergunta que nos fizemos na Seção 4.7 em relação à mudança de coordenadas. A resposta é bastante simples. De fato temos

$$F \cdot M_v^F = E \cdot M_v^E = F \cdot M_E^F M_v^E = F \cdot (M_F^E)^{-1} M_v^E$$

onde a segunda igualdade segue da fórmula (b) e a terceira da fórmula (g) vistas anteriormente. Ainda uma vez podemos chamar a unicidade da representação e deduzir a seguinte fórmula que responde exatamente à nossa pergunta

$$M_v^F = (M_F^E)^{-1} M_v^E \tag{h}$$

Concluímos a seção e portanto o capítulo e a parte I, com um exemplo que destaca a importância da fórmula (h).

Exemplo 4.8.4. Considere os seguintes vetores $v = (-2, 1, 6)$, $v_1 - (1, 1, 1)$, $v_2 = (0, 1, 0)$, $v_3 = (1, 0, 2)$ em $\mathbb{R}^3$ e seja $F = (v_1, v_2, v_3)$. Temos

$$M_F^E = \begin{pmatrix} 1 & 0 & 1 \\ 1 & 1 & 0 \\ 1 & 0 & 2 \end{pmatrix}$$

A fórmula (h) diz que vale $M_v^F = (M_F^E)^{-1} M_v^E$. É portanto suficiente calcular a matriz $(M_F^E)^{-1}$. Obtemos

$$(M_F^E)^{-1} = \begin{pmatrix} 2 & 0 & -1 \\ -2 & 1 & 1 \\ -1 & 0 & 1 \end{pmatrix}$$

Portanto temos

$$M_v^F = \begin{pmatrix} 2 & 0 & -1 \\ -2 & 1 & 1 \\ -1 & 0 & 1 \end{pmatrix} \begin{pmatrix} -2 \\ 1 \\ 6 \end{pmatrix} = \begin{pmatrix} -10 \\ 11 \\ 8 \end{pmatrix}$$

E de fato é fácil verificar que $v = -10 v_1 + 11 v_2 + 8 v_3$.

Por agora, nos satisfaremos destas considerações e desta série de exemplos. Como dissemos antes, ao estudo aprofundado destes temas é dedicada a Seção 6.3. Alguém se oporá e dirá que o andamento do livro não é linear. Já foi observado aqui que o mundo em que vivemos não é linear, nem mesmo são... os livros de álgebra linear.

Exercícios

Exercício 1. Consideremos os vetores $v_1 = (1,0,0)$, $v_2 = (-1,-1,2)$, $v_3 = (0,0,1)$ de $\mathbb{R}^3$ e a terna $F = (v_1, v_2, v_3)$. Seja

$$A = \begin{pmatrix} 1 & 1 & -2 \\ 2 & -2 & 1 \\ 1 & 0 & 0 \end{pmatrix}$$

(a) Verificar que F é uma base de $\mathbb{R}^3$.
(b) Sabendo que $A = M_F^G$, determinar G.

Exercício 2. Dado um sistema de coordenadas ortogonais monométrico no plano e considerando os vetores $u = (2,2)$, $v = (-1,-2)$.

(a) Calcular o cosseno do ângulo formado por u e vers(v).
(b) Encontrar três vetores que possuem mesmo módulo de v.
(c) Descrever o conjunto dos vetores perpendiculares a u.

Exercício 3. Consideremos os vetores $v_1 = (1,2,0)$, $v_2 = (1,-1,1)$, $v_3 = (0,1,2)$, $u = (1,1,1)$ de $\mathbb{R}^3$ e a terna $F = (v_1, v_2, v_3)$.

(a) Verificar que F é uma base de $\mathbb{R}^3$.
(b) Calcular o volume do paralelepípedo definido por v_1, v_2, v_3.
(c) Verificar a igualdade $u = E \cdot M_F^E M_u^F$.

Exercício 4. Considere a seguinte matriz

$$A = \begin{pmatrix} 1 & 1 & 0 \\ 3 & -1 & -2 \\ 0 & 0 & \frac{1}{2} \end{pmatrix}$$

Existe uma base F de $\mathbb{R}^3$ tal que $A = M_E^F$?

Exercício 5. Dado um sistema de coordenadas ortogonais monométrico no espaço e os vetores $u_1 = (1,2,0)$, $u_2 = (2,4,1)$, $u_3 = (4,9,1)$ de $\mathbb{R}^3$.

(a) Calcular o volume do paralelepípedo definido pelos três vetores.
(b) Encontrar todos os vetores que são perpendiculares tanto a u_1 quanto a u_2.
(c) Encontrar um vetor v que possua as duas propriedades seguintes:

$$|v| = |u_2| \qquad u_1 \cdot u_2 < u_1 \cdot v$$

Exercício 6. Utilizando as propriedades dos determinantes, provar que se A é uma matriz invertível, então vale a fórmula $\det(A^{-1}) = (\det(A))^{-1}$.

Exercício 7. Seja n um número natural positivo.

(a) Sejam $u, v \in \mathbb{R}^n$ dois vetores a componentes racionais. É verdade que o seu produto escalar é um número racional?

(b) É verdade que se um vetor nao nulo $u \in \mathbb{R}^n$ possui componentes racionais, seu versor também possuirá componentes racionais?

Exercício 8. Dadas as seguintes matrizes

$$A = \begin{pmatrix} 1 & 3 & \frac{1}{2} \end{pmatrix}^{\mathrm{tr}} \qquad B = \begin{pmatrix} 1 & -1 & 4 \end{pmatrix}$$

Verificar que $\det(A \cdot B) = 0$ e dar uma motivação geométrica.

Exercício 9. Dado um sistema linear de coordenadas ortogonais monométrico no espaço e cinco pontos $A_1 = (3, 0, 0)$, $A_2 = (1, 3, 3)$, $A_3 = (0, 0, 2)$, $A_4 = (0, 7, 0)$, $A_5 = (1, 1, 1)$.

(a) Quais são os dois pontos mais próximos entre si?

(b) Se a fórmula da distância fosse $|b_1 - a_1| + |b_2 - a_2| + |b_3 - a_3|$, ao invés de $\sqrt{(b_1 - a_1)^2 + (b_2 - a_2)^2 + (b_3 - a_3)^2}$, teríamos uma resposta à pergunta anterior?

@ **Exercício 10.** Construa uma matriz A de tipo 5 a entradas casuais. Para fazer isso sugerimos obviamente a utilização de um sistema de álgebra computacional, por exemplo CoCoA, cuja matriz M pode ser construída da seguinte maneira:

```
L:=[[Randomized(X) | X In 1..5] | X In 1..5]; M:=Mat(L);
```

(a) Calcular o determinante de A e observar que é diferente de zero.

(b) Repetir o experimento e observar que acontece sempre a mesma coisa.

(c) Dar uma explicação ao fato que uma matriz quadrada a entradas casuais é invertível.

Observação: *Se o leitor encontrar um determinante igual a zero com o procedimento acima, as possíveis razões para isso são duas: algo estava errado em sua interface com o computador ou o ele possui poderes paranormais.*

* *

Aqui acaba a parte I. Se um leitor por acaso estivesse meditando sobre a idéia de parar por aqui, gostaria de tentar dissuadi-lo. O que segue é com certeza é um pouco mais difícil, mas acho que vale a pena. A força da **álgebra linear**, que até agora foi contida, iniciará a revelar-se mais completa na segunda parte.

I parte, II chega

(pequena antecipação da **Parte II**)

Parte II

5

Formas quadráticas

$\square qui \quad est\square \quad um \quad exempl\square \quad de \quad f\square rm\square \quad qu\square dr\square tic\square$

Neste capítulo estudaremos outro aspecto da extraordinária capacidade de adptação das matrizes a situações muito diferentes.

Da mesma forma que os sistemas de equações podem ser utilizados como modelos matemáticos para uma imensa quantidade de problemas, os sistemas polinomiais, ou seja os que obtemos igualando a zero um número finito de polinômios multivariados, são ainda mais importantes e permitem a modelação de uma quantidade muito maior de problemas.

Somente para citar um simples exemplo auto-referencial, verifica-se que a matemática específica utilizada para projetar e realizar as fontes dos caracteres deste texto, é obtida utilizando curvas descritas analiticamente por equações polinomiais de grau máximo três. Não entraremos nesta temática, porém penso que seja útil dar um aceno à importância de descrever através de equações entidades que depois aparecem na tela ou no papel como objetos gráficos.

Por exemplo, a circunferência de centro $P(1, 2)$ e raio 3, em um sistema de coordenadas ortogonais monométrico no plano, tem equação

$$(x - 1)^2 + (y - 2)^2 - 9 = 0$$

É claro que traçar essa circunferência nos requer colorir um grande número de pixels. Porém, como você transmitiria à impressora, ou ao colaborador que você está enviando uma mensagem eletrônica, as informações para traçar a circunferência? Outra maneira elementar é a de transmitir o elenco de todos os pixels para colorir.

Por exemplo, se a página tem *comprimento* de 6000 pixels e *largura* de 4000 pixels e se queremos transmitir uma figura somente em preto e branco, é suficiente transmitir uma matriz A de tipo 6000×4000 onde os pixels brancos são codificados como 0 e os pixels pretos como 1. Isto vale para qualquer tipo de figura, porém naturalmente com a informação da circunferência em preto

Robbiano L.: Álgebra Linear para todos
© Springer-Verlag Italia 2011

com plano de fundo branco poderia ser feita de maneira muito mais compacta, utilizando métodos mais sutis. Quais? Uma maneira é transmitindo os três números $1, 2, 3$. Quem recebe os dados há tudo aquilo que serve para construir toda a figura. Os primeiros dois números representam as coordenadas do centro e o terceiro número o raio. Ao invés dos milhões de entradas da matriz A bastam três números! Porém isso não acaba aqui. Suponhamos que queremos ampliar nossa impressão. Utilizando a descrição matemática *é suficiente trocar um parâmetro* que é o raio da circunferência.

Este exemplo, mesmo se muito simplificado, nos dá uma idéia de como a matemática pode ser um suporte essencial à tecnologia. Infelizmente o tratamento dos objetos matemáticos descritos pelos sistemas de equações polinomiais é muito mais complicado do que os associados aos sistemas lineares. Porém existe um caso muito importante, pelo qual a álgebra linear com sua bagagem de noções, em particular com a força das matrizes, volta com força mais à frente. É o caso das equações de segundo grau.

5.1 Equações de segundo grau

Imagino que *todos* os leitores saibam o que é uma equação de segundo grau, ou pelo menos acreditam que sabem. Vamos ver se é verdade, por exemplo procurando representar uma equação de segundo grau genérica em três variáveis. A resposta é $f(x, y, z) = 0$ com

$$f(x, y, z) = a_1x^2 + a_2y^2 + a_3z^2 + a_4xy + a_5xz + a_6yz + a_7x + a_8y + a_9z + a_{10}$$

Observamos atentamente o polinômio $f(x, y, z)$ e iniciamos dizendo que a sua parte *predominante* é a parte homogênea de segundo grau, ou seja

$$a_1x^2 + a_2y^2 + a_3z^2 + a_4xy + a_5xz + a_6yz$$

Em que sentido predominante? Fazendo um raciocínio semelhante ao feito na Seção 3.4, pensamos ao polinômio como função e então a parte linear

$$a_7x + a_8y + a_9z + a_{10}$$

torna-se insignificante quando x, y e z são grandes.

Outra observação importante é que, se adicionamos uma nova variável w, podemos *homogeneizar* o polinômio e escrever

$$a_1x^2 + a_2y^2 + a_3z^2 + a_4xy + a_5xz + a_6yz + a_7xw + a_8yw + a_9zw + a_{10}w^2$$

Retornar ao polinômio original requer somente a execução da operação de substituição $w = 1$. Não vamos nos alongar agora nas sutilezas matemáticas associadas a tais considerações, porém o que dissemos é suficiente para entender que, para analisar equações de segundo grau, o objeto matemático mais importante a ser estudado é o **polinômio homogêneo** de segundo grau, também chamado de **forma quadrática**. O que é então uma forma quadrática? Os matemáticos as definem corretamente como um polinômio que é *soma de monômios de segundo grau*. No caso de duas variáveis x, y, uma forma quadrática é portanto uma expresão do tipo

$$ax^2 + bxy + cy^2$$

E o que é tão importante? O que a álgebra linear tem a ver com tudo isso? Começamos então com a observação que podemos também falar de **formas lineares**. Uma forma linear, visto que é um polinômio de grau 1, nada mais é que um polinômio de primeiro grau com termo constante igual a zero, portanto, é uma expressão do tipo

$$\alpha x + \beta y$$

que nós encontramos e estudamos na primeira parte.

Façamos agora uma pequena observação. Se $\alpha x + \beta y$ é uma forma linear, então seu quadrado é $(\alpha x + \beta y)^2 = \alpha^2 x^2 + 2\alpha\beta xy + \beta^2 y^2$ e portanto se trata de uma forma quadrática. Se, neste momento, você pensou que as formas quadráticas são todas quadrados de formas lineares, seria melhor não pensar isso outra vez. Qualquer um que tenha estudado um pouco de geometria sabe que isso não é verdade pois existem cônicas que não são retas duplas, aliás, na verdade *a maioria* das cônicas não são retas duplas. Para aqueles que não estudaram geometria a observação anterior pode não significar nada, então confie nas suas lembranças do ensino médio, onde qualquer estudante ao se deparar com um exemplo como $x^2 + xy + y^2$ compreenderia imediatamente que este não é um quadrado.

Portanto continua em aberto a pergunta: onde está o parentesco com a álgebra linear? A relação é dada pela seguinte relação observada pelos matemáticos

$$ax^2 + bxy + cy^2 = (\, x \quad y \,) \begin{pmatrix} a & \frac{b}{2} \\ \frac{b}{2} & c \end{pmatrix} \begin{pmatrix} x \\ y \end{pmatrix}$$

a primeira vista, inesperada, e até mesmo feia esteticamente. Se chamamos o coeficiente de xy de $2b$ então a relação se escreve

$$ax^2 + 2bxy + cy^2 = (\, x \quad y \,) \begin{pmatrix} a & b \\ b & c \end{pmatrix} \begin{pmatrix} x \\ y \end{pmatrix} \tag{$*$}$$

um pouco mais bonita de se ver. Alguns leitores porém podem notar que, talvez dessa maneira a estética da matriz tenha se salvado, porém a validade da fórmula tenha se limitado. Será que quem escreveu a segunda fórmula imagina que todos os números são múltiplos de 2? Não é do conhecimento de *todos* que, por exemplo, em $\mathbb{Z}$ não existe a metade de 3? O fato é que cada número se pode escrever como o dobro da sua metade, *desde que a metade exista*, e nós garantiríamos esta propriedade se considerássemos os coeficientes em um corpo numérico de característica diferente de 2 (o que garante *a existência de* $\frac{1}{2}$). O leitor não deve se preocupar se não entendeu direito a frase precedente. É suficiente saber que por exemplo $\mathbb{Q}$ e $\mathbb{R}$ são bons para nós e nos permitem de nos dar ao luxo de deixar de ignorar essas sutilezas matemáticas. Com essa observação em mente e por outros motivos que veremos depois, *neste capítulo escolheremos os coeficientes sempre no corpo $\mathbb{R}$ dos números reais.*

Vamos portanto a nossa expressão (∗). Dado que x, y são os nomes dados as incógnitas, todas as informações da forma quadrática são contidas na matriz $A = \begin{pmatrix} a & b \\ b & c \end{pmatrix}$, que se observa imediatamente ser *simétrica* (veja Seção 2.2). Mais uma vez, nós estamos em contato com as matrizes e observe a analogia com o que foi dito acerca das matrizes associadas aos sistemas lineares. Como vimos, se vocês lembram, toda informação é concentrada em uma matriz particular. E tem mais. A observação anterior feita para as formas quadráticas em duas variáveis se generaliza. Se temos n variáveis $x_1, x_2, \ldots, x_n$ e escrevemos a forma quadrática genérica

$$Q = a_{11}x_1^2 + 2a_{12}x_1x_2 + \cdots + a_{nn}x_n^2$$

temos ainda a igualdade

$$Q = \begin{pmatrix} x_1 & x_2 & \cdots & x_n \end{pmatrix} \begin{pmatrix} a_{11} & a_{12} & \cdots a_{1n} \\ a_{12} & a_{22} & \cdots a_{2n} \\ \cdots & \cdots & \cdots \\ a_{1n} & a_{2n} & \cdots a_{nn} \end{pmatrix} \begin{pmatrix} x_1 \\ x_2 \\ \vdots \\ x_n \end{pmatrix} \tag{1}$$

A matriz simétrica obtida dessa maneira se chama **matriz da forma quadrática**. Vejamos um exemplo.

Exemplo 5.1.1. A forma quadrática

$$Q = 2x^2 - \frac{1}{3}xy + 2yz - z^2$$

pode ser escrita

$$Q = \begin{pmatrix} x & y & z \end{pmatrix} \begin{pmatrix} 2 & -\frac{1}{6} & 0 \\ -\frac{1}{6} & 0 & 1 \\ 0 & 1 & -1 \end{pmatrix} \begin{pmatrix} x \\ y \\ z \end{pmatrix}$$

como se verifica diretamente calculando os produtos.

Agora vamos nos preparar para outra mudança de cena. Se pensamos em $(x_1, x_2, \ldots, x_n)$ como um vetor genérico, então sabemos que suas componentes são também as coordenadas em relação à base canônica.

Esta observação pode ser interpretada pensando que a notação (1) se refira à base canônica $E = (e_1, e_2, \ldots, e_n)$ e isto nos sugere chamar a matriz em questão M_Q^E. Por que M_Q^E? Alguém dirá que esta notação é bastante pesada, o que de fato é, porém como muitas vezes acontece, se paga um preço alto para ter algo a mais. Neste caso pagamos com o peso da notação pela sua clareza expressiva, no sentido que M_Q^E se *autodescreve* como a *matriz da forma quadrática Q com respeito à base canônica E*.

Para que serve tal descrição? Se $v = (x_1, x_2, \ldots, x_n)$, a forma quadrática é portanto escrita da seguinte maneira

$$Q = (M_v^E)^{\mathrm{tr}} M_Q^E M_v^E \tag{2}$$

E onde está a vantagem de ler a forma quadrática de tal maneira, que a primeira vista parece somente mais abstruso? Consideremos outra base $F = (v_1, v_2, \ldots, v_n)$ di $\mathbb{R}^n$. Vimos na Seção 4.8 que o fato se ser uma base se traduz no fato que a matriz M_F^E é invertível. Vimos também que $M_v^E = M_F^E M_v^F$. Se substituímos na igualdade (2), obtemos

$$Q = (M_F^E M_v^F)^{\mathrm{tr}} M_Q^E M_F^E M_v^F = (M_v^F)^{\mathrm{tr}} (M_F^E)^{\mathrm{tr}} M_Q^E M_F^E M_v^F \tag{3}$$

E temos uma surpresa. A fórmula anterior exprime o fato que se a matriz da forma quadrática Q relativa a base E é M_Q^E, a matriz da mesma forma quadrática relativa a base F é $(M_F^E)^{\mathrm{tr}} M_Q^E M_F^E$. Temos portanto à nossa disposição a seguinte fórmula

$$M_Q^F = (M_F^E)^{\mathrm{tr}} M_Q^E M_F^E \tag{4}$$

Nesta fase não é ainda muito claro como podemos usar tal fórmula portanto, antes de prosseguir com nosso estudo, vamos pelo menos tentar entender qual é a idéia de base. Por enquanto vamos nos satisfazer do fato que sabemos que, tendo a nossa disposição uma fórmula como a (4), podemos ter a esperança de encontrar uma base conveniente F tal que a matriz $(M_F^E)^{\mathrm{tr}} M_Q^E M_F^E$ seja *mais fácil* que a matriz M_Q^E. Estudando as matrizes associadas aos sistemas lineares, aprendemos que *mais fácil* significa *mais rica de zeros* e de fato se a matriz $(M_F^E)^{\mathrm{tr}} M_Q^E M_F^E$ é mais rica de zeros, a forma quadrática é também mais rica de zeros e portanto mais fácil de ser descrita.

Por enquanto toda esta discussão é necessariamente um pouco vaga e portanto chegou o momento de vermos um exemplo.

Exemplo 5.1.2. Fazendo desaparecer o termo misto
Consideremos a forma quadrática $Q = 3x^2 - 4xy + 3y^2$ nas variáveis x, y. Sejam $v_1 = (\frac{\sqrt{2}}{2}, \frac{\sqrt{2}}{2})$, $v_2 = (-\frac{\sqrt{2}}{2}, \frac{\sqrt{2}}{2})$ e seja $F = (v_1, v_2)$. Temos $M_F^E = \begin{pmatrix} \frac{\sqrt{2}}{2} & -\frac{\sqrt{2}}{2} \\ \frac{\sqrt{2}}{2} & \frac{\sqrt{2}}{2} \end{pmatrix}$.

Visto que $\det(M_F^E) = 1$ deduzimos qua a matriz é invertível e portanto F é uma base de $\mathbb{R}^2$. Como é escrita a forma quadrática Q com respeito à base

F? A fórmula (4) nos dá a resposta e portanto temos

$$M_Q^F = \begin{pmatrix} \frac{\sqrt{2}}{2} & \frac{\sqrt{2}}{2} \\ -\frac{\sqrt{2}}{2} & \frac{\sqrt{2}}{2} \end{pmatrix} \begin{pmatrix} 3 & -2 \\ -2 & 3 \end{pmatrix} \begin{pmatrix} \frac{\sqrt{2}}{2} & -\frac{\sqrt{2}}{2} \\ \frac{\sqrt{2}}{2} & \frac{\sqrt{2}}{2} \end{pmatrix} = \begin{pmatrix} 1 & 0 \\ 0 & 5 \end{pmatrix}$$

Isto significa que, se o raciocínio foi bem feito e as novas coordenadas do vetor v são chamadas x', y', a forma quadrática é escrita como $x'^2 + 5y'^2$. Verifiquemos.
Temos

$$\begin{pmatrix} x \\ y \end{pmatrix} = M_v^E = M_F^E M_v^F = \begin{pmatrix} \frac{\sqrt{2}}{2} & -\frac{\sqrt{2}}{2} \\ \frac{\sqrt{2}}{2} & \frac{\sqrt{2}}{2} \end{pmatrix} \begin{pmatrix} x' \\ y' \end{pmatrix}$$

Consequentemente

$$x = \frac{\sqrt{2}}{2}(x' - y') \qquad y = \frac{\sqrt{2}}{2}(x' + y')$$

Vamos substituir na expressão $Q = 3x^2 - 4xy + 3y^2$ e assim obtemos

$$Q = 3(\frac{\sqrt{2}}{2}(x'-y'))^2 - 4(\frac{\sqrt{2}}{2}(x'-y'))(\frac{\sqrt{2}}{2}(x'+y')) + 3(\frac{\sqrt{2}}{2}(x'+y'))^2 = x'^2 + 5y'^2$$

Efetivamente o coeficiente de $x'y'$ é zero e portanto *o termo misto desapareceu*. Como podemos ver, o sábio uso das matrizes nos permitiu encontrar um novo sistema de coordenadas em relação ao qual a forma quadrática tem uma forma mais simples. De fato antes aparecia o termo misto xy e agora o termo misto $x'y'$ não aparece mais.

Este exemplo, por mais que pareça interessante, ainda não é satisfatório. De fato *todos* os leitores devem ter notado que não é claro como foi feita a escolha da nova base. Que oráculo nos disse que deveríamos escolher exatamente os vetores $v_1 = (\frac{\sqrt{2}}{2}, \frac{\sqrt{2}}{2})$, $v_2 = (-\frac{\sqrt{2}}{2}, \frac{\sqrt{2}}{2})$?

Para saber como terminaremos devemos ser pacientes e percorrer uma caminho longo. Claramente não podemos continuar por tentativas, precisamos de um método. Porém antes de concluir esta seção é conveniente fazer mais uma observação, que está incluída no seguinte exemplo.

Exemplo 5.1.3. Matriz Identidade e módulo
O que acontece se $M_Q^E = I_n$? Podemos dar a resposta facilmente e rapidamente. De fato se $v = (x_1, x_2, \ldots, x_n)$ é um vetor genérico, temos as seguintes igualdades

$$Q = \begin{pmatrix} x_1 & x_2 & \cdots & x_n \end{pmatrix} I_n \begin{pmatrix} x_1 \\ x_2 \\ \vdots \\ x_n \end{pmatrix} = x_1^2 + x_2^2 + \cdots + x_n^2 = |v|^2$$

Portanto descobrimos facilmente que se a matriz da forma quadrática é a identidade, então a própria forma quadrática nada mais é que o *quadrado do módulo do vetor*. Esta forma quadrática particular portanto é intrinsecamente ligada ao conceito de *comprimento de um vetor* e portanto com o de distância. Mais uma vez geometria e álgebra se entrelaçam e uma motiva a outra.

5.2 Operações elementares sobre matrizes simétricas

A seção anterior trouxe a tona uma profunda conexão entre as formas quadráticas e as matrizes simétricas. Me parece o caso que aprofundemos essa conexão. Seja portanto A uma matriz simétrica real de tipo n. Vimos que A pode ser pensada como a matriz de uma forma quadrática em n variáveis $x_1, \ldots, x_n$, em relação a base canônica $E = (e_1, \ldots, e_n)$ de $\mathbb{R}^n$. Notamos também que a mudança de E para outra base F *modifica* A transformando-a na matriz $P^{\mathrm{tr}} A P$, onde $P = M_F^E$. Se o nosso objetivo é o de *simplificar* A, devemos descobrir como utilizar bem operações do tipo $P^{\mathrm{tr}} A P$ com P invertível.

Vocês lembram da redução gaussiana? Este procedimento nos permitia manipular uma matriz A, até transformá-la em uma matriz triangular superior, utilizando operações elementares sobre as linhas. Juntando essas operações, ou seja multiplicando as matrizes elementares correspondentes, obtivemos $PA = U$ com P invertível (pois era um produto de matrizes elementares) e U triangular superior.

Podemos fazer a mesma coisa? Certamente não pois fazendo desta maneira destruiríamos a simetria da matriz. Precisamos de outra estratégia que ao invés de nos dar PA nos dê $P^{\mathrm{tr}} A P$. A observação principal é que se fazemos uma operação elementar sobre as linhas e a *mesma operação elementar sobre as colunas*, não perdemos a simetria da matriz. De fato, se uma operação elementar sobre uma linha tem um certo efeito, o efeito *simétrico* é obtido com a correspondente operação elementar sobre as colunas. O devemos fazerpara ter certeza que esta idéia é correta? Os matemáticos impõem que devemos fazer demonstrações rigorosas, porém antes disso devemos saber o que demonstrar.

Observe que se M, N são duas matrizes tais que podemos fazer o produto MN, então

$$(MN)^{\mathrm{tr}} = N^{\mathrm{tr}} M^{\mathrm{tr}} \tag{1}$$

Observe além disso que para cada matriz A vale a igualdade

$$(A^{\mathrm{tr}})^{\mathrm{tr}} = A \tag{2}$$

É também verdade o seguinte fato

$$A \text{ é simétrica se e somente se } A = A^{\mathrm{tr}} \tag{3}$$

Enfim, se A é invertível temos a igualdade

$$(A^{\mathrm{tr}})^{-1} = (A^{-1})^{\mathrm{tr}} \tag{4}$$

As demonstrações dos últimos fatos não serão dadas, porém sugerimos que o leitor tente fazê-las pois todas são realmente muito fáceis.

Como consequência temos que se A é uma matriz simétrica e B uma matriz quadrada do mesmo tipo de A, então a matriz $B^{\mathrm{tr}} A B$ é simétrica. De fato basta usar as regras $(1), (2)$ para obter a igualdade

$$(B^{\mathrm{tr}} A B)^{\mathrm{tr}} = B^{\mathrm{tr}} A^{\mathrm{tr}} (B^{\mathrm{tr}})^{\mathrm{tr}} = B^{\mathrm{tr}} A B$$

e concluir usando a regra (3). Conscientes que com operações do tipo $B^{\mathrm{tr}} A B$ não perdemos a simetria de A, voltamos a estratégia de fazer operações elementares sobre linhas e colunas. Vamos tentar entender utilizando exemplos.

Exemplo 5.2.1. Seja $A = \left(\begin{smallmatrix} 1 & 2 \\ 2 & 3 \end{smallmatrix}\right)$. Podemos utilizar $a_{11} = 1$ como pivô e fazer um passo de redução gaussiana subtraindo da segunda linha a primeira multiplicada por 2. Sabemos que isto significa multiplicar à esquerda pela matriz elementar $E_1 = \left(\begin{smallmatrix} 1 & 0 \\ -2 & 1 \end{smallmatrix}\right)$. Obtemos $B = E_1 A = \left(\begin{smallmatrix} 1 & 2 \\ 0 & -1 \end{smallmatrix}\right)$, que não é mais simétrica. Agora consideremos $(E_1)^{\mathrm{tr}} = \left(\begin{smallmatrix} 1 & -2 \\ 0 & 1 \end{smallmatrix}\right)$ e façamos a multiplicação a direita por B obtendo $B(E_1)^{\mathrm{tr}} = \left(\begin{smallmatrix} 1 & 0 \\ 0 & -1 \end{smallmatrix}\right)$. Assim obtemos uma matriz simétrica rica de zeros. Em conclusão, tomando $P = (E_1)^{\mathrm{tr}}$, temos

$$P = \begin{pmatrix} 1 & -2 \\ 0 & 1 \end{pmatrix} \qquad P^{\mathrm{tr}} A P = \begin{pmatrix} 1 & 0 \\ 0 & -1 \end{pmatrix}$$

Se A é pensada como matriz da forma quadrática $x^2 + 4xy + 3y^2$, com respeito à nova base $F = (v_1, v_2)$, onde $v_1 = e_1$, $v_2 = (-2, 1)$, a mesma forma se escreve $x'^2 - y'^2$.

Tendo entendido este último exemplo, ficamos em um bom ponto. Agora sabemos que podemos avançar com o método de Gauss até que no lugar certo da diagonal principal temos um pivô não nulo. Obviamente isto não basta. Pode ser que no lugar certo da diagonal principal tenha um zero. O que fazer? No caso do método de Gauss trocávamos duas linhas adequadas. Podemos fazer a mesma coisa nessa situação? Daquilo que dissemos antes, uma troca de linhas deve ser acompanhada de uma troca correspondente de colunas. Vamos ver se funciona.

Exemplo 5.2.2. Seja $A = \left(\begin{smallmatrix} 0 & 1 \\ 1 & 2 \end{smallmatrix}\right)$. Visto que $a_{11} = 0$ vamos tentar trocar as linhas e também as colunas. Para fazer isto basta tomar $E_1 = \left(\begin{smallmatrix} 0 & 1 \\ 1 & 0 \end{smallmatrix}\right)$ e obter

$$(E_1)^{\mathrm{tr}} A E_1 = \begin{pmatrix} 2 & 1 \\ 1 & 0 \end{pmatrix}$$

Esta matriz possui o pivô não nulo no lugar certo e portanto podemos continuar como no exemplo anterior. Obtemos

$$\begin{pmatrix} 1 & 0 \\ -\frac{1}{2} & 1 \end{pmatrix} \begin{pmatrix} 2 & 1 \\ 1 & 0 \end{pmatrix} \begin{pmatrix} 1 & -\frac{1}{2} \\ 0 & 1 \end{pmatrix} = \begin{pmatrix} 2 & 1 \\ 0 & -\frac{1}{2} \end{pmatrix} \begin{pmatrix} 1 & -\frac{1}{2} \\ 0 & 1 \end{pmatrix} = \begin{pmatrix} 2 & 0 \\ 0 & -\frac{1}{2} \end{pmatrix}$$

Assim, colocando $P^{\mathrm{tr}} = \begin{pmatrix} 1 & 0 \\ -\frac{1}{2} & 1 \end{pmatrix} \begin{pmatrix} 0 & 1 \\ 1 & 0 \end{pmatrix} = \begin{pmatrix} 0 & 1 \\ 1 & -\frac{1}{2} \end{pmatrix}$, obtemos

$$P^{\mathrm{tr}} A P = \begin{pmatrix} 2 & 0 \\ 0 & -\frac{1}{2} \end{pmatrix}$$

Tudo feito? Não, ainda nos resta um caso onde a discussão anterior não funciona. Vamos ver agora.

Exemplo 5.2.3. Seja $A = \begin{pmatrix} 0 & a \\ a & 0 \end{pmatrix}$ com $a \neq 0$. Observe que se fizemos uma troca tanto de linhas que de colunas não obtemos nada. De fato,

$$\begin{pmatrix} 0 & 1 \\ 1 & 0 \end{pmatrix} \begin{pmatrix} 0 & a \\ a & 0 \end{pmatrix} \begin{pmatrix} 0 & 1 \\ 1 & 0 \end{pmatrix} = \begin{pmatrix} 0 & a \\ a & 0 \end{pmatrix}$$

Porém tem um remédio. Se considerarmos a matriz $P = \begin{pmatrix} 1 & -1 \\ 1 & 1 \end{pmatrix}$, obtemos

$$P^{\mathrm{tr}} A P = \begin{pmatrix} 1 & 1 \\ -1 & 1 \end{pmatrix} \begin{pmatrix} 0 & a \\ a & 0 \end{pmatrix} \begin{pmatrix} 1 & -1 \\ 1 & 1 \end{pmatrix} = \begin{pmatrix} 2a & 0 \\ 0 & -2a \end{pmatrix}$$

Finalmente temos a nossa disposição todos os instrumentos que nos servem, portanto vamos ao trabalho. Vamos tentar manipular um exemplo um pouco mais consistente.

Exemplo 5.2.4. Consideremos a seguinte matriz simétrica real

$$A = \begin{pmatrix} 2 & -8 & -3 & -3 \\ -8 & 29 & \frac{79}{6} & \frac{71}{6} \\ -3 & \frac{79}{6} & \frac{437}{108} & \frac{601}{108} \\ -3 & \frac{71}{6} & \frac{601}{108} & \frac{485}{108} \end{pmatrix}$$

Utilizamos $a_{11} = 2$ como pivô para obter zeros sobre a primeira linha e coluna. Temos

$$(E_1)^{\mathrm{tr}} = \begin{pmatrix} 1 & 0 & 0 & 0 \\ 4 & 1 & 0 & 0 \\ \frac{3}{2} & 0 & 1 & 0 \\ \frac{3}{2} & 0 & 0 & 1 \end{pmatrix} \qquad (E_1)^{\mathrm{tr}} A E_1 = \begin{pmatrix} 2 & 0 & 0 & 0 \\ 0 & -3 & \frac{7}{6} & -\frac{1}{6} \\ 0 & \frac{7}{6} & -\frac{49}{108} & \frac{115}{108} \\ 0 & -\frac{1}{6} & \frac{115}{108} & -\frac{1}{108} \end{pmatrix}$$

Agora utilizamos a entrada -3 de índice $(2,2)$ como pivô. Obtemos

$$(E_2)^{\mathrm{tr}} = \begin{pmatrix} 1 & 0 & 0 & 0 \\ 0 & 1 & 0 & 0 \\ 0 & \frac{7}{18} & 1 & 0 \\ 0 & -\frac{1}{18} & 0 & 1 \end{pmatrix} \qquad (E_2)^{\mathrm{tr}} (E_1)^{\mathrm{tr}} A E_1 E_2 = \begin{pmatrix} 2 & 0 & 0 & 0 \\ 0 & -3 & 0 & 0 \\ 0 & 0 & 0 & 1 \\ 0 & 0 & 1 & 0 \end{pmatrix}$$

Tratamos esta última matriz com o método que vimos no exemplo anterior. Portanto temos

$$(E_3)^{\mathrm{tr}} = \begin{pmatrix} 1 & 0 & 0 & 0 \\ 0 & 1 & 0 & 0 \\ 0 & 0 & 1 & 1 \\ 0 & 0 & -1 & 1 \end{pmatrix} \quad (E_3)^{\mathrm{tr}}(E_2)^{\mathrm{tr}}(E_1)^{\mathrm{tr}} A \, E_1 E_2 E_3 = \begin{pmatrix} 2 & 0 & 0 & 0 \\ 0 & -3 & 0 & 0 \\ 0 & 0 & 2 & 0 \\ 0 & 0 & 0 & -2 \end{pmatrix}$$

Agora colocamos

$$P = E_1 E_2 E_3 = \begin{pmatrix} 1 & 4 & \frac{13}{3} & -\frac{16}{9} \\ 0 & 1 & \frac{1}{3} & -\frac{4}{9} \\ 0 & 0 & 1 & -1 \\ 0 & 0 & 1 & 1 \end{pmatrix}$$

e temos finalmente

$$P^{\mathrm{tr}} A \, P = \begin{pmatrix} 2 & 0 & 0 & 0 \\ 0 & -3 & 0 & 0 \\ 0 & 0 & 2 & 0 \\ 0 & 0 & 0 & -2 \end{pmatrix}$$

A conclusão destes raciocínios é a seguinte. *Consideremos as operações elementares sobre linhas e as correspondentes operações elementares sobre as colunas de uma matriz simétrica real. A elas acrescentamos um tipo de operação elementar baseadas no Exemplo 5.2.3. Utilizando estas operações elementares, a matriz de uma forma quadrática qualquer se transforma em uma matriz diagonal.* Na linguagem das formas quadráticas podemos fazer a seguinte afirmação.

Toda forma quadrática real pode ser representada através de uma matriz diagonal.

Se a matriz da forma quadrática é A e as matrizes elementares relativas as operações sobre as colunas são $E_1, E_2, \ldots, E_r$ então a matriz

$$B = (E_r)^{\mathrm{tr}} \cdots (E_2)^{\mathrm{tr}} (E_1)^{\mathrm{tr}} A \, E_1 E_2 \cdots E_r$$

é diagonal. Colocando $P = E_1 E_2 \cdots E_r$ temos

$$B = P^{\mathrm{tr}} A \, P$$

com P invertível e B diagonal.

Neste ponto é importante conhecer a seguinte terminologia. Dizemos que duas matrizes reais simétricas A, B de mesmo tipo são **congruentes** se existe uma matriz P invertível tal que $B = P^{\mathrm{tr}} A \, P$. Neste caso dizemos que as duas matrizes estão relacionadas por *congruência*. Os matemáticos adoram dizer que esta relação é, de fato, uma relação de equivaência. A afirmação anterior, que toda forma quadrática pode ser representada através de uma matriz diagonal, pode ser portanto expressa em uma linguagem puramente matricial, através da seguinte proposição.

Toda matriz simétrica real é congruente a uma matriz diagonal.

Mais um pequeno esforço e podemos chegar a um ponto muito importante. Vimos que se Q é uma forma quadrática real em n variáveis, então existe uma base F de $\mathbb{R}^n$ tal que M_Q^F é diagonal. Fazendo trocas simultâneas oportunas de linhas e colunas, podemos portanto supor que sobre a diagonal tenhamos primeiro os números positivos, depois os números negativos, e por último nulos. Para alguns leitores este fato não é completamente claro? Vejamos imediatamente um exemplo.

Exemplo 5.2.5. Consideremos a seguinte matriz simétrica

$$A = \begin{pmatrix} 0 & -2 & 1 \\ -2 & -4 & 0 \\ 1 & 0 & 1 \end{pmatrix} \in \mathrm{Mat}_3(\mathbb{R})$$

e a correspondente forma quadrática real $Q = -4x_1 x_2 + 2x_1 x_3 - 4x_2^2 + x_3^2$. Façamos uma troca simultânea das primeiras duas linhas e colunas através da seguinte operação elementar

$$A_1 = E_1^{\mathrm{tr}} A E_1 = \begin{pmatrix} -4 & -2 & 0 \\ -2 & 0 & 1 \\ 0 & 1 & 1 \end{pmatrix} \qquad \text{onde} \qquad E_1 = \begin{pmatrix} 0 & 1 & 0 \\ 1 & 0 & 0 \\ 0 & 0 & 1 \end{pmatrix}$$

Façamos outra operação elementar

$$A_2 = E_2^{\mathrm{tr}} A_1 E_2 = \begin{pmatrix} -4 & 0 & 0 \\ 0 & 1 & 1 \\ 0 & 1 & 1 \end{pmatrix} \qquad \text{onde} \qquad E_2 = \begin{pmatrix} 1 & -\frac{1}{2} & 0 \\ 0 & 1 & 0 \\ 0 & 0 & 1 \end{pmatrix}$$

E ainda mais uma operação elementar

$$A_3 = E_3^{\mathrm{tr}} A_2 E_3 = \begin{pmatrix} -4 & 0 & 0 \\ 0 & 1 & 0 \\ 0 & 0 & 0 \end{pmatrix} \qquad \text{onde} \qquad E_3 = \begin{pmatrix} 1 & 0 & 0 \\ 0 & 1 & -1 \\ 0 & 0 & 1 \end{pmatrix}$$

Finalmente obtivemos uma matriz diagonal A_3, porém preferimos ter sobre a diagonal primeiro os números positivos, depois os negativos e por último os nulos. No nosso caso basta fazer uma troca simultânes das primeiras duas linhas e colunas. Façamos

$$A_4 = E_4^{\mathrm{tr}} A_3 E_4 = \begin{pmatrix} 1 & 0 & 0 \\ 0 & -4 & 0 \\ 0 & 0 & 0 \end{pmatrix} \qquad \text{onde} \qquad E_4 = \begin{pmatrix} 0 & 1 & 0 \\ 1 & 0 & 0 \\ 0 & 0 & 1 \end{pmatrix}$$

Temos portanto

$$(E_1 E_2 E_3 E_4)^{\mathrm{tr}} A (E_1 E_2 E_3 E_4) = \begin{pmatrix} 1 & 0 & 0 \\ 0 & -4 & 0 \\ 0 & 0 & 0 \end{pmatrix}$$

Porém os matemáticos não ficaram completamente satisfeitos. De fato eles observaram que *todo número real positivo a é um quadrado*, mais precisamente é o quadrado do número que se chama *raiz quadrada aritmética* de a, e é indicado por $\sqrt{a}$. Consequentemente, se $a > 0$ temos $a = (\sqrt{a})^2$ e $-a = -(\sqrt{a})^2$. Por exemplo temos as igualdades $\sqrt{4} = 2$, $4 = 2^2$, $-4 = -2^2$ e e analogamente as igualdades $3 = (\sqrt{3})^2$, $-3 = -(\sqrt{3})^2$.

Mas, como essa observação é utilizada? Voltamos rapidamente ao exemplo anterior e observamos que

$$\begin{pmatrix} 1 & 0 & 0 \\ 0 & -\frac{1}{2} & 0 \\ 0 & 0 & 1 \end{pmatrix} \begin{pmatrix} 1 & 0 & 0 \\ 0 & -4 & 0 \\ 0 & 0 & 0 \end{pmatrix} \begin{pmatrix} 1 & 0 & 0 \\ 0 & -\frac{1}{2} & 0 \\ 0 & 0 & 1 \end{pmatrix} = \begin{pmatrix} 1 & 0 & 0 \\ 0 & -1 & 0 \\ 0 & 0 & 0 \end{pmatrix}$$

Se colocamos

$$E_5 = \begin{pmatrix} 1 & 0 & 0 \\ 0 & -\frac{1}{2} & 0 \\ 0 & 0 & 1 \end{pmatrix} \qquad B = \begin{pmatrix} 1 & 0 & 0 \\ 0 & -1 & 0 \\ 0 & 0 & 0 \end{pmatrix}$$

$$P = E_1 E_2 E_3 E_4 E_5 = \begin{pmatrix} 1 & 0 & -1 \\ -\frac{1}{2} & -\frac{1}{2} & \frac{1}{2} \\ 0 & 0 & 1 \end{pmatrix}$$

temos portanto a igualdade

$$P^{\text{tr}} A P = B$$

Observe que B não somente é diagonal, mas possui também a particularidade que as entradas sobre a diagonal são números do conjunto $\{1, 0, -1\}$ e para completar colocados em ordem, no sentido que encontramos uma sequência de números 1, depois uma sequência de números -1 e por fim uma sequência se números 0. Uma matriz com tais características é chamada de **matriz em forma canônica**. Se colocamos $P = M_F^E$, obtemos $F = (v_1, v_2, v_3)$ onde $v_1 = (1, -\frac{1}{2}, 0)$, $v_2 = (0, -\frac{1}{2}, 0)$, $v_3 = (-1, \frac{1}{2}, 1)$. Dado que $\det(P) = -\frac{1}{2}$, a matriz P é invertível portanto F é base de $\mathbb{R}^3$. Colocando $(x_1, x_2, x_3)^{\text{tr}} = M_v^E$, $(y_1, y_2, y_3)^{\text{tr}} = M_v^F$ temos

$$(x_1, x_2, x_3)^{\text{tr}} = M_v^E = M_F^E M_v^F = P (y_1, y_2, y_3)^{\text{tr}}$$

e então

$$\begin{pmatrix} x_1 \\ x_2 \\ x_3 \end{pmatrix} = \begin{pmatrix} 1 & 0 & -1 \\ -\frac{1}{2} & -\frac{1}{2} & \frac{1}{2} \\ 0 & 0 & 1 \end{pmatrix} \begin{pmatrix} y_1 \\ y_2 \\ y_3 \end{pmatrix} = \begin{pmatrix} y_1 - y_3 \\ -\frac{1}{2}y_1 - \frac{1}{2}y_2 + \frac{1}{2}y_3 \\ y_3 \end{pmatrix}$$

Substituindo na expressão $Q = -4x_1 x_2 + 2x_1 x_3 - 4x_2^2 + x_3^2$ obtemos a igualdade

$$4(y_1 - y_3)(-\tfrac{1}{2}y_1 - \tfrac{1}{2}y_2 + \tfrac{1}{2}y_3) + 2(y_1 - y_3)y_3 - 4(-\tfrac{1}{2}y_1 - \tfrac{1}{2}y_2 + \tfrac{1}{2}y_3)^2 + y_3^2 = y_1^2 - y_2^2$$

Como previsto nos cálculos feitos anteriormente, temos que $M_Q^F = B$. Em coerência com o que definimos antes, dizemos que $Q = y_1^2 - y_2^2$ é a **forma canônica da forma quadrática** Q. Chegando até aqui, não deve ser uma surpresa que o que ilustramos anteriormente vale em geral, portanto vale o seguinte fato.

Toda matriz simétrica real é congruente a uma matriz em forma canônica.

De maneira equivalente, temos o seguinte fato.

Toda forma quadrática real pode ser colocada em forma canônica.

O sentido é que existe uma base F de $\mathbb{R}^n$ tal que a expressão da forma quadrática Q nas coordenadas com respeito a F é dada por

$$y_1^2 + \cdots + y_r^2 - y_{r+1}^2 - \cdots - y_{r+s}^2 \quad \text{con} \quad r + s \leq n$$

5.3 Formas quadráticas, funções e positividade

Agora que vimos como transformar a matriz de representação de uma forma quadrática em uma matriz diagonal ou até mesmo em uma matriz em forma canônica, temos a possibilidade de estudar algumas propriedades importantes. Em particular estamos interessados em estudar o comportamento de uma forma quadrática real Q *pensada como função de $\mathbb{R}^n$ em $\mathbb{R}$*. Este é um aspecto novo que ainda não consideramos, portanto é conveniente fazer um momento de pausa e refletir sobre as novidades. Vamos tomar por exemplo o polinômio $f = x^2 - yz^3 + x - 1$. Se no lugar de x, y, z colocamos números reais, fazendo as operações indicadas obtemos um número real. Por exemplo se $x = 2$, $y = \frac{1}{2}$, $z = -5$, e $v = (2, \frac{1}{2}, -5)$, obtemos $f(v) = \frac{135}{2}$. Isto significa que o polinômio f pode agir como uma função que toma valores em $\mathbb{R}^3$ e nos retorna valores em $\mathbb{R}$. Os matemáticos dizem sinteticamente que o polinômio f pode ser interpretado como uma função de $\mathbb{R}^3$ em $\mathbb{R}$ e escrevem $f : \mathbb{R}^3 \longrightarrow \mathbb{R}$.

Ao leitor mais atencioso não deve ter escapado o fato que o raciocínio anterior pode ser aplicado a qualquer polinômio, em particular às formas quadráticas, que como dissemos, são polinômios de segundo grau particulares. Portanto se $Q = a_{11}x_1^2 + 2a_{12}x_1x_2 + \cdots a_{nn}x_n^2$ é uma forma quadrática em n variáveis, podemos interpretá-la como uma função $Q : \mathbb{R}^n \longrightarrow \mathbb{R}$. Vamos explorar melhor este aspecto. Uma primeira observação é que se v é o vetor nulo, então $Q(v) = 0$. Porém se v é não nulo, podemos dizer algo acerca de $Q(v)$? Podemos por exemplo saber se $Q(v) \geq 0$ ou $Q(v) \leq 0$? Evidentemente se tomamos um só vetor v é suficiente calcular $Q(v)$. Porém se quiséssemos informações mais gerais? Por exemplo, se quiséssemos saber se $Q(v) > 0$ para cada $v \neq 0$, como poderíamos fazer? Certamente não podemos fazer infinitas avaliações e portanto precisamos de mais informações.

Antes de ir adiante vamos fazer uma pequena digressão de natureza muito técnica. Os matemáticos gostam de colocar em evidência o fato que, para falar de positividade de uma forma quadrática, a própria forma quadrática deve ser definida sobre um **corpo ordenado**. Por exemplo não se pode falar se o corpo é $\mathbb{C}$, ou seja o corpo dos números complexos ou se é $\mathbb{Z}_2$, outro corpo já considerado e utilizado na Seção 2.5. Por outro lado decidimos no início desta seção trabalhar sobre o corpo $\mathbb{R}$ e portanto não temos problemas, no sentido que todo número real não nulo ou é positivo ou é negativo. Como normalmente, para focalizar melhor a situação vejamos alguns exemplos.

Exemplo 5.3.1. Consideremos as variáveis x_1, x_2, x_3, e seja $v = (x_1, x_2, x_3)$ o vetor genérico de $\mathbb{R}^3$. A forma quadrática

$$Q(v) = x_1^2 + x_2^2 + 3x_3^2 \tag{1}$$

tem a propriedade que $Q(v) > 0$ para cada vetor $v \neq 0$. De fato o quadrado de cada número real não nulo é positivo e portanto, quando substituímos as três coordenadas do vetor, as três parcelas assumem valores não negativos. Por outro lado pelo menos uma das três parcelas é positiva, visto que o vetor v é diferente do vetor nulo e portanto possui pelo menos uma coordenada não nula.

A forma quadrática

$$Q(v) = 3x_1^2 + 8x_3^2 \tag{2}$$

possui a propriedade que $Q(v) \geq 0$ para cada vetor $v \neq 0$. Porém, ao contrário da anterior, assume valor nulo mesmo para vetores não nulos, como por exemplo o vetor $v = (0, 1, 0)$.

A forma quadrática

$$Q(v) = 3x_1^2 - 8x_3^2 \tag{3}$$

assume tanto valores positivos quanto valores negativos. Por exemplo temos os seguintes valores: $Q(1, 0, 0) = 3$, $Q(0, 0, 1) = -8$.

O leitor deve ter notado que os exemplos anteriores são facilmente estudados porque as formas quadráticas consideradas são associadas a uma matriz diagonal. Matriz diagonal significa que os coeficientes dos termos mistos, ou seja os do tipo $x_i x_j$ com $i \neq j$, são nulos ou, como se diz de maneira mais coloquial, não tem termos mistos. Mas, por exemplo, para a forma quadrática

$$Q(v) = 2x_1^2 + 2x_1 x_2 + 2x_2^2 + 2x_2 x_3 + 3x_3^2 \tag{4}$$

o que podemos dizer?

Nesse ponto nos convém dar uma pensada inteligente. Se além da base canônica E consideramos uma outra base F, sabemos que cada vetor v pode ser representado tanto na base E quanto na base F e que valem as fórmulas

$$Q(v) = (M_v^E)^{\mathrm{tr}} \, M_Q^E M_v^E \qquad Q(v) = (M_v^F)^{\mathrm{tr}} \, M_Q^F M_v^F$$

Além disso temos a nossa disposição a fórmula (4) da Seção 5.1

$$M_Q^F = (M_F^E)^{\mathrm{tr}} \, M_Q^E M_F^E$$

Consequentemente, quando representamos a forma quadrática Q com M_Q^E ou com M_Q^F, temos representações completamente diferentes *da mesma forma*. Por outro lado deve ser claro o fato que uma propriedade intrínseca da forma *não depende de sua representação*. Os problemas de positividade que nos colocamos investigam um aspecto intrínseco da forma, visto que dizem respeito à forma pensada como função. Não dependem de como a forma vem representada e, consequentemente, para estudar podemos utilizar *qualquer matrix* M_Q^F. Vimos antes com exemplos que a ausência de termos mistos facilita a solução e portanto uma boa estratégia é a de procurar uma base F tal que M_Q^F seja diagonal, algo que já sabemos fazer.

Fixemos um pouco de terminologia. Uma forma quadrática que assume valores positivos para cada vetor não nulo se diz **definida positiva**. Se ao invés assume valores não negativos se diz **forma semidefinida positiva**. Enfim se assume valores tanto positivos quanto negativos dizemos que a forma quadrática não é definida. Naturalmente a terminologia se transporta às matrizes simétricas reais, uma vez que cada matriz simétrica pode ser pensada como uma M_Q^E e portanto define uma forma quadrática. Por exemplo diremos que a matriz $A = \begin{pmatrix} 0 & 0 \\ 0 & 1 \end{pmatrix}$ é semidefinida positiva. De fato A pode ser interpretada como M_Q^E, onde $Q = x_2^2$ é uma forma quadrática em duas variáveis que assume valores não negativos para cada vetor de $\mathbb{R}^2$, porém assume valor nulo mesmo em vetores não nulos como por exemplo $(1,0)$.

Tínhamos deixado uma pergunta sem resposta. O que podemos dizer da forma quadrática (4)? Com um pouco de espírito de observação notamos que

$$2x_1^2 + 2x_1 x_2 + 2x_2^2 + 2x_2 x_3 + 3x_3^2 = x_1^2 + (x_1 + x_2)^2 + (x_2 + x_3)^2 + 2x_3^2$$

portanto a forma é pelo menos semidefinida positiva, visto que é uma soma de quadrados. Por outro lado $Q(v) = 0$ implica $x_1 = x_1 + x_2 = x_1 + x_3 = x_3 = 0$, de onde se deduz que $x_1 = x_2 = x_3 = 0$ e portanto v é o vetor nulo. Neste caso conseguimos com pequenos artifícios de cálculo ver que Q é definida positiva, porém naturalmente, em geral, não podemos ter a esperança de prosseguir com os artifícios. Por sorte porém temos a nossa disposição um método que nos permite de dar respostas em geral.

De fato se Q é uma forma quadrática, vimos na seção anterior que, com uma adequada mudança de base, Q é representada através de uma matriz diagonal. Portanto existe uma base F tal que, se $y_1, y_2, \ldots, y_n$ são as coordenadas do vetor genérico na base F, a forma Q se escreve assim

$$Q(v) = b_{11} y_1^2 + b_{22} y_2^2 + \cdots + b_{nn} y_n^2$$

Apartir desse ponto fica claro que a positividade da forma canônica depende do sinal dos coeficientes b_{ij}.

Se os coeficientes b_{ij} são todos positivos, a forma é definida positiva; se são todos não negativos e alguns são nulos então a forma é semidefinida positiva; se existem coeficientes com sinais diferentes, então a forma não é definida.

Fim da questão? É mesmo necessário representar a forma quadrática com uma matriz diagonal para estudar a positividade? Vamos fazer um pequeno experimento.

Exemplo 5.3.2. Seja $A = \begin{pmatrix} a & b \\ b & c \end{pmatrix}$, e $Q = ax_1^2 + 2bx_1x_2 + cx_2^2$ a forma quadrática correspondente. Suponhamos que $a \neq 0$. Com um cálculo elementar obtemos

$$B = E^{\mathrm{tr}} AE = \begin{pmatrix} a & 0 \\ 0 & c - \frac{b^2}{a} \end{pmatrix} \quad \text{onde} \quad E = \begin{pmatrix} 1 & -\frac{b}{a} \\ 0 & 1 \end{pmatrix}$$

Observem os seguintes fatos: a entrada de índice $(1,1)$ não mudou; o determinante, que vale $ac - b^2$ não mudou; se chamamos $\delta = c - \frac{b^2}{a} = \frac{\det(A)}{a}$, a forma quadrática com relação a nova base se escreve $ay_1^2 + \delta y_2^2 = ay_1^2 + \frac{\det(A)}{a} y_2^2$. Pelo que foi dito antes, sabemos que a forma quadrática é definida positiva se $a > 0$ e $\delta > 0$ e portanto se $a > 0$ e $\det(A) > 0$.

Portanto, para matrizes de tipo 2 com $a_{11} \neq 0$, a positividade é certificada observando a entrada de índice $(1,1)$ e calculando o determinante. E em geral? Por enquanto o leitor poderia se divertir verificando que se $a_{11} = 0$, a matriz não pode ser definida positiva. Mas se você pensa que isso não é divertido então tente se consolar com o que segue

Se chama menor de tipo (ou ordem) r de uma matriz, o determinante de uma submatriz de tipo r. Se chama i-ésimo menor principal de uma matriz, o determinante da submatriz formada pelas entradas de índice (r, s) com $1 \leq r \leq i$, $1 \leq s \leq i$.

Utilizando um raciocínio análogo ao do exemplo anterior, podemos provar o chamado critério de Sylvester, o qual afirma o seguinte fato.

Uma forma quadrática representada por uma matriz simétrica A é definida positiva se e somente se os seus menores principais são todos positivos.

Por exemplo a forma quadrática associada a matriz $A = \begin{pmatrix} 1 & 2 \\ 2 & 7 \end{pmatrix}$ é definida positiva pois $a_{11} = 1 > 0$ e $\det(A) = 3 > 0$, enquanto que a associada à matriz $A = \begin{pmatrix} 0 & 1 \\ 1 & 7 \end{pmatrix}$ não é definida positiva porque $a_{11} = 0$.

Para finalizar a seção, uma jóia matemática. Do critério de Sylvester deduzimos que a positividade dos menores principais da matriz de uma forma quadrática não depende da base escolhida per representá-la. Este fato não é trivial.

5.4 Decomposição de Cholesky

Na seção anterior nos preocupamos em *estudar* a positividade de formas quadráticas. Mas se ao invés disso o problema fosse o de *construir* formas quadráticas definidas positivas (ou semidefinidas positivas), como poderíamos enfrentá-lo? Uma solução já temos disponível e foi vista na seção anterior; é a de escrever uma forma quadrática como matriz diagnal tendo todos os elementos sobre a diagonal positivos (ou todos não negativos).

Mas, existe outro modo para obter formas quadráticas positivas definidas (ou semidefinidas positiva) que é também interessante e nos fornece matrizes simétricas que podem não ser diagonais. Vejamos. Suponhamos que temos uma matriz A qualquer, mesmo não quadrada. Consideremos sua transposta A^{tr} e vamos tentar fazer o produto $A^{\text{tr}}A$. Por enquanto podemos observar que se A é de tipo (r, c), então A^{tr} é de tipo (c, r) e portanto o produto $A^{\text{tr}}A$ pode ser feito e nos dá como resultado uma matriz quadrada de tipo c. Além disso observamos que, se B é a matriz $A^{\text{tr}}A$, temos

$$B^{\text{tr}} = (A^{\text{tr}}A)^{\text{tr}} = A^{\text{tr}}(A^{\text{tr}})^{\text{tr}} = A^{\text{tr}}A = B$$

portanto B é simétrica de tipo c e portanto podemos pensá-la como uma matriz de uma forma quadrática Q em c variáveis. Agora vem a descoberta interessante. Se $v = EM_v^E$ é um vetor genérico de $\mathbb{R}^c$, temos

$$Q(v) = (M_v^E)^{\text{tr}}\, BM_v^E = (M_v^E)^{\text{tr}}\, A^{\text{tr}}A\, M_v^E = (AM_v^E)^{\text{tr}}\, (AM_v^E)$$

Se tomamos

$$AM_v^E = \begin{pmatrix} y_1 \\ y_2 \\ \vdots \\ y_r \end{pmatrix} \tag{$*$}$$

temos

$$Q(v) = \begin{pmatrix} y_1 & y_2 & \cdots & y_r \end{pmatrix} \begin{pmatrix} y_1 \\ y_2 \\ \vdots \\ y_r \end{pmatrix} = y_1^2 + y_2^2 + \cdots + y_r^2$$

Podemos então afirmar que a forma é semidefinida positiva. Podemos dizer também que a forma é definida positiva? Na prática devemos verificar se é verdade que $Q(v) = 0$ implica $v = 0$. Porém a igualdade $Q(v) = 0$ equivale a igualdade $y_1^2 + y_2^2 + \cdots + y_r^2 = 0$, que equivale ao anulamento de y_i para cada $i = 1, \ldots, r$. Portanto se trata de entender se ter $y_i = 0$ para cada $i = 1, \ldots, r$ é precisamente como ter $AM_v^E = 0$ e isso *em geral não implica que* $M_v^E = 0$. No entanto, implicará por exemplo se A for invertível.

Este não é o único caso (como veremos na Seção 6.3), porém é suficiente para afirmar o seguinte fato

Se A é uma matriz invertível, então $A^{\text{tr}}A$ é definida positiva.

Exemplo 5.4.1. Se $A = \begin{pmatrix} 1 & 1 & 0 \\ 2 & 1 & 3 \end{pmatrix}$, temos

$$A^{\mathrm{tr}} A = \begin{pmatrix} 5 & 3 & 6 \\ 3 & 2 & 3 \\ 6 & 3 & 9 \end{pmatrix}$$

Pelo que dissemos antes, $A^{\mathrm{tr}} A$ é semidefinida positiva. Verifiquemos que ela não é definida positiva de duas maneiras diferentes.

(1) Colocando $A^{\mathrm{tr}} A$ na forma diagonal. Obtemos a matriz

$$D = \begin{pmatrix} 5 & 0 & 0 \\ 0 & \frac{1}{5} & 0 \\ 0 & 0 & 0 \end{pmatrix}$$

que não é definida positiva, visto que sua diagonal tem um elemento nulo. Por outro lado D é a matriz da mesma forma quadrática Q definida por $M_Q^E = A^{\mathrm{tr}} A$. Portanto a forma Q não é definida positiva e portanto $A^{\mathrm{tr}} A$ não é definida positiva.

(2) Procuramos uma solução não nula do sistema linear $A\mathbf{x} = 0$. Por exemplo $(3, -3, -1)$ é uma tal solução. Tomando $v = (3, -3, -1)$, temos portanto $AM_v^E = 0$ e consequentemente $Q(v) = (AM_v^E)^{\mathrm{tr}} (AM_v^E) = 0$.

A coisa curiosa e matematicamente relevante é que vale uma espécie de vice versa do que vimos antes. Em outras palavras, se A é a matriz de uma forma definida positiva, então existe uma **matriz triangular superior com diagonal positiva** U tal que $A = U^{\mathrm{tr}} U$. Tal decomposição da matriz A se chama **decomposição de Cholesky** de A. Como já é habitual, vamos ver um exemplo.

Exemplo 5.4.2. Consideremos a matriz simétrica

$$A = \begin{pmatrix} 1 & 3 & 1 \\ 3 & 15 & 1 \\ 1 & 1 & 2 \end{pmatrix}$$

Visto que $a_{11} = 1$, o menor principal de tipo 2 vale 6 e o determinante vale 2, deduzimos do criterio de Sylvester que A é definida positiva. Agora vamos tentar fazer a decomposição de Cholesky. Observe que precisamos encontrar uma matriz triangular superior U com diagonal positiva, tal que vale a igualdade $A = U^{\mathrm{tr}} U$. Consideremos

$$U = \begin{pmatrix} a & b & c \\ 0 & d & e \\ 0 & 0 & f \end{pmatrix} \quad \text{e então} \quad U^{\mathrm{tr}} U = \begin{pmatrix} a^2 & ab & ac \\ ab & b^2 + d^2 & bc + de \\ ac & bc + de & c^2 + e^2 + f^2 \end{pmatrix}$$

Igualando a A e tendo em mente a condição de positividade, obtemos as seguintes igualdades: $a = 1$, $b = 3$, $c = 1$, $d = \sqrt{6}$, $e = -\frac{2}{\sqrt{6}}$, $f = \frac{1}{\sqrt{3}}$.

e de fato, se colocamos

$$U = \begin{pmatrix} 1 & 3 & 1 \\ 0 & \sqrt{6} & -\frac{2}{\sqrt{6}} \\ 0 & 0 & \frac{1}{\sqrt{3}} \end{pmatrix}$$

podemos verificar que valem as igualdades

$$A = \begin{pmatrix} 1 & 3 & 1 \\ 3 & 15 & 1 \\ 1 & 1 & 2 \end{pmatrix} = \begin{pmatrix} 1 & 0 & 0 \\ 3 & \sqrt{6} & 0 \\ 1 & -\frac{2}{\sqrt{6}} & \frac{1}{\sqrt{3}} \end{pmatrix} \begin{pmatrix} 1 & 3 & 1 \\ 0 & \sqrt{6} & -\frac{2}{\sqrt{6}} \\ 0 & 0 & \frac{1}{\sqrt{3}} \end{pmatrix} = U^{\mathrm{tr}} U$$

E se a matriz não é definida positiva? Se o leitor teve atenção à discussão anterior, não deverá ter dificuldades em seguir o seguinte raciocínio. Se vale a igualdade $A = U^{\mathrm{tr}} U$ com U triangular superior com diagonal positiva, então A é semidefinida positiva. Além disso U é invertível, então $U^{\mathrm{tr}} U$ é necessariamente definida positiva. A conclusão é que se A não é definida positiva não poderá existir decomposição de Cholesky. Vejamos com um exemplo.

Exemplo 5.4.3. Seja $A = \begin{pmatrix} 1 & 1 \\ 1 & 0 \end{pmatrix}$, tomemos $U = \begin{pmatrix} a & b \\ 0 & c \end{pmatrix}$ e vamos supor que $A = U^{\mathrm{tr}} U$. Fazendo os cálculos obtemos $a^2 = 1$, $ab = 1$, $b^2 + c^2 = 0$, de onde deduzimos as igualdades $a = 1$, $b = 1$ e também $1 + c^2 = 0$ que não tem solução no corpo dos números reais. Um leitor mais informado poderá corretamente observar que o sistema possui solução no corpo dos números complexos. Não fique muito feliz, visto que o corpo complexo não é um corpo ordenado e portanto não é adequado para falar de positividade, como já observamos no início da Seção 5.3.

Para concluir esta seção, vamos ver um pouco de *coisas matemáticas*. A primeira observação é que mesmo se as entradas da matriz definida positiva são racionais, a decomposição de Cholesky pode introduzir raízes de números racionais e portanto, como no exemplo anterior, a decomposição pode ser feita, porém se permitimos entradas reais. Lembremos que nesta seção estávamos trabalhando no conjunto dos números reais portanto, excluímos esse tipo de problema.

A segunda observação é a seguinte. Talvez você se perguntou sobre como encontrar, em geral, a decomposição de Cholesky de uma matriz A definida positiva. Em outras palavras, imagino que alguns leitores queiram ver uma *demonstração* deste fato. Como já dissemos várias vezes, esse é o trabalho do matemático. Se o leitor não possui tal curiosidade pode saltar a parte final da seção. Porém, a essa altura, talvez você deva estar com um pouco de curiosidade!

Então, vamos agora mudar para o *modo matemático* e demonstrar que toda matriz definida positiva A admite decomposição de Cholesky.

Se A é uma matriz definida positiva, então seus menores principais são positivos. Como as transformações elementares não alteram os menores principais (este fato não é obvio), depois de cada operação elementar sobre linhas e colunas encontramos um pivô não nulo. Portanto podemos continuar com as transformações elementares sem trocas de linhas e colunas e chegar a forma diagonal. Assim temos a fórmula $D = P^{\mathrm{tr}} A P$ com D e todos os elementos da diagonal positivos. A matriz P é produto de matrizes triangulares superiores com somente uns na sua diagonal. A inversa também é uma matriz triangular superior com somente uns na diagonal e portanto temos $A = (P^{-1})^{\mathrm{tr}} D P^{-1}$. Observamos que os elementos da diagonal de D são positivos e portanto são quadrados. Se indicamos com $\sqrt{D}$ a matriz diagonal que ha sobre a diagonal as raízes aritméticas dos correspondentes elementos da diagonal de D, obtemos $A = (P^{-1})^{\mathrm{tr}} \sqrt{D}^{\mathrm{tr}} \sqrt{D} P^{-1}$. Tomando $U = \sqrt{D} P^{-1}$ chegamos a conclusão que $A = U^{\mathrm{tr}} U$ e se vê que U possui as propriedades que queremos.

Come vocês podem ver *demonstrar* não é algo fácil e por isso corretamente é deixado a cargo dos matemáticos. É importante porém que o leitor compreenda a necessidade de termos alguém que se ocupe desta tarefa, se não continuaríamos a acumular exemplos, porém nunca teríamos a segurança de poder fazer afirmações gerais.

Exercícios

Exercício 1. Verificar quais das seguintes expressões são formas quadráticas.

(a) $x^2 - 1$
(b) xyz
(c) $x^3 - y^3 + xy - (x-y)^3 - 3xy(x-y) - y^2$

Exercício 2. Para que valores de a a forma quadrática $x^2 - axy - a^2y^2$ é o quadrado de uma forma linear?

Exercício 3. Considere a seguinte matriz simétrica

$$A = \begin{pmatrix} -4 & 2 \\ 2 & 5 \end{pmatrix}$$

(a) Com operações elementares sobre linhas e colunas transformar A em uma matriz diagonal B.
(b) Descrever as novas coordenadas com relação as quais a forma quadrática Q associada à matriz A tem como matriz associada B e verificar sua escolha.
(c) Deduzir que Q não é definida positiva e encontrar dois vetores u, v de $\mathbb{R}^2$ tais que $Q(u) > 0$ e $Q(v) < 0$.
(d) Existem vetores não nulos $u \in \mathbb{R}^2$ tais que $Q(u) = 0$?

Exercício 4. *(Difícil)*
Seja Q a forma quadrática sobre $\mathbb{Z}_2$ definida por

$$M_Q^E = \begin{pmatrix} 0 & 1 \\ 1 & 0 \end{pmatrix}$$

Demonstrar que não existe nenhuma base F de $(\mathbb{Z}_2)^2$ tal que M_Q^F seja diagonal.

Exercício 5. Seja Q a forma quadrática definida por

$$M_Q^E = \begin{pmatrix} 0 & -1 & 4 \\ -1 & 0 & -2 \\ 4 & -2 & 7 \end{pmatrix}$$

sejam $f_1 = (1,1,1)$, $f_2 = (1,0,2)$, $f_3 = (0,2,-1)$ e seja $F = (u_1, u_2, u_3)$.
(a) Verificar que F é base de $\mathbb{R}^3$.
(b) Calcular M_Q^F.

Exercício 6. Considere a seguinte matriz simétrica

$$A = \begin{pmatrix} 8 & -4 & 4 \\ -4 & 6 & 18 \\ 4 & 18 & 102 \end{pmatrix}$$

(a) Dizer se A é definida positiva, semidefinida positiva ou não definida.
(b) Usando as operações elementares sobre linhas e colunas transformar A em uma matriz diagonal B.
(c) Determinar todos os vetores $u \in \mathbb{R}^3$ tais que $Q(u) = 0$.

Exercício 7. Dada a seguinte matriz

$$A = \begin{pmatrix} 1 & 2 & 3 \\ 2 & 4 & 6 \\ 4 & 8 & 12 \end{pmatrix}$$

(a) Colocar na forma canônica a forma quadrática Q associada a $B = A^{\mathrm{tr}} A$, e exibir as matrizes de mudança de base.
(b) É verdade que Q é o quadrado de uma forma linear?

Exercício 8. Consideremos o conjunto S das matrizes simétricas reais de tipo 3, ou, como diriam os matemáticos, considere os conjuntos $S \subset \mathrm{Mat}_3(\mathbb{R})$ das matrizes simétricas.

(a) Quantas e quais são em S as matrizes que estão na forma canônica?
(b) Quantas e quais são em S as matrizes que estão na forma canônica e são semidefinidas positivas?

Exercício 9. Seja $A \in \mathrm{Mat}_n(\mathbb{R})$ uma matriz simétrica real.

(a) É verdade que se A é definida positiva, então $a_{ii} > 0$ per $i = 1, \ldots, n$?
(b) É verdade também o inverso?

Exercício 10. Considere a matriz

$$A = \begin{pmatrix} 1 & 2 \\ 2 & 4 \\ 4 & 0 \end{pmatrix}$$

(a) Fazer a decomposição de Cholesky de $A^{\mathrm{tr}} A$.
(b) É possível fazer a decomposição de Cholesky de AA^{tr}?

ⓐ **Exercício 11.** Colocar na forma canônica a seguinte matriz simétrica

$$A = \begin{pmatrix} 2 & 3 & 4 & 2 & 2 \\ 3 & 1 & 7 & 1 & 6 \\ 4 & 7 & 10 & 4 & 6 \\ 2 & 1 & 4 & 1 & 3 \\ 2 & 6 & 6 & 3 & 3 \end{pmatrix}$$

6

Ortogonalidade e ortonormalidade

dove sta esattamente l'ortocentro?[1]
quale è la dimensione di un orto normale?[2]
(do volume "Le Domande dell'Orticoltore"
de autor anônimo)

Estamos acostumados em pensar que os sistemas de coordenadas ortogonais são os mais interessantes e os mais úteis. Este hábito em geral é adquirido por conta do estudo dos gráficos de funções no plano e no espaço. Porém o mesmo vale no caso de $\mathbb{R}^n$? Neste capítulo tentaremos tanto dar motivações a essas percepções quanto responder essa pergunta.

O ponto de partida é exatamente onde paramos nosso estudo das formas quadráticas positivas definidas no capítulo anterior. Entre as formas quadráticas, existe uma especial e é a que $M_Q^E = I$. O que ela tem de especial? Lembrando o que dissemos no Exemplo 5.1.3 e isto é que para esta fórma quadrática vale a relação $Q(v) = (M_v^E)^{\mathrm{tr}} I M_v^E = v \cdot v = |v|^2$. Portanto ela está relacionada ao conceito de comprimento de um vetor e portanto ao conceito de distância. Porém tem muito mais, na verdade podemos estender bastante esta conexão entre formas quadráticas e produtos escalares. Não entraremos nos meandros de uma teoria um pouco mais sofisticada; é suficiente que o leitor saiba que as formas quadráticas estão intrinsecamente ligadas, através do conceito de *forma polar*, as chamadas *formas bilineares*, dentre as quais se encontra o produto escalar.

Neste capítulo falaremos bastante de ortogonalidade e de projeções ortogonais. Porém visto que trabalharemos nos espaços $\mathbb{R}^n$ vamos precisar de novos instrumentos algébricos. Devemos necessariamente parar em conceitos como o de *dependência linear, posto de uma matriz, subespaços vetoriais* e suas *dimensões*. Trataremos de *matrizes ortogonais e ortonormais* e veremos como

---

[1] onde está exatamente o ortocentro?
[2] qual é a dimensão de uma horta normal? (fazendo uma analogia com orto-normal)

construir matrizes ortonormais a partir de matrizes de posto máximo, obtendo o chamado processo de *ortonormalização de Gram-Schmidt* e a *decomposição QR*. Temos muito trabalho a fazer.

6.1 Uplas ortonormais e matrizes ortonormais

Já vimos na Seção 4.6 que o produto escalar é um instrumento algébrico que nos permite falar de ortogonalidade mesmo em $\mathbb{R}^n$. Suponhamos que temos a nossa disposição uma s-upla de $S = (w_1, w_2, \ldots, w_s)$ de vetores em $\mathbb{R}^n$. Se estivéssemos procurando uma maneira inteligente de armazenar todos os produtos escalares do vetor S, como poderíamos fazer isso? Não é difícil, de fato podemos considerar a matriz M_S^E, e lembrar que as colunas de M_S^E são formadas pelas coordenadas dos vetores de S e que as linhas de $(M_S^E)^{\mathrm{tr}}$ coincidem com as colunas de M_S^E. Portanto, se $w_i = (a_1, a_2, \ldots, a_n)$, $w_j = (b_1, b_2, \ldots, b_n)$, a entrada de índice (i, j) da matriz $(M_S^E)^{\mathrm{tr}} M_S^E$ é precisamente $a_1 b_1 + a_2 b_2 + \cdots + a_n b_n$. Este número nada mais é que o produto escalar $w_i \cdot w_j$. Podemos portanto afirmar que *a entrada de índice (i, j) da matriz $(M_S^E)^{\mathrm{tr}} M_S^E$ é $w_i \cdot w_j$* e podemos dizer também que $(M_S^E)^{\mathrm{tr}} M_S^E$ *é a matriz dos produtos escalares dos vetores de S*.

Uma das primeiras consequência deste fato é que os vetores da s-upla S são dois a dois ortogonais se e somente se $(M_S^E)^{\mathrm{tr}} M_S^E$ é uma matriz diagonal e serão versores dois a dois ortogonais se e somente se $(M_S^E)^{\mathrm{tr}} M_S^E = I_s$. No primeiro caso dizemos que S é uma s-upla **ortogonal** de vetores e que a matriz M_S^E é uma matriz **matriz ortogonal**. No segundo caso dizemos que S é uma s-upla **ortonormal** de vetores e que a matriz M_S^E é uma **matriz ortonormal**. Observe que no segundo caso os vetores, sendo versores, são automaticamente não nulos. Em particular, se S é uma base chamaremos de **base ortogonal** no primeiro caso e de **base ortonormal** no segundo. Vejamos um exemplo.

Exemplo 6.1.1. Sejam $w_1 = (1, 2, 1)$, $w_2 = (1, -1, 1)$ e seja $S = (w_1, w_2)$. Então S é um par ortogonal mas não é ortonormal. De maneira equivalente, a matriz

$$M_S^E = \begin{pmatrix} 1 & 1 \\ 2 & -1 \\ 1 & 1 \end{pmatrix}$$

é uma matriz ortogonal porém não ortonormal. De fato

$$(M_S^E)^{\mathrm{tr}} (M_S^E) = \begin{pmatrix} 1 & 2 & 1 \\ 1 & -1 & 1 \end{pmatrix} \begin{pmatrix} 1 & 1 \\ 2 & -1 \\ 1 & 1 \end{pmatrix} = \begin{pmatrix} 6 & 0 \\ 0 & 3 \end{pmatrix}$$

é uma matriz diagonal mas não identidade.

E chegamos num ponto central. O que caracteriza uma matriz de tipo s M_S^E com S base ortonormal? Como vimos, se $A = M_S^E$ com S base ortonormal, então $A^{\mathrm{tr}} A = I$. Porém sabemos também que A é invertível e portanto obtemos a relação

$$A^{\mathrm{tr}} = A^{-1}$$

Em outras palavras, *sua transposta coincide com a inversa*! Os leitores mais atenciosos deverão ter notado que, tendo à disposição a relação $A^{\mathrm{tr}} A = I$, para concluir que $A^{\mathrm{tr}} = A^{-1}$ basta saber que A é quadrada (veja seção 2.5). A consequência dessa observação é a seguinte

Toda n-upla ortonormal de vetores de $\mathbb{R}^n$ é base de $\mathbb{R}^n$.

Exemplo 6.1.2. Consideremos a seguinte matriz

$$A = \begin{pmatrix} 1 & 0 & 0 \\ 0 & \frac{1}{\sqrt{2}} & -\frac{1}{\sqrt{2}} \\ 0 & \frac{1}{\sqrt{2}} & \frac{1}{\sqrt{2}} \end{pmatrix}$$

Se trata de uma matriz ortonormal, de fato vemos que $A^{\mathrm{tr}} A = I$, ou de maneira equivalente que os três vetores, cujas coordenas em relação à base canônica formam as colunas de A, são versores dois a dois ortogonais. Consequentemente, o trio de vetores cujas coordenadas constituem as colunas de A é a base ortonormal de $\mathbb{R}^3$.

Concluímos a seção com uma observação. No caso das matrizes quadradas ortonormais a operação *muito cara* de calcular a inversa se reduz à operação *muito econômica* de calcular a transposta. Portanto acabamos de revelar uma primeira motivação do porquê das matrizes ortonormais serem consideradas tão importantes.

6.2 Rotações

l'altra luna faccia la rivoluzione
e mostri l'una e l'altra faccia

(do volume "Rotazioni e Rivoluzioni"
de autor anônimo)

Vamos nos concentrar um momento sobre as matrizes ortonormais e tentar classificar as de tipo 2. O que significa classificar os objetos? Não muito diferente dos outros setores, no âmbito matemático isto significa reagrupar os objetos baseando-se em determinadas características. Naturalmente a frase é ainda muito vaga portanto tentaremos continuar com algumas considerações sobre as matrizes ortonormais reais de tipo 2 e em seguida retornaremos sobre o significado da palavra classificar. Matrizes desse tipo podem ser escritas da seguinte maneira

$$O = \begin{pmatrix} a & b \\ c & d \end{pmatrix}$$

com a condição de ortogonalidade

$$ab + cd = 0 \qquad (1)$$

e a de normalidade

$$a^2 + c^2 = 1 \qquad b^2 + d^2 = 1 \qquad (2)$$

Observamos que dois números reais a, c tais que $a^2 + c^2 = 1$ são necessaria-mente o cosseno e o seno de um mesmo ângulo ϑ. Portanto podemos assumir que $a = \cos(\vartheta)$ e $d = \sin(\vartheta)$. A mesma coisa vale para b e d. Portanto pode-mos assumir que $b = \cos(\varphi)$ e $d = \sin(\varphi)$. Por outro lado a ortogonalidade dos dois vetores dada por (1) implica na ortogonalidade dos ângulos ϑ e φ. Assim $\varphi = \vartheta + \frac{\pi}{2}$ ou $\varphi = \vartheta - \frac{\pi}{2}$ e então $\cos(\varphi) = -\sin(\vartheta)$ ou $\cos(\varphi) = \sin(\vartheta)$ e $\sin(\varphi) = \cos(\vartheta)$ ou $\sin(\varphi) = -\cos(\vartheta)$. Em conclusão temos

$$O = \begin{pmatrix} \cos(\vartheta) & -\sin(\vartheta) \\ \sin(\vartheta) & \cos(\vartheta) \end{pmatrix} \qquad \text{ou} \qquad O = \begin{pmatrix} \cos(\vartheta) & \sin(\vartheta) \\ \sin(\vartheta) & -\cos(\vartheta) \end{pmatrix} \qquad (3)$$

Observe que a primeira matriz possui determinante 1, enquanto a segunda possui determinante -1. E assim temos em nossa frente uma *classificação*. De fato temos uma descrição da família das matrizes ortonormais de tipo 2 através de subfamílias. A *etiqueta* que identifica cada membro das duas subfamílias é o valor de ϑ.

Podemos dar um significado geométrico às duas subfamílias? A resposta a esta pergunta é muito simples, porém requer uma consideração preliminar. Vocês lembram qual é o significado do determinante de uma matriz de tipo 2? Tal problema foi estudado em detalhes na Seção 4.4, onde concluímos dizendo que *o determinante de uma matriz é, em valor absoluto, a área do paralelogramo definido pelos dois vetores cujas coordenadas em relação a um sistema cartesiano ortogonal monométrico, são as colunas da matriz*. No nosso caso, tratando-se se dois versores (veja a fórmula (1)), o paralelogramo em questão é um quadrado de lado (1), portanto tem área 1.

Agora vamos refletir um momento sobre essa pequena informação adicional na frase, *em valor absoluto*. O que isso significa? Lembremos que se trocamos as colunas de uma matriz quadrada, o determinante muda de sinal (veja re-gra (a) da Seção 4.6). Portanto não podemos desejar que o determinante seja sempre uma área. Na verdade o determinante *contém uma informação a mais*. Seu valor absoluto é a área, o sinal depende do sentido em que pensamos no ângulo formado pelos dois vetores correspondentes às colunas. Se o sentido é anti-horário, o sinal é positivo, se é horário, o sinal é negativo. Por quê? Descre-vendo as matrizes através de fórmulas (3), como fizemos antes, vamos tentar esclarecer esta regra dos sinais. Se o vetor correspondentes à primeira coluna é

$(\cos(\vartheta), \sin(\vartheta))$, o vetor $(-\sin(\vartheta), \cos(\vartheta))$ coincide com $(\cos(\vartheta + \frac{\pi}{2}), \sin(\vartheta + \frac{\pi}{2}))$, enquanto o vetor $(\sin(\vartheta), -\cos(\vartheta))$ coincide com $(\cos(\vartheta - \frac{\pi}{2}), \sin(\vartheta - \frac{\pi}{2}))$. Visto que os ângulos se somam convencionalmente no sentido anti-horário, a conclusão anterior é clara.

Depois de todas as considerações seria interessante que o leitor tenha entendido bem o porquê desta seção ter sido chamada de *rotações*.

6.3 Subespaços, independência linear, posto, dimensão

Se é verdade que as bases ortonormais são tão importante, como comentamos nas seções anteriores, então com certeza vale a pena procurá-las e possivelmente construí-las. Antes de enfrentar este novo desafio é bom nos equiparmos um pouco com mais algumas ferramentas matemáticas.

Lembremos que $F = (f_1, \ldots, f_n)$ é uma base de $\mathbb{R}^n$ se e somente se M_F^E é invertível. Lembremos também que ser base significa substancialmente duas coisas: ser uma n-upla de vetores tal que cada vetor de $\mathbb{R}^n$ se escreve como uma combinação linear desta n-upla e além disso tem a propriedade que o modo de escrever cada vetor de $\mathbb{R}^n$ como uma combinação linear da n-upla de vetores é única.

Suponhamos agora que temos uma s-upla de vetores $G = (g_1, \ldots, g_s)$ com $s < n$. Já sabemos que G não pode ser base de $\mathbb{R}^n$, pois em G não existem vetores suficientes. Mas não poderia ser base de um espaço menor? Aqui nasce a boa idéia, ou seja a de considerar o *espaço $V(G)$ formado por todos os vetores que são combinações lineares de $g_1, \ldots, g_s$*. Os matemáticos o chamam de **subespaço vetorial gerado por G**, enquanto $\mathbb{R}^n$ é chamado **espaço vetorial das n-uplas de números reais**. Se além disso é verdade que cada vetor de $V(G)$ é escrito como combinação linear de vetores de G de maneira única, então se diz que G é uma s-upla de **vetores linearmente independentes** ou que G **é base de $V(G)$**. Se além disso G é uma s-upla ortogonal (ortonormal), diremos que G é **base ortogonal (ortonormal) de $V(G)$**. Vamos tentar nos familiarizar com a nova terminologia estudando um exemplo de natureza geométrica.

Exemplo 6.3.1. Sejam $g_1 = (1, 1, 1)$, $g_2 = (-1, 2, 0)$, $g_3 = (1, 4, 2)$ três vetores em $\mathbb{R}^3$ e seja $G = (g_1, g_2, g_3)$. Consideremos a matriz M_G^E e o sistema linear homogêneo associado a ela

$$\begin{cases} x_1 - x_2 + x_3 = 0 \\ x_1 + 2x_2 + 4x_3 = 0 \\ x_1 \qquad + 2x_3 = 0 \end{cases}$$

Se resolvemos o sistema, encontramos infinitas soluções entre as quais por exemplo $(2, 1, -1)$, o que significa que as colunas de M_G^E são *linearmente dependentes* ou, de maneira equivalente, que os três vetores de G são linearmente dependentes. De fato a solução em questão induz à relação $2g_1 + g_2 - g_3 = 0$ e observamos que o vetor nulo, que certamente pode ser escrito como $0\,g_1 + 0\,g_2 + 0\,g_3$, pode ser escrito como combinação linear dos vetores de G de diferentes maneiras.

Consideremos o espaço $V(G)$ de todas as combinações lineares de vetores de G. A relação $2g_1 + g_2 - g_3 = 0$ também pode ser lida como $g_3 = 2g_1 + g_2$. Portanto o vetor g_3 é combinação linear de g_1, g_2 e portanto se chamamos G' o par (g_1, g_2), temos que $V(G) = V(G')$. Resolvendo o sistema linear homogêneo associado a $M_{G'}^E$, vemos que ele possui somente a solução nula e portanto os vetores de G' são linearmente independentes e desse modo G' é base do subespaço vetorial $V(G) = V(G')$.

Suponhamos que temos um sistema de coordenadas cartesianas no espaço e interpretamos g_1, g_2, g_3, como vetores (ou pontos) da maneira descrita na Seção 4.2. Geometricamente falando, podemos portanto afirmar que os dois vetores não paralelos g_1, g_2 juntos com a origem O constituem um sistema de coordenadas $\Sigma(O; g_1, g_2)$ sobre π.

Estudando exemplos como o anterior, os matemáticos perceberam que o que acontece em casos como aquele não é um fenômeno isolado. Mais precisamente, demonstraram que para poder certificar o fato que G é uma r-upla de vetores linearmente independentes, é suficiente escrever de maneira única o vetor nulo, o qual certamente se escreve $0\,g_1 + 0\,g_2 + \cdots + 0\,g_s$. Portanto se consideramos a matriz M_G^E e o sistema linear homogêneo associado a ela $M_G^E\,\mathbf{x} = 0$, dizer que G é formada por vetores linearmente independentes é como dizer que o tal sistema possui somente a solução nula. Este fato pode ser expresso também dizendo que *as colunas da matriz M_G^E são linearmente independentes*.

Dado portanto uma s-upla qualquer de vetores, podemos nos perguntar qual é o máximo número de vetores da s-upla que sejam linearmente independentes. Paralelamente, dada uma matriz qualquer, podemos nos perguntar qual é o número máximo de colunas linearmente independentes.

Os matemáticos são às vezes chatos, mas sem sombra de dúvidas são muitas vezes observadores agudos e souberam fornecer uma interessante e completa resposta à essa pergunta. Provaram os seguintes fatos:

(1) **O número máximo de colunas linearmente independentes de uma matriz coincide com o número máximo de linhas linearmente independentes.**

(2) **Tal número coincide com tipo máximo de uma submatriz quadrada com determinante não nulo.**

(3) **Tal número não muda se multiplicamos a matriz por uma matriz invertível.**

Lembrando o que dissemos na Seção 5.3, ou seja que chamamos de menor de tipo (ou ordem) r o determinante de uma submatriz de tipo r, a regra 2 se pode reescrever assim.

(2') Tal número coincide com o máximo tipo (ou ordem) dos menores não nulos.

Se entende a importância de tal número e portanto ele merece um nome: se chamará **posto** ou **característica** de A e se indicaremos com $\mathrm{rk}(A)$. Vejamos um simples exemplo.

Exemplo 6.3.2. Consideremos a matriz

$$A = \begin{pmatrix} 1 & 2 & 3 \\ -1 & 1 & 0 \\ -1 & 5 & 4 \end{pmatrix}$$

Visto que a terceira coluna é a soma das duas primeiras, os três vetores coluna não são independentes. Outro modo de ver este fato é observando que $\det(A) = 0$. Dado que a submatriz formada pelas duas primeiras linhas e duas primeiras colunas tem determinante não zero, podemos concluir que $\mathrm{rk}(A) = 2$ e portanto que o máximo número de colunas (e de linhas) de A que são linearmente independentes é precisamente 2.

É claro das propriedades enunciadas anteriormente que $\mathrm{rk}(A)$ não pode superar nem o número de linhas nem o número de colunas de A. Sinteticamente podemos fazer a seguinte afirmação.

O posto máximo de uma matriz A é o mínimo entre seu número de linhas e seu número de colunas.

Uma matriz que possui como posto o mínimo entre o número de linhas e o número de colunas será chamada de **matriz de posto máximo**. Em particular, a matriz do exemplo anterior não é de posto máximo, enquanto que a matriz $\begin{pmatrix} 1 & 0 & 2 \\ 0 & 0 & 1 \end{pmatrix}$ é.

Na Seção 4.8 vimos que todas as bases de $\mathbb{R}^n$ possuem n vetores. Ao número n é muito apropriado dar o nome de **dimensão de** $\mathbb{R}^n$, visto que os casos $n = 1$, $n = 2$, $n = 3$ correspondem a idéia intuitiva que temos de dimensão. Como se estende este conceito aos subespaços vetoriais? No exemplo anterior vimos que o espaço $V(G)$ é um plano e portanto seria lógico atribuir-lhe dimensão 2. Não por acaso o número de vetores de sua base é mesmo 2. Digo não casualmente porque pode-se demonstrar que não somente todas as bases de $\mathbb{R}^n$ tem o mesmo número n de elementos, mas também todos os subespaços vetoriais V de $\mathbb{R}^n$ (e em geral de K^n) possuem a mesma propriedade, ou seja todas as suas bases possuem o mesmo número de elementos. Tal número é naturalmente chamado de **dimensão de V** e denotado por $\dim(V)$. Visto que o posto de cada matriz $A \in \mathrm{Mat}_{r,c}(\mathbb{R})$ coincide com o número máximo de colunas linearmente independentes de A, podemos deduzir os seguintes fatos.

(1) A dimensão do subespaço V de $\mathbb{R}^n$ gerado pelas colunas de A coincide com $rk(A)$.

(2) Uma base de V se obtém extraindo o máximo número de colunas linearmente independentes de A.

Esclareceremos estes conceitos com outro exemplo.

Exemplo 6.3.3. Dados os seguintes vetores em $\mathbb{R}^5$.

$g_1 = (1,0,1,0,1)$, $g_2 = (-1,-2,-3,1,1)$, $g_3 = (5,8,13,-4,-3)$,
$g_4 = (8,14,6,1,-8)$, $g_5 = (-17,-42,-11,-3,31)$.

Seja $G = (g_1, g_2, g_3, g_4, g_5)$ e consideremos o subespaço vetorial $V(G)$ de $\mathbb{R}^5$. Observamos que M_G^E é uma matriz quadrada de tipo 5. De fato temos

$$M_G^E = \begin{pmatrix} 1 & -1 & 5 & 8 & -17 \\ 0 & -2 & 8 & 14 & -42 \\ 1 & -3 & 13 & 6 & -11 \\ 0 & 1 & -4 & 1 & -3 \\ 1 & 1 & -3 & -8 & 31 \end{pmatrix}$$

Se fizermos algumas operações elementares sobre as linhas seguindo a estratégia da redução gaussiana, obtemos a matriz

$$A = \begin{pmatrix} 1 & -1 & 5 & 8 & -17 \\ 0 & -2 & 8 & 14 & -42 \\ 0 & 0 & 0 & -16 & 48 \\ 0 & 0 & 0 & 0 & 0 \\ 0 & 0 & 0 & 0 & 0 \end{pmatrix}$$

Como A possui duas linhas nulas, seu posto não pode ser maior que três. Por outro lado observamos que a submatriz formada pelas três primeiras linhas e pela primeira, segunda e quarta colunas de A é triangular superior com determinante diferente de zero. Utilizando as regras (1), (2), (3) para posto de matrizes, concluímos que $rk(A) = 3$, que $rk(A) = rk(M_G^E)$ e portanto que $\dim(V(G)) = 3$. Observamos por fim que (g_1, g_2, g_4) é base de $V(G)$ enquanto que por exemplo (g_1, g_2, g_3) não é, visto que os três vetores são linearmente dependentes.

Concluímos a seção com uma discussão sobre algo que os matemáticos, com razão, acham que é muito importante. Precisamente, veremos uma classe de subespaços vetoriais, que voltaremos a falar na Seção 8.2 quando consideraremos os autoespaços. O ponto essencial da discussão é que *espaços de soluções de sistemas lineares homogêneos* são subespaços vetoriais. Vejamos.

Dado um corpo numérico K (por exemplo $\mathbb{R}$), um sistema linear homogêneo com n incógnitas e coeficientes em K. Consideremos o conjunto V das soluções do sistema com coordenadas em K. São verdadeiros os seguintes fatos.

(1) O conjunto V é um subespaço vetorial de K^n.

(2) Depois que fizermos a redução gaussiana, atribuímos os valores i $(1, 0, \ldots, 0)$, $(0, 1, \ldots, 0)$, $\ldots$, $(0, 0, \ldots, 1)$ às variáveis livres. As soluções obtidas formam uma base de V.

Vamos esclareces estes conceitos com um exemplo.

Exemplo 6.3.4. Consideremos o seguinte sistema linear homogêneo S a coeficientes reais

$$\begin{cases} x_1 - x_2 + 2x_3 - x_4 = 0 \\ x_1 - x_2 + 3x_3 - 4x_4 = 0 \end{cases}$$

Com duas etapas de redução obtemos o seguinte sistema equivalente

$$\begin{cases} x_1 - x_2 + 5x_4 = 0 \\ x_3 - 3x_4 = 0 \end{cases}$$

Considerando livres as variáveis x_2, x_4, a solução geral em $\mathbb{R}^4$ de S é portanto $(a - 5b, \ a, \ 3b, \ b)$ ao variar de $a, b \in \mathbb{R}$. Tomando $a = 1$, $b = 0$, obtemos o vetor $u_1 = (1, 1, 0, 0)$. Tomando $a = 0$, $b = 1$, obtemos o vetor $u_2 = (-5, 0, 3, 1)$.

Baseando-se nas propriedades (1) e (2), podemos concluir que o conjunto V das soluções reais do sistema linear homogêneo S é um subespaço vetorial de $\mathbb{R}^4$ e que uma sua base é (u_1, u_2).

6.4 Bases ortonormais e Gram-Schmidt

Quando utilizamos os sistemas de coordenadas no plano, preferimos os definidos por um par de vetores não nulos ortogonais e de mesmo comprimento, ou seja os sistemas de coordenadas que chamamos de ortogonais e monomêtricos. Porém se temos um sistema de coordenadas qualquer, podemos construir outro com tais características? Observamos a figura seguinte.

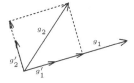

Se iniciamos com (g_1, g_2) e temos a nossa disposição unidades de medida, podemos considerar um versor g_1' di g_1 e em seguida decompor g_2 como soma de dois vetores, um paralelo a g_1 e um ortogonal a g_1. Se g_2' é um versor na direção ortogonal a g_1, podemos ver que (g_1', g_2') são versores ortogonais e portanto, junto com a origem, eles definem um sistema de coordenadas ortogonais e monomêtrico. Podemos ter alguma esperança que essa discussão se generaliza a $\mathbb{R}^n$? Esperança podemos ter sempre; por sorte que neste caso a esperança se transforma em realidade. Vejamos como.

Iniciaremos de uma interessante consideração. Seja $G = (g_1, \ldots, g_s)$ uma s-upla de vetores de $\mathbb{R}^n$ linearmente independentes ortonormal, ou seja base ortonormal de $V(G)$ e considere um vetor $v \in V(G)$. Sabemos que $v = GM_v^G = a_1 g_1 + \cdots a_s g_s$, porém por outro lado se considerarmos os produtos escalares $v \cdot g_i$ e utilizarmos a ortonormalidade de G, obtemos também as relações $v \cdot g_i = (a_1 g_1 + \cdots a_s g_s) \cdot g_i = a_i$. Portanto

$$v = (v \cdot g_1)g_1 + \cdots (v \cdot g_s)g_s \quad \text{ou seja} \quad M_v^G = (v \cdot g_1 \ \cdots \ v \cdot g_s)^{\mathrm{tr}} \quad (*)$$

Vejamos um exemplo.

Exemplo 6.4.1. Considere o par de vetores $G = (g_1, g_2)$ do espaço $\mathbb{R}^4$, onde $g_1 = (1, 1, 0, -1)$, $g_2 = (-1, 0, 0, -1)$. Temos $g_1 \cdot g_2 = 0$, portanto os vetores são ortogonais. Se consideramos seus versores, obtemos um par ortonormal e portanto uma base ortonormal de $V(G)$. Tomando $g_1' = \text{vers}(g_1) = \frac{1}{\sqrt{3}}(1, 1, 0, -1) = (\frac{1}{\sqrt{3}}, \frac{1}{\sqrt{3}}, 0, -\frac{1}{\sqrt{3}})$ e $g_2' = \text{vers}(g_2) = \frac{1}{\sqrt{2}}(-1, 0, 0, -1) = (-\frac{1}{\sqrt{2}}, 0, 0, -\frac{1}{\sqrt{2}})$, se vê que $G' = (g_1', g_2')$ é uma base ortonormal de $V(G) = V(G')$.

Agora vamos tomar em consideração o vetor $v = g_1 + 2g_2 = (-1, 1, 0, -3)$ de $V(G)$. Dado que $v \cdot g_1' = \sqrt{3}$, $v \cdot g_2' = 2\sqrt{2}$, temos $(v \cdot g_1')g_1' + (v \cdot g_2')g_2' = \sqrt{3}(\frac{1}{\sqrt{3}}, \frac{1}{\sqrt{3}}, 0, -\frac{1}{\sqrt{3}}) + 2\sqrt{2}(-\frac{1}{\sqrt{2}}, 0, 0, -\frac{1}{\sqrt{2}}) = (1, 1, 0, -1) + (-2, 0, 0, -2) = (-1, 1, 0, -3) = v$, como previsto da fórmula $(*)$.

Se o leitor foi atencioso, deve concordar que a fórmula $(*)$ não precisa a princípio ter a informação que os vetores são linearmente independentes, pois a ortonormalidade implica independência.

Toda s-upla ortonormal é formada necessariamente por vetores linearmente independentes e consequentemente $s \le n$.

Naturalmente a fórmula $(*)$ vale para os vetores de $V(G)$, mas agora vem a pergunta que estimula as boas idéias. Suponhamos que a s-upla G seja ortonormal. O que acontece se a um vetor qualquer v de $\mathbb{R}^n$ associamos um outro obtido através da combinação linear $(v \cdot g_1)g_1 + \cdots (v \cdot g_s)g_s$? Para começar vamos dar um nome a tal vetor: o chamaremos $p_{V(G)}(v)$. Assim podemos dizer que, para cada $v \in \mathbb{R}^n$, temos

$$p_{V(G)}(v) = (v \cdot g_1)g_1 + (v \cdot g_2)g_2 + \cdots + (v \cdot g_s)g_s$$

Se G é uma s-upla ortogonal de vetores linearmente independentes então não é difícil ver que, para cada $v \in \mathbb{R}^n$, o vetor $p_{V(G)}(v)$ é obtido da seguinte maneira

$$p_{V(G)}(v) = \frac{1}{|g_1|^2}(v \cdot g_1)g_1 + \frac{1}{|g_2|^2}(v \cdot g_2)g_2 + \cdots + \frac{1}{|g_s|^2}(v \cdot g_s)g_s$$

Dada a importância do vetor $p_{V(G)}(v)$ o chamaremos **projeção ortogonal de v sobre $V(G)$**. Porque é importante? Os matemáticos demonstraram que tomando $w = v - p_{V(G)}(v)$ temos que $w \cdot g_i = 0$ para cada $i = 1, \ldots, s$ e portanto w é ortogonal a todos os vetores de $V(G)$. Demonstraram também que o vetor $p_{V(G)}(v)$ é, entre todos os vetores de $V(G)$ o **único que possui distância mínima de v**. Uma consequência importantíssima deste fato é que o vetor $p_{V(G)}(v)$ não depende de G, e pode ser calculado utilizando no lugar de G uma base ortonormal qualquer de $V(G)$. Em conclusão, através da construção de $p_{V(G)}(v)$ realizamos a generalização das considerações geométricas feitas utilizando a figura no início da seção.

Se entre os leitores tivermos algum curioso para saber como são demonstradas as duas afirmações anteriores, vamos tentar satisfazê-lo.

Chamaremos por brevidade $u = p_{V(G)}(v)$ e provaremos que

$$v - u \text{ é ortogonal a todos os vetores de } V(G) \tag{1}$$

Pela linearidade do produto escalar basta provar que

$$(v - u) \cdot g_i = 0 \text{ para cada } i = 1, \ldots, s \tag{2}$$

E de fato $(v-u) \cdot g_i = v \cdot g_i - \sum_{j=1}^{s} (v \cdot g_j)(g_j \cdot g_i)$. Na soma, as parcelas são todas nulas exceto a i-ésima que vale $v \cdot g_i$ e provamos a (2) portanto a (1) também está provada. Como primeira consequeência temos que

$$\text{se } u' \in V(G) \text{ então } v \cdot u' = u \cdot u' \tag{3}$$

De fato temos $v = (v - u) + u$ e a conclusão segue da linearidade do produto escalar e da (1). Em particular temos

$$v \cdot u = |u|^2 \tag{4}$$

Agora queremos provar nossa tese, isto é que se $u' \in V(G)$ então

$$|v - u|^2 \leq |v - u'|^2 \text{ e vale } < \text{ se } u' \neq u$$

Vejamos como se faz. Provar que $|v - u|^2 \leq |v - u'|^2$ é como provar que

$$|v|^2 - 2\, v \cdot u + |u|^2 \leq |v|^2 - 2\, v \cdot u' + |u'|^2 \tag{5}$$

Utilizando a (3) e a (4) somos levados a provar que

$$-2|u|^2 + |u|^2 \leq -2\, u \cdot u' + |u'|^2 \tag{6}$$

ou seja

$$0 \leq |u|^2 - 2\, u \cdot u' + |u'|^2 = |u - u'|^2 \tag{7}$$

A (7) é verdade e além disso é verdade que $0 < |u - u'|^2$ se $u' \neq u$. A demonstração está portanto terminada.

Vejamos um exemplo explícito.

Exemplo 6.4.2. Dados $g_1 = (1, -1, 0)$, $g_2 = (1, 1, 1)$. Os dois vetores são ortogonais, porém não são versores. Então se $G = (g_1, g_2)$, temos que G é base ortogonal de $V(G)$. Seja agora $v = (2, 1, -7)$ e calculemos a projeção ortogonal de v sobre V. Obtemos

$$p_{V(G)}(v) = \frac{1}{|g_1|^2}(v \cdot g_1)g_1 + \frac{1}{|g_2|^2}(v \cdot g_2)g_2 = \frac{1}{2}(1, -1, 0) + \frac{1}{3}(-4)(1, 1, 1)$$
$$= (\tfrac{1}{2}, -\tfrac{1}{2}, 0) - \tfrac{4}{3}(1, 1, 1) = (-\tfrac{5}{6}, -\tfrac{11}{6}, -\tfrac{4}{3})$$

Neste ponto estamos prontos para introduzir um procedimento que, partindo de uma s-upla G de vetores linearmente independentes, fornecem uma base ortonormal de $V(G)$. Este procedimento se chama **ortonormalização de Gram-Schmidt**.

Iniciamos portanto como uma s-upla $G = (g_1, \ldots, g_s)$ de vetores linearmente independentes. O vetor g_1 é não nulo e portanto podemos considerar o vetor

$$g_1' = \text{vers}(g_1)$$

e o vetor

$$g_2' = \text{vers}\left(g_2 - p_{V(g_1')}(g_2)\right) = \text{vers}\left(g_2 - (g_2 \cdot g_1')g_1'\right)$$

Se verifica que $g_1' \cdot g_2' = 0$. Além disso g_1', g_2' são dois versores e, pela maneira como eles foram construídos, temos $V(g_1, g_2) = V(g_1', g_2')$. Podemos continuar assim até o último vetor, quando consideramos

$$g_s' = \text{vers}\left(g_s - p_{V(g_1', \ldots, g_{s-1}')}(g_s)\right) = \text{vers}\left(g_s - (g_s \cdot g_1')g_1' - \cdots - (g_s \cdot g_{s-1}')g_{s-1}'\right)$$

Dessa maneira obtemos uma nova base $G' = (g_1', \ldots, g_s')$ de $V(G)$, que é ortonormal por construção. Vejamos um exemplo.

Exemplo 6.4.3. Seja $G = (g_1, g_2)$ onde $g_1 = (1, 1, 0)$, $g_2 = (1, 2, 1)$. Os dois vetores são linearmente independentes e portanto formam uma base de $V(G)$. Porém certamente não se trata de uma base ortonormal. Aplicamos o procedimento de Gram-Schmidt. Construímos o vetor

$$g_1' = \text{vers}(g_1) = \frac{1}{\sqrt{2}}(1, 1, 0) = (\frac{\sqrt{2}}{2}, \frac{\sqrt{2}}{2}, 0)$$

Agora construímos o vetor

$$g_2 - (g_2 \cdot g_1')g_1' = (1, 2, 1) - \frac{1}{\sqrt{2}} 3 \frac{1}{\sqrt{2}}(1, 1, 0) = (1, 2, 1) - \frac{3}{2}(1, 1, 0) = (-\frac{1}{2}, \frac{1}{2}, 1)$$

e seu versor $g_2' = \frac{\sqrt{6}}{3}(-\frac{1}{2}, \frac{1}{2}, 1) = (-\frac{\sqrt{6}}{6}, \frac{\sqrt{6}}{6}, \frac{\sqrt{6}}{3})$. O par $G' = (g_1', g_2')$ é base ortonormal de $V(G)$.

6.5 Decomposição QR

O procedimento de ortonormalização descrito na seção anterior tem uma consequência importante mesmo do ponto de vista das matrizes que estávamos falando. De fato consideremos a matriz $M = M_G^E$ que pela hipótese feita sobre G, ou seja que é uma s-upla de vetores linearmente independentes, possui posto s. Consideremos também a matriz $Q = M_{G'}^E$ e observemos que se trata de uma matriz ortonormal por construção. Em que relação estão M e Q? Já sabemos que $M = M_G^E$, $Q = M_{G'}^E$ e portanto $M = Q\, M_G^{G'}$.

Se olhamos para a fórmula $g'_s = \text{vers}\left(g_s - (g_s \cdot g'_1)g'_1 - \cdots - (g_s \cdot g'_{s-1})g'_{s-1}\right)$, vemos que cada vetor de G' é uma combinação linear de vetores com índice menor ou igual. Por exemplo $g'_2 = \text{vers}\left(g_2 - (g_2 \cdot g'_1)g_1\right)$ é combinação de g_2 e di g_1. Basta pensar um pouco e se entende imediatamente que a consequência desta observação é a que a matriz $M_{G'}^G$ é triangular superior. Além disso sobre a diagonal existem inversos de módulos de vetores não nulos e portanto números positivos. A matriz $M_G^{G'}$, que é inversa de $M_{G'}^G$, possui as mesmas propriedades (veja a fórmula (1) da Seção 3.5). Em conclusão, tomando $R = M_G^{G'}$, podemos dizer que a matriz M pode ser colocada na forma

$$M = QR$$

que, na verdade, é conhecida como **decomposição QR** ou **forma QR**, que nada mais é que o aspecto matricial do processo Gram-Schmidt. Chegamos à seguinte proposição.

Toda matriz M de tipo (n, s) e posto s pode ser escrita como QR, com Q ortonormal e R triangular superior com diagonal positiva.

Não vamos nos agitar pensando que devemos calcular uma inversa. De fato é a inversa de uma matriz triangular e, esta operação é particularmente fácil, como resulta das considerações feitas na Seção 3.3, e como podemos ver no seguinte exemplo.

Exemplo 6.5.1. Retomemos o Exemplo 6.4.3. Iniciamos com a matriz

$$M = \begin{pmatrix} 1 & 1 \\ 1 & 2 \\ 0 & 1 \end{pmatrix}$$

Lembrando que $g'_1 = \frac{1}{\sqrt{2}}g_1$ e portanto $g_1 = \sqrt{2}g'_1$. Além disso $g'_2 = \frac{\sqrt{6}}{3}\left(g_2 - \frac{3\sqrt{2}}{2}g'_1\right)$ e então $g_2 = \frac{3\sqrt{2}}{2}g'_1 + \frac{\sqrt{6}}{2}g'_2$. Em conclusão temos $M = QR$, onde

$$Q = \begin{pmatrix} \frac{\sqrt{2}}{2} & -\frac{\sqrt{6}}{6} \\ \frac{\sqrt{2}}{2} & \frac{\sqrt{6}}{6} \\ 0 & \frac{\sqrt{6}}{3} \end{pmatrix} \qquad R = \begin{pmatrix} \sqrt{2} & \frac{3\sqrt{2}}{2} \\ 0 & \frac{\sqrt{6}}{2} \end{pmatrix}$$

O método acima não é o único que nos permite chegar à decomposição QR. Dada a importância do resultado, os matemáticos procuraram encontrar outras estradas para chegar a tal decomposição. Para concluir dignamente à seção, veremos um inesperado método alternativo de decomposição QR, que utiliza a decomposição de Cholesky.

Recomeçamos então, como antes, de uma s-upla $G = (g_1, \ldots, g_s)$ de vetores linearmente independentes e consideremos a matriz $A = M_G^E$. Já sabemos que $A^{\mathrm{tr}}A$ é semidefinida positiva e agora vamos ver que ela é, de fato, definida positiva. Lembrando que é suficiente verificar que $AM_v^E = 0$ implica $M_v^E = 0$, o que equivale exatamente ao fato que os vetores de G são linearmente independentes. Então verificamos que $A^{\mathrm{tr}}A$ é definida positiva e portanto podemos fazer uma decomposição de Cholesky. Obtemos assim

$$A^{\mathrm{tr}}A = U^{\mathrm{tr}}U$$

com U triangular superior com diagonal positiva. Se tomamos $V = U^{-1}$, temos que V é também triangular superior com diagonal positiva (veja Seção 3.5 e se obtém

$$V^{\mathrm{tr}}A^{\mathrm{tr}}\,AV = I$$

Tomando $Q = AV$, a fórmula anterior diz que $Q^{\mathrm{tr}}Q = I$ e portanto Q é ortonormal. Assim

$$A = QU$$

é a decomposição que procurávamos.

Exercícios

Exercício 1. Dada a seguinte matriz

$$A = \begin{pmatrix} 1 & 2 & 3 \\ 4 & 5 & 6 \\ 7 & 8 & 9 \end{pmatrix}$$

(a) Calcular o posto de A de duas maneiras diferentes: como número máximo de linhas linearmente independentes e como número máximo de colunas linearmente independentes.

(b) Calcular $B = A^T A$ e dizer se é possível fazer a decomposição de Cholesky da matriz B.

Exercício 2. Considere o conjunto S das matrizes obtidas através da permutação das colunas da matriz identidade I_3 de todas as maneiras possíveis.

(a) Quantas são as matrizes em S? (possíveis respostas: 12, 3, 6, 4)

(b) São todas ortogonais?

(c) O produto de duas matrizes em S ainda está em S?

Exercício 3. Seja G o par de vetores $((1, 1, 0), (-1, 1, 1))$ de $\mathbb{R}^3$ e chamamos $V = V(G)$ o espaço gerado por eles.

(a) Verificar se G é ou não uma base ortonormal de V.

(b) Determinar todos os vetores de $\mathbb{R}^3$ que possuem sobre V a mesma projeção ortogonal de $(1, 1, 1)$.

(c) Seja $A = M_G^E$, determinar a forma QR de A.

Exercício 4. Considere o conjunto E de todas as matrizes ortonormais em $\mathrm{Mat}_3(\mathbb{R})$ que possuem primeira coluna $(0\ 1\ 0)^{\mathrm{tr}}$.

(a) Descrever três matrizes distintas em E.

(b) Existem matrizes simétricas em E?

(c) Existem em E matrizes com determinante 1?

Exercício 5. Considere os vetores $v_1 = (1, 0, 3)$, $v_2 = (2, 1, 0)$, $v_3 = (3, 1, 3)$, $v = (3, 3, 3)$ em $\mathbb{R}^3$ e seja $G = (v_1, v_2, v_3)$.

(a) Determinar $p_{V(G)}(v)$, a projeção de v sobre $V(G)$.

(b) Determinar um vetor $u \in \mathbb{R}^3$, $u \neq v$ tal que $p_{V(G)}(v) = p_{V(G)}(u)$.

(c) A diferença $u - v$ é ortogonal ao vetor $(1, 1, -3)$?

Exercício 6. Dados os vetores $e_1 = (1,0,0)$, $e_3 = (0,0,1)$, $u_a = (1,a,2)$ em $\mathbb{R}^3$. Para que valores de $a \in \mathbb{R}$ as projeções ortogonais de e_1 e di e_3 sobre $V(u_a)$ coincidem.

Exercício 7. Vimos neste capítulo que se $g_1, \ldots, g_s \in \mathbb{R}^n$ são tais que $G = (g_1, \ldots, g_s)$ é uma base ortonormal de $V(G)$ e se $v \in \mathbb{R}^n$, então a projeção ortogonal do vetor v sobre $V(G)$ é dada pela fórmula $p_{V(G)}(v) = (v \cdot g_1)g_1 + (v \cdot g_2)g_2 + \cdots + (v \cdot g_s)g_s$. Provar que se G é uma base ortogonal de $V(G)$ então temos

$$p_{V(G)}(v) = \frac{1}{|g_2|^2}(v \cdot g_1)g_1 + \frac{1}{|g_2|^2}(v \cdot g_2)g_2 + \cdots + \frac{1}{|g_s|^2}(v \cdot g_s)g_s$$

Exercício 8. Sejam n, r números naturais. Se I é a matriz identidade de tipo n, seja $Q \in \text{Mat}_{n,r}(\mathbb{R})$ uma matriz ortonormal e seja $A = I - 2QQ^{\text{tr}}$. Provar os seguintes fatos.

(a) A matriz A é simétrica.
(b) A matriz A é ortogonal.
(c) Vale a igualdade $A^2 = I$.

Exercício 9. Considerar as três propriedades do exercício anterior e provar que cada duas propriedades anteriores implicam a terceira.

Exercício 10. Fazer a decomposição QR da seguinte matriz

$$A = \begin{pmatrix} 2 & 3 & 4 & 2 & 2 \\ 0 & 1 & 7 & 1 & 6 \\ 0 & 0 & 10 & 4 & 6 \\ 0 & 0 & 0 & 1 & 3 \\ 0 & 0 & 0 & 0 & 3 \end{pmatrix}$$

Exercício 11. Dado o seguinte sistema linear homogêneo com coeficientes em $\mathbb{R}$

$$\begin{cases} x_1 - x_2 + x_3 - 4x_4 - 4x_5 = 0 \\ x_1 - 5x_2 + x_3 - 14x_4 - 11x_5 = 0 \end{cases}$$

e seja V o subespaço vetorial de $\mathbb{R}^5$ de soluções.

(a) Calcular uma base de V.
(b) Calcular a dimensão de V.

@ **Exercício 12.** Dado o seguinte sistema linear homogêneo a coeficientes em $\mathbb{R}$

$$\begin{cases} 3x_1 - x_2 + x_3 - 4x_4 - 4x_5 = 0 \\ 2x_1 - 5x_2 + 2x_3 - 14x_4 - 11x_5 = 0 \\ -5x_1 + 3x_2 + x_3 - 7x_4 + 8x_5 = 0 \end{cases}$$

e seja V o subespaço vetorial de $\mathbb{R}^5$ das soluções.

(a) Calcular uma base de V.
(b) Calcular a dimensão de V.

7

Projetores, pseudoinversa, mínimos quadrados

Um agricultor diria que nos estamos aproximando da época da colheita, para não desiludi-lo, nessa seção iniciaremos a colher alguns frutos gerados pelo trabalho feito nas seções anteriores. Em particular, descobriremos como resolver, de várias maneiras, um problema muito importante que leva o nome de *problema dos mínimos quadrados*. Porém, antes temos que nos equipar com alguns instrumentos importantes tais como as *transformações lineares*.

Em matemática, descobrimos muito cedo que ao lado da idéia dos *objetos lineares* é fundamental termos as transformações lineares, que às vezes são chamadas de *homomorfismos de espaços vetoriais*, nome estranho e também um pouco ameaçador. Gostaria de dizer que em breve teremos uma surpresa, porém na verdade talvez não surpreenda mais ninguém se eu disser que as informações de uma transformação linear podem ser colocadas em uma matriz. Começaremos com a idéia de *projetores*, matrizes especiais que nos permitem estender a idéia de projeção ortogonal em espaços muito mais abstratos que os espaços físicos que estamos acostumados.

O que se pode fazer quando uma matriz não possui inversa? Nada de pânico, introduziremos o conceito de *pseudoinversa*. Mas por que esta pergunta? E por que estes nomes estranhos? Não desanimem, com tais ferramentas o problema dos mínimos quadrados em questão estará ao nosso alcance. O leitor descobrirá em seguida o que queremos dizer com a frase problema dos mínimos quadrados. Não estamos falando de pequenos quadradinhos...

Robbiano L.: Álgebra Linear para todos
© Springer-Verlag Italia 2011

7.1 Matrizes e transformações lineares

Estamos quase chegando ao momento de repensar nas discussões acerca das projeções sobre subespaços feitas no capítulo anterior para implementar o processo de Gram-Schmidt bem como avaliar melhor as consequências. Antes disso precisamos fazer uma importante digressão. Vimos na Seção 6.4 que, dada uma s-upla de vetores $G = (v_1, \ldots, v_s)$ que seja base ortonormal de $V(G)$, a cada vetor v em $\mathbb{R}^n$ podemos associar $p_{V(G)}(v)$, que é a sua projeção ortogonal sobre $V(G)$. Se esta operação é feita para cada vetor, temos uma função

$$p_{V(G)} : \mathbb{R}^n \longrightarrow \mathbb{R}^n$$

Que tipo de função é essa? Para responder a esta pergunta, faremos alguns experimentos, em particular reconsideraremos o Exemplo 6.4.2 e calcularemos os três vetores $p_{V(G)}(e_1)$, $p_{V(G)}(e_2)$, $p_{V(G)}(e_3)$. Temos

$$p_{V(G)}(e_1) = \tfrac{1}{|g_1|^2}(e_1 \cdot g_1)g_1 + \tfrac{1}{|g_2|^2}(e_1 \cdot g_2)g_2 = \tfrac{1}{2}(1, -1, 0) + \tfrac{1}{3}(1, 1, 1)$$
$$= (\tfrac{1}{2}, -\tfrac{1}{2}, 0) + (\tfrac{1}{3}, \tfrac{1}{3}, \tfrac{1}{3}) = (\tfrac{5}{6}, -\tfrac{1}{6}, \tfrac{1}{3})$$

$$p_{V(G)}(e_2) = \tfrac{1}{|g_1|^2}(e_2 \cdot g_1)g_1 + \tfrac{1}{|g_2|^2}(e_2 \cdot g_2)g_2 = -\tfrac{1}{2}(1, -1, 0) + \tfrac{1}{3}(1, 1, 1)$$
$$= (-\tfrac{1}{2}, \tfrac{1}{2}, 0) + (\tfrac{1}{3}, \tfrac{1}{3}, \tfrac{1}{3}) = (-\tfrac{1}{6}, \tfrac{5}{6}, \tfrac{1}{3})$$

$$p_{V(G)}(e_3) = \tfrac{1}{|g_1|^2}(e_3 \cdot g_1)g_1 + \tfrac{1}{|g_2|^2}(e_3 \cdot g_2)g_2 = 0 + \tfrac{1}{3}(1, 1, 1)$$
$$= (\tfrac{1}{3}, \tfrac{1}{3}, \tfrac{1}{3})$$

Lembramos que no Exemplo 6.4.2 tínhamos calculado a projeção do vetor $v = (2, 1, -7)$ sobre o subespaço vetorial $V = V(G)$ de $\mathbb{R}^3$. Observamos que $v = 2e_1 + e_2 - 7e_3$ e calculamos $2p_{V(G)}(e_1) + p_{V(G)}(e_2) - 7p_{V(G)}(e_3)$, ou seja a combinação linear das projeções dos vetores da base canônica, feita como os mesmos *coeficientes* com os quais o vetor v é escrito como combinação linear dos vetores da base canônica. Obtemos

$$2p_{V(G)}(e_1) + p_{V(G)}(e_2) - 7p_{V(G)}(e_3) = 2(\tfrac{5}{6}, -\tfrac{1}{6}, \tfrac{1}{3}) + (-\tfrac{1}{6}, \tfrac{5}{6}, \tfrac{1}{3}) - 7(\tfrac{1}{3}, \tfrac{1}{3}, \tfrac{1}{3})$$
$$= (-\tfrac{5}{6}, -\tfrac{11}{6}, -\tfrac{4}{3})$$

que é exatamente o vetor $p_{V(G)}(v)$ calculado no Exemplo 6.4.2)! Recapitulando. Temos em frente aos nossos olhos um exemplo onde vale a propriedade que para o vetor $v = a_1e_1 + a_2e_2 + a_3e_3$ tem-se

$$p_{V(G)}(v) = a_1 p_{V(G)}(e_1) + a_2 p_{V(G)}(e_2) + a_3 p_{V(G)}(e_3)$$

Na verdade olhando bem como é definida $p_{V(G)}$, percebemos que tal propriedade não diz respeito somente ao vetor v e é também compartilhada por todos os vetores de $\mathbb{R}^3$. E com somente um pouco mais de trabalho, podemos observar que tal fenômeno é uma propriedade de todas as funções do tipo $p_{V(G)}$. Se quisermos utilizar uma linguagem mais coloquial, podemos dizer que as funções $p_{V(G)}$ *respeitam as combinações lineares*.

Agora que o leitor já sabe como procedem as coisas em matemática, não deverá se surpreender se eu disser que neste ponto surge espontaneamente a pergunta: existem outras funções que *respeitam* as combinações lineares? Se a pergunta não lhe surgiu tão espontaneamente, não se preocupe, é suficiente saber que ela é espontânea para os matemáticos, e a resposta é algo de muita importância e em breve veremos por quê. Por enquanto é conveniente que nos exercitemos com experimentos muito fáceis e descubramos por exemplo que uma função de $\mathbb{R}^2$ em $\mathbb{R}^2$ que certamente goza *de tal propriedade* é a função identidade. Ainda um exemplo de função deste tipo é a função que associa a cada vetor seu oposto. Uma função que, ao invés, *não possui tal propriedade* é a função de $\mathbb{R}^2$ em $\mathbb{R}^2$ que associa ao vetor (a_1, a_2) o vetor (a_1^2, a_2^2). De fato $(2, 2)$ se transforma em $(4, 4)$, porém vale a igualdade $(2, 2) = 2e_1 + 2e_2$. Como e_1 se transforma em e_1 e e_2 se transforma em e_2 isto significa que, se tal propriedade fosse válida, deveríamos ter a igualdade $2e_1 + 2e_2 = (4, 4)$, o que evidentemente não acontece.

Resumindo, a propriedade que acumula todas as funções em questão exceto a última pode ser descrita do seguinte modo. Seja φ uma função; para cada relação do tipo $v = a_1 v_1 + \cdots, a_r v_r$ entre vetores que podemos aplicar φ, temos $\varphi(v) = a_1 \varphi(v_1) + \cdots + a_r \varphi(v_r)$. Funções com tal propriedade são centrais na matemática em particular na álgebra linear, e se chamam **transformações lineares** ou funções lineares.

E aqui estamos em um outro ponto de retorno. O raciocńio seguinte traz a tona, pela n-ésima vez, o conceito de matriz e, dito com toda ênfase devida, cria pressupostos para muitas das mais importantes aplicações matemáticas Consideremos uma transformação linear φ de $\mathbb{R}^c$ em $\mathbb{R}^r$. Escrevemos

$$\varphi : \mathbb{R}^c \longrightarrow \mathbb{R}^r$$

Seja $F = (f_1, \ldots, f_c)$ uma base de $\mathbb{R}^c$ e $G = (g_1, \ldots, g_r)$ uma base de $\mathbb{R}^r$. Se conhecemos os vetores $\varphi(f_1), \ldots, \varphi(f_c)$, podemos escrevê-los, de maneira única, como uma combinação linear dos elementos de G. Se $\varphi(F)$ é a c-upla $\varphi(f_1), \ldots, \varphi(f_c)$, podemos portanto afirmar que conhecemos a matriz $M_{\varphi(F)}^G$. Veremos agora um fato muito importante, ou seja que, fixadas as duas bases F e G, toda a informação de φ está contida em tal matriz. De fato, se v é um vetor qualquer de $\mathbb{R}^c$, temos a igualdade $v = F M_v^F$, onde M_v^F é univocamente determinada visto que F é uma base. A linearidade de φ implica na igualdade

$$\varphi(v) = \varphi(F)\, M_v^F \tag{1}$$

Por outro lado acabamos de denominar $M_{\varphi(F)}^G$ a matriz tal que

$$\varphi(F) = G\, M_{\varphi(F)}^G \tag{2}$$

Combinando (1) e (2) obtemos

$$\varphi(v) = G\, M_{\varphi(F)}^G\, M_v^F \tag{3}$$

Colocamos em evidência o fato que, **fixadas as bases F e G, a informação de φ é concentrada na matriz $M^G_{\varphi(F)}$**. Esta observação atribui uma grandíssima importância as tranformações lineares. Além disso, visto que também é verdade que

$$\varphi(v) = G\, M^G_{\varphi(v)} \tag{4}$$

deduzimos a fórmula

$$M^G_{\varphi(v)} = M^G_{\varphi(F)}\, M^F_v \tag{5}$$

Se ao invés de um único vetor temos uma s-upla de vetores $S = (v_1, \ldots, v_s)$, aplicando a (5) a todos os vetores de S obtemos a seguinte fórmula fundamental

$$M^G_{\varphi(S)} = M^G_{\varphi(F)}\, M^F_S \tag{6}$$

Observe que se $\varphi : \mathbb{R}^c \longrightarrow \mathbb{R}^r$ é uma transformação linear e se as duas bases escolhidas são as respectivas bases canônicas de $\mathbb{R}^c$ e de $\mathbb{R}^r$, então a fórmula (5) nos revela o seguinte fato

Se v é um vetor qualquer de $\mathbb{R}^c$ então suas componentes, transformadas por φ, são expressões lineares homogêneas nas componentes de v.

A parte final desta seção é dedicada a um aspecto matemático que diz respeito às transformações lineares e é ligado, de acordo com o que dissemos no final da Seção 6.3. Consideremos uma transformação linear φ de $\mathbb{R}^c$ em $\mathbb{R}^r$. Como vimos, a matriz $M^{E_r}_{\varphi(E_c)}$ possui todas as informações de φ. Tomando agora o conjunto $\mathrm{Im}(\varphi)$, chamado **imagem** de φ, ou seja o conjunto dos vetores de $\mathbb{R}^r$ que são transformados de vetores de $\mathbb{R}^c$, temos as seguintes propriedades, que um leitor atento não deverá ter dificuldades em demonstrar.

(1) O conjunto $\mathrm{Im}(\varphi)$ é um subespaço vetorial de $\mathbb{R}^r$.

(2) Considerando $r = \mathrm{rk}(M^{E_r}_{\varphi(E_c)})$ e escolhendo r colunas linearmente independentes de $M^{E_r}_{\varphi(E_c)}$, os correspondentes vetores constituem uma base de $\mathrm{Im}(\varphi)$.

(3) Temos $\dim(\mathrm{Im}(\varphi)) = r$.

Se consideramos o conjunto $\mathrm{Ker}(\varphi)$, chamado **núcleo** de di φ, ou seja o conjunto dos vetores v em $\mathbb{R}^c$ tais que $\varphi(v) = 0$, temos as seguintes propriedades, que o leitor pode demonstrar utilizando as propriedades (1) e (2) do final da Seção 6.3.

(1) O conjunto $\mathrm{Ker}(\varphi)$ é um subespaço vetorial de $\mathbb{R}^r$.

(2) Dado o sistema linear homogêneo $M^{E_r}_{\varphi(E_c)}\mathbf{x} = 0$. Tomemos $r = \mathrm{rk}(M^{E_r}_{\varphi(E_c)})$, escolhemos $n - r$ variáveis livres e

as atribuimos os valores $(1, 0, \ldots, 0)$, $(0, 1, \ldots, 0)$, $\ldots$, $(0, 0, \ldots, 1)$, as soluções obtidas formam uma base de $\mathbf{Ker}(\varphi)$.

(3) Temos que $\dim(\mathbf{Ker}(\varphi)) = n - r$.

Vejamos um exemplo com o qual ilustramos os novos aspectos matemáticos introduzidos nesta seção.

Exemplo 7.1.1. Consideremos a função $\varphi : \mathbb{R}^3 \longrightarrow \mathbb{R}^2$ definida pela fórmula $\varphi(a, b, c) = (a + b,\ b - 2c)$. Observemos que as componentes de $\varphi(v)$ são expressões lineares homogêneas nas componentes de v e portanto φ é uma transformação linear. Para calcular $M^{E_2}_{\varphi(E_3)}$ devemos calcular os transforma-dos da base canônica de $\mathbb{R}^3$ e escrevê-los na base canônica de $\mathbb{R}^2$. Temos as igualdades $\varphi(e_1) = (1, 0)$, $\varphi(e_2) = (1, 1)$, $\varphi(e_3) = (0, -2)$, de onde segue que a matriz $M^{E_2}_{\varphi(E_3)}$ é a seguinte

$$M^{E_2}_{\varphi(E_3)} = \begin{pmatrix} 1 & 1 & 0 \\ 0 & 1 & -2 \end{pmatrix}$$

Agora vamos fazer uma pequena experiência. Se v é o vetor $(2, -2, 7)$, apli-cando a definição temos

$$\varphi(v) = (0, -16)$$

Aplicando á fórmula (3) temos

$$\varphi(v) = E_2 \begin{pmatrix} 1 & 1 & 0 \\ 0 & 1 & -2 \end{pmatrix} \begin{pmatrix} 2 \\ -2 \\ 7 \end{pmatrix} = 0e_1 - 16e_2 = (0, -16)$$

Neste ponto seria interessante que o leitor ficasse surpreso com a coincidência.

Vamos agora verificar as propriedades descritas anteriormente. Vemos que a matriz $M^{E_2}_{\varphi(E_3)}$ possui posto 2, por exemplo observando que as duas primeiras colunas são linearmente independentes. Portanto temos $\dim(\mathrm{Im}(\varphi)) = 2$ e uma base de $\mathrm{Im}(\varphi)$ é por exemplo $(\varphi(e_1), \varphi(e_2))$.

O sistema linear homogêneo associado à matriz $M^{E_2}_{\varphi(E_3)}$ é o seguinte

$$\begin{cases} x_1 + x_2 & = 0 \\ x_2 - 2x_3 = 0 \end{cases}$$

que se transforma no seguinte

$$\begin{cases} x_1 & + 2x_3 = 0 \\ x_2 - 2x_3 = 0 \end{cases}$$

Consideremos x_3 como variável livre. Atribuindo-a valor 1, obtemos a solução $(-2, 2, 1)$. Este valor é base para $\mathrm{Ker}(\varphi)$ e de fato sabemos que todas as soluções do sistema são $(-2a,\ 2a,\ a)$, portanto todas múltiplos da solução $(-2, 2, 1)$.

7.2 Projetores

è difficile mettere a fuoco,
se brucia il proiettore

Depois do passeio no mundo das transformações lineares feita na seção anterior, voltaremos ao primeiro exemplo que iniciamos para motivá-las que foi o da projeção ortogonal (veja Seção 6.4). Lembremos quais são os dados do problema. Temos um subespaço vetorial V de $\mathbb{R}^n$ de dimensão s e uma sua base ortonormal $G = (g_1, \ldots, g_s)$, portanto temos $V = V(G)$ e a matriz $Q = M_G^E$ que é ortonormal. Neste ponto iniciamos um raciocínio técnico muito típico da matemática. Eu poderia evitá-lo e escrever somente as fórmulas finais, porém neste caso, dada a importância prática, além da teórica, do problema em questão, preferi continuar no *modo matemático* e fornecer uma descrição completa de todos os passos que nos levarão a importantes conclusões.

Vejamos portanto o matemático ao trabalho. É muito evidente (falando sério) que para cada vetor $v \in \mathbb{R}^n$ temos a igualdade $v = (e_1 \cdot v,\ e_2 \cdot v, \ldots, e_n \cdot v)$. Portanto obtemos a igualdade

$$Q = \begin{pmatrix} e_1 \cdot g_1 & e_1 \cdot g_2 & \cdots & e_1 \cdot g_s \\ e_2 \cdot g_1 & e_2 \cdot g_2 & \cdots & e_2 \cdot g_s \\ \vdots & \vdots & \vdots & \vdots \\ e_n \cdot g_1 & e_n \cdot g_2 & \cdots & e_n \cdot g_s \end{pmatrix} \tag{1}$$

Podemos associar à s-upla G a função $p_V : \mathbb{R}^n \longrightarrow \mathbb{R}^n$ definida por

$$p_V(v) = (v \cdot g_1)g_1 + (v \cdot g_2)g_2 + \cdots + (v \cdot g_s)g_s \tag{2}$$

que a cada vetor de $\mathbb{R}^n$ associa sua projeção ortogonal sobre V. Por simplicidade chamamos $p = p_V$ e observamos que, dado que p é uma transformação linear de $\mathbb{R}^n$ em $\mathbb{R}^n$, podemos escolher E como base obtendo uma completa descrição de nossa transformação através da matriz $M_{p(E)}^E$. Vamos propor agora uma nova pergunta se tornará muito importante por mérito da importante resposta. A pergunta é: como é feita a matriz $M_{p(E)}^E$? Da fórmula (2) sabemos que

$$\begin{aligned} p(e_1) &= (e_1 \cdot g_1)g_1 + (e_1 \cdot g_2)g_2 + \cdots + (e_1 \cdot g_s)g_s \\ p(e_2) &= (e_2 \cdot g_1)g_1 + (e_2 \cdot g_2)g_2 + \cdots + (e_2 \cdot g_s)g_s \\ \cdots &= \cdots\cdots \\ p(e_n) &= (e_n \cdot g_1)g_1 + (e_n \cdot g_2)g_2 + \cdots + (e_n \cdot g_s)g_s \end{aligned} \tag{3}$$

Além disso observamos que

$$Q^{\mathrm{tr}} = \begin{pmatrix} e_1 \cdot g_1 & e_2 \cdot g_1 & \cdots & e_n \cdot g_1 \\ e_1 \cdot g_2 & e_2 \cdot g_2 & \cdots & e_n \cdot g_2 \\ \vdots & \vdots & \vdots & \vdots \\ e_1 \cdot g_s & e_2 \cdot g_s & \cdots & e_n \cdot g_s \end{pmatrix} \tag{4}$$

e portanto a (3) pode ser lida como

$$p(E) = G\,Q^{\mathrm{tr}} \tag{5}$$

de onde deduzimos imediatamente a igualdade

$$M^G_{p(E)} = Q^{\mathrm{tr}} \tag{6}$$

Usando (3) e uma *generalização adequada* (os matemáticos perdoem esta expressão, os não matemáticos não se preocupem) da fórmula (*e*) da Seção 4.8, podemos dizer que

$$M^E_{p(E)} = M^E_G\,M^G_{p(E)} \tag{7}$$

Não nos resta mais que lembrar a igualdade $M^E_G = Q$ e a expressão (6) para reler a (7) do seguinte modo

$$M^E_{p(E)} = Q\,Q^{\mathrm{tr}} \tag{8}$$

Esta é a primeira importante resposta. Permanece em aberto outra possibilidade representada pela seguinte pergunta. *O que acontece se a base de V não é ortonormal?* Consideremos uma base de V não necessariamente ortonormal, formada por uma r-upla que chamamos $G' = (g'_1, \ldots, g'_s)$. Tomando $M = M^E_{G'}$ procedemos de maneira análoga ao que dissemos antes, no caso especial em que G é ortonormal. Em primeiro lugar fazemos uma decomposição QR de M com Q ortonormal e R triangular superior com diagonal positiva (veja Seção 6.5).

$$M = QR \quad \text{e então} \quad Q = MR^{-1} \tag{9}$$

Naturalmente as colunas de Q são formadas pelas coordenadas dos vetores de uma base ortonormal G de V e temos as igualdades

$$M = M^E_{G'} \qquad Q = M^E_G \qquad R = M^G_{G'} \tag{10}$$

Usando (6), (10) e a identidade $M^{G'}_{p(E)} = M^{G'}_G M^G_{p(E)}$ obtemos

$$M^{G'}_{p(E)} = R^{-1}Q^{\mathrm{tr}} \tag{11}$$

e portanto, multiplicando pela matriz identidade $I = (R^{\mathrm{tr}})^{-1}R^{\mathrm{tr}}$, temos

$$M^{G'}_{p(E)} = R^{-1}(R^{\mathrm{tr}})^{-1}R^{\mathrm{tr}}Q^{\mathrm{tr}} \tag{12}$$

De (12) e de (9) deduzimos

$$M^{G'}_{p(E)} = R^{-1}(R^{\mathrm{tr}})^{-1}M^{\mathrm{tr}} \tag{13}$$

Além disso sabemos que $Q^{\mathrm{tr}}Q = I$ e portanto de (9) segue que

$$M^{tr}M = (QR)^{\mathrm{tr}}QR = R^{\mathrm{tr}}Q^{\mathrm{tr}}QR = R^{\mathrm{tr}}R \tag{14}$$

e assim temos

$$(M^{tr}M)^{-1} = (R^{\mathrm{tr}}R)^{-1} = R^{-1}(R^{\mathrm{tr}})^{-1} \tag{15}$$

Substituindo em (13) obtemos uma primeira importante fórmula

$$M_{p(E)}^{G'} = (M^{\mathrm{tr}}M)^{-1}M^{\mathrm{tr}} \tag{16}$$

Uma segunda importante fórmula obtém-se combinando (16) com a igualdade $M_{p(E)}^{E} = M_{G'}^{E}\, M_{p(E)}^{G'}$ análoga a (7). Ficando assim

$$M_{p(E)}^{E} = M(M^{\mathrm{tr}}M)^{-1}M^{\mathrm{tr}} \tag{17}$$

Chegando à resposta, é o momento de recuperar o fôlego e rever a situação.

> **O objeto inicial é um subespaço V de $\mathbb{R}^n$. Dada uma base G' de V e tomando $M = M_{G'}^{E}$, temos**
>
> $$M_{p(E)}^{G'} = (M^{\mathrm{tr}}M)^{-1}M^{\mathrm{tr}} \qquad M_{p(E)}^{E} = M(M^{\mathrm{tr}}M)^{-1}M^{\mathrm{tr}} \quad (16)\ (17)$$
>
> **Dada uma base ortonormal G de V e tomando $Q = M_{G}^{E}$, temos**
>
> $$M_{p(E)}^{G} = Q^{\mathrm{tr}} \qquad M_{p(E)}^{E} = QQ^{\mathrm{tr}} \tag{6\ (8)}$$

As fórmulas (8) e (17) sugerem que coloquemos em evidência uma particular matriz que representa a projeção ortogonal sobre o espaço gerado pelas colunas de M. De fato, se M é uma matriz de posto s em $\mathrm{Mat}_{n,s}(\mathbb{R})$, a matriz $M_{p(E)}^{E} = M(M^{\mathrm{tr}}M)^{-1}M^{\mathrm{tr}}$ se chama **projetor** sobre o espaço gerado pelas colunas de M ou, de maneira mais conveniente, **projetor de M**. Se M é ortonormal, a fórmula da projeção se simplifica, visto que vale a igualdade $M^{\mathrm{tr}}M = I$, e portanto temos $M_{p(E)}^{G} = M^{\mathrm{tr}}$, $M_{p(E)}^{E} = MM^{\mathrm{tr}}$. Assim, claramente temos que as fórmulas (6), (8) são casos particulares das fórmulas (16), (17). Parecem muito diferentes, somente porque as matrizes ortonormais são normalmente chamadas de Q ao invés de M.

Exemplo 7.2.1. Consideremos os vetores $v_1 = (1,0,1,0)$, $v_2 = (-1,-1,1,1)$ de $\mathbb{R}^4$, seja $F = (v_1, v_2)$ e V o subespaço de $\mathbb{R}^4$ gerado por F. Os dois vetores são linearmente independentes e portanto F é base de V, porém não é ortonormal. Portanto a projeção sobre V é obtida utilizando a fórmula (17). Tomando $M = M_{F}^{E}$, temos

$$M\,(M^{\mathrm{tr}}M)^{-1}M^{\mathrm{tr}} = \begin{pmatrix} 1 & -1 \\ 0 & -1 \\ 1 & 1 \\ 0 & 1 \end{pmatrix} \left(\begin{pmatrix} 1 & -1 \\ 0 & -1 \\ 1 & 1 \\ 0 & 1 \end{pmatrix}^{\mathrm{tr}} \begin{pmatrix} 1 & -1 \\ 0 & -1 \\ 1 & 1 \\ 0 & 1 \end{pmatrix} \right)^{-1} \begin{pmatrix} 1 & -1 \\ 0 & -1 \\ 1 & 1 \\ 0 & 1 \end{pmatrix}^{\mathrm{tr}}$$

e fazendo as contas temos que

$$M\,(M^{\mathrm{tr}}M)^{-1}M^{\mathrm{tr}} = \begin{pmatrix} \frac{3}{4} & \frac{1}{4} & \frac{1}{4} & -\frac{1}{4} \\ \frac{1}{4} & \frac{1}{4} & -\frac{1}{4} & -\frac{1}{4} \\ \frac{1}{4} & -\frac{1}{4} & \frac{3}{4} & \frac{1}{4} \\ -\frac{1}{4} & -\frac{1}{4} & \frac{1}{4} & \frac{1}{4} \end{pmatrix}$$

Concluiremos a seção com duas *jóias matemáticas*. Acabamos de ver que se $M \in \text{Mat}_{n,s}(\mathbb{R})$ tem posto s, a matriz $M(M^{\text{tr}}M)^{-1}M^{\text{tr}}$ se chama projetor sobre o espaço gerado pelas colunas de M. O que acontece se a matriz não possui posto máximo? Suponhamos que $A \in \text{Mat}_{n,r}(\mathbb{R})$ tenha posto $s < r$. Da Seção 6.3 sabemos que existem s colunas de A linearmente independentes. Se chamamos M a submatriz de A formada por tais s colunas, temos que M é de posto máximo e que o espaço vetorial V gerado pelas colunas de A coincide com o gerado pelas colunas de M. Portanto o projetor sobre V é $M(M^{\text{tr}}M)^{-1}M^{\text{tr}}$. Qualquer leitor atencioso deve ter notado que a escolha de s colunas linearmente independentes não é canônica. O que acontece se mudamos nossa escolha? Mais em geral se mudamos a base de V? A coisa satisfatória é que **o projetor não depende da base escolhida**. Para alguns, talvez, esta descoberta não só parece muito satisfatória que até querem ver uma demonstração? Vamos tentar satisfazer tais leitores.

Seja $A \in \text{Mat}_{n,r}(\mathbb{R})$, seja $s = \text{rk}(A)$, seja V o espaço vetorial gerado pelas colunas de A, seja G uma base de V formada por s colunas linearmente independentes e seja F outra base de V. Se $M = M_G^E$, vimos que o projetor sobre V é $M(M^{\text{tr}}M)^{-1}M^{\text{tr}}$. Se $N = M_F^E$, e tomando $P = M_F^G$ temos $M_F^E = M_G^E M_F^G$ e portanto $N = MP$. para demonstrar a independência que falamos acima, devemos provar a igualdade

$$N(N^{\text{tr}}N)^{-1}N^{\text{tr}} = M(M^{\text{tr}}M)^{-1}M^{\text{tr}}$$

Aqui está a demonstração

$$
\begin{aligned}
N(N^{\text{tr}}N)^{-1}N^{\text{tr}} &= (MP)\big((MP)^{\text{tr}}(MP)\big)^{-1}(MP)^{\text{tr}} \\
&= (MP)\big((P^{\text{tr}}M^{\text{tr}})(MP)\big)^{-1}(MP)^{\text{tr}} \\
&= (MP)\big(P^{\text{tr}}(M^{\text{tr}}M)P\big)^{-1}(MP)^{\text{tr}} \\
&= (MP)\big(P^{-1}(M^{\text{tr}}M)^{-1}(P^{\text{tr}})^{-1}\big)(MP)^{\text{tr}} \\
&= MPP^{-1}(M^{\text{tr}}M)^{-1}(P^{\text{tr}})^{-1}P^{\text{tr}}M^{\text{tr}} \\
&= M(M^{\text{tr}}M)^{-1}M^{\text{tr}}
\end{aligned}
$$

Fim da demonstração.

A segunda jóia é a seguinte: **projetores são matrizes simétricas, idempotentes** (ou seja coincide com seu quadrado), **semidefinida positiva**. Vocês querem ver a demonstração? Vou assumir que a resposta seja um sim.

Para provar que a matriz é simétrica basta provar que ela coincide com sua transposta. Para mostrar que é idempotente basta calcular $M\ (M^{\text{tr}}M)^{-1}M^{\text{tr}}M\ (M^{\text{tr}}M)^{-1}M^{\text{tr}}$. Feitas as simplificações encontramos a mesma matriz que iniciamos. Assim, se A é uma tal matriz, agora sabemos que $A = A^{\text{tr}}$ e que $A = A^2$ e portanto $A = AA = A^{\text{tr}}A$ de onde concluímos que a matriz é também semidefinida positiva.

7.3 Mínimos quadrados e pseudoinversas

Na seção anterior colecionamos uma série de fatos matemáticos. Visto que estamos devidamente equipados podemos enfrentar e resolver com relativa facilidade o famoso problema dos mínimos quadrados.

Problema dos mínimos quadrados: I caso. *Dada uma matriz $Q \in \mathrm{Mat}_{n,s}(\mathbb{R})$ ortonormal e um vetor v em $\mathbb{R}^n$, determinar um vetor u combinação linear das colunas de Q, tal que a distância entre v e u seja mínima.*

Solução. Seja G a s-upla dos vetores cujas coordenadas com relação á E sejam as colunas de Q, ou seja tais que $Q = M_G^E$. Dado que $u = GM_u^G$, o problema nos diz que devemos encontrar M_u^G. Já vimos que o vetor com mínima distância é o vetor $u = p(v)$ onde $p = p_{V(G)}$. Devemos portanto encontrar $M_{p(v)}^G$. Da fórmula (6), Seção 7.2 se deduz que

$$M_{p(v)}^G = M_{p(E)}^G \, M_v^E = Q^{\mathrm{tr}} \, M_v^E$$

O vetor solução é portanto

$$p(v) = G \, Q^{\mathrm{tr}} M_v^E \tag{18}$$

Dado que $G = EM_G^E = EQ$, temos também que

$$p(v) = E \, Q \, Q^{\mathrm{tr}} M_v^E \tag{19}$$

Problema dos mínimos quadrados: II caso. *Dada uma matriz $M \in \mathrm{Mat}_{n,s}(\mathbb{R})$ de posto s e um vetor v em $\mathbb{R}^n$, determinar um vetor u combinação linear das colunas de M, tal que a distância mínima entre v e u seja mínima*

Solução. Como no primeiro caso, digamos G' a s-upla dos vetores cujas coordenadas com respeito a E são as coluna de M, ou seja tal que $M = M_{G'}^E$. Dado que $u = G'M_u^{G'}$, o problema nos diz que devemos encontrar $M_u^{G'}$. Já dissemos que $u = p(v)$ e da fórmula (16) deduzimos

$$M_{p(v)}^{G'} = M_{p(E)}^{G'} \, M_v^E = (M^{\mathrm{tr}}M)^{-1}M^{\mathrm{tr}} \, M_v^E$$

O vetor solução é portanto

$$p(v) = G' \, (M^{\mathrm{tr}}M)^{-1}M^{\mathrm{tr}}M_v^E \tag{20}$$

Dado que $G' = EM_{G'}^E = EM$, temos também a igualdade

$$p(v) = E \, M \, (M^{\mathrm{tr}}M)^{-1}M^{\mathrm{tr}}M_v^E \tag{21}$$

Chegou a hora de ver outro exemplo.

Exemplo 7.3.1. Reconsideremos o Exemplo 7.2.1. Em particular o par de vetores $v_1 = (1, 0, 1, 0)$, $v_2 = (-1, -1, 1, 1)$ de $\mathbb{R}^4$, o par $F = (v_1, v_2)$ e o subespaço V de $\mathbb{R}^4$ gerado por F. Tomando $M = M_F^E$, temos que o projetor $A = M \, (M^{\mathrm{tr}} M)^{-1} M^{\mathrm{tr}}$ é dado por

$$A = \begin{pmatrix} \frac{3}{4} & \frac{1}{4} & \frac{1}{4} & -\frac{1}{4} \\ \frac{1}{4} & \frac{1}{4} & -\frac{1}{4} & -\frac{1}{4} \\ \frac{1}{4} & -\frac{1}{4} & \frac{3}{4} & \frac{1}{4} \\ -\frac{1}{4} & -\frac{1}{4} & \frac{1}{4} & \frac{1}{4} \end{pmatrix}$$

Agora podemos utilizar A para calcular a projeção ortogonal sobre o subespaço V de qualquer vetor e em tal modo podemos resolver o problema dos mínimos quadrados. Por exemplo, se consideramos $e_1 = (1, 0, 0, 0)$, o vetor de V de menor distância de e_1 é o vetor que obtemos da através da fórmula (21). Tal vetor é portanto

$$E\,AM_{e_1}^E = (\frac{3}{4}, \frac{1}{4}, \frac{1}{4}, -\frac{1}{4})$$

Na Seção 6.4 vimos que a projeção ortogonal sobre um subespaço vetorial V pode ser calculada a partir de qualquer base ortonormal do próprio subespaço. Na Seção 7.2 vimos que de fato podemos calcular a partir de qualquer base, mesmo não ortogonal. Naturalmente surgem então algumas perguntas.

– É possível calcular a projeção ortogonal sobre um subespaço a partir de um sistema de geradores qualquer de V?
– É possível resolver o problema dos mínimos quadrados a partir de um sistema de geradores qualquer de V?

Nós já sabemos como responder. De fato, dado um sistema de geradores S de V e sendo A a matriz M_S^E, é suficiente calcular $s = \mathrm{rk}(A)$, chamar de M uma submatriz formada por s colunas linearmente independentes de A e calcular o projetor $M(M^{\mathrm{tr}} M)^{-1} M^{\mathrm{tr}}$ (veja fórmulas (17) e (21) da solução anterior). Na verdade, as perguntas anteriores podem ser interpretadas de maneira diferente. Nos perguntamos se é possível encontrar uma fórmula que utilize diretamente a matriz A. Para responder precisamos de uma decomposição que podemos associar a uma matriz qualquer. Vejamos antes um exemplo.

Exemplo 7.3.2. Dada a matriz

$$A = \begin{pmatrix} 1 & 1 & 0 & 1 \\ 0 & 1 & -2 & 3 \\ 2 & 1 & 2 & -1 \\ 1 & 2 & -2 & 4 \\ 1 & 0 & 2 & -2 \end{pmatrix} \in \mathrm{Mat}_{5,4}(\mathbb{R})$$

Usando as regras vistas na Seção 6.3, podemos ver que $\mathrm{rk}(A) = 2$ e que duas colunas linearmente independentes são por exemplo as duas primeiras. Em particular, isto significa que as primeiras duas colunas são base do subespaço gerado pelas colunas da matriz e portanto a terceira e quarta colunas são combinações lineares das duas primeiras. De fato, resolvendo os dois seguintes sistemas lineares

$$\begin{cases} x_1 + & x_2 = & 0 \\ & x_2 = & -2 \\ 2x_1 + & x_2 = & 2 \\ x_1 + 2x_2 = & -2 \\ x_1 & = & 2 \end{cases} \qquad \begin{cases} x_1 + & x_2 = & 1 \\ & x_2 = & 3 \\ 2x_1 + & x_2 = & -1 \\ x_1 + 2x_2 = & 4 \\ x_1 & = & -2 \end{cases}$$

encontramos primeiro a solução $(2, -2)$ e em seguida a solução $(-2, 3)$. Isto significa que a terceira coluna é duas vezes a primeira menos duas vezes a segunda, enquanto a quarta coluna é menos duas vezes a primeira mais três vezes a segunda. E então vemos que a matriz A pode ser representada como produto de duas matrizes de posto máximo igual a 2. De fato vale a seguinte identidade

$$\begin{pmatrix} 1 & 1 & 0 & 1 \\ 0 & 1 & -2 & 3 \\ 2 & 1 & 2 & -1 \\ 1 & 2 & -2 & 4 \\ 1 & 0 & 2 & -2 \end{pmatrix} = \begin{pmatrix} 1 & 1 \\ 0 & 1 \\ 2 & 1 \\ 1 & 2 \\ 1 & 0 \end{pmatrix} \begin{pmatrix} 1 & 0 & 2 & -2 \\ 0 & 1 & -2 & 3 \end{pmatrix}$$

Utilizando o tipo de raciocínio feito neste exemplo, vemos que tal decomposição vale para qualquer matriz. Portanto podemos concluir da seguinte maneira.

Dado um corpo numérico K e uma matriz $A \in \mathrm{Mat}_{n,r}(K)$ de posto s, existem duas matrizes $M \in \mathrm{Mat}_{n,s}(K)$ e $N \in \mathrm{Mat}_{r,s}(K)$, ambas de posto s, tal que vale a relação $A = MN^{\mathrm{tr}}$. Esta maneira de escrever A é chamada de forma (ou decomposição) MN^{tr} da matriz A.

Os matemáticos denotam com A^+ (ou, como infelizmente muitas vezes acontece, também com outros símbolos) a matriz

$$A^+ = N(N^{\mathrm{tr}}N)^{-1}(M^{\mathrm{tr}}M)^{-1}M^{\mathrm{tr}}$$

e denominam de **pseudoinversa** ou **inversa de Moore-Penrose** de A.

No caso $s = r$ a decomposição de A é simplesmente $A = AI^{\mathrm{tr}}$, e portanto em tal situação $A^+ = (A^{\mathrm{tr}}A)^{-1}A^{\mathrm{tr}}$. Se além disso A è ortonormal, então $(A^{\mathrm{tr}}A) = I$ e portanto $A^+ = A^{\mathrm{tr}}$.

O leitor mais atencioso deve ter notado que estas matrizes apareceram nas fórmulas (6) e (16). No exemplo 7.3.2 temos

$$A^+ = \begin{pmatrix} \frac{1}{13} & 0 & \frac{2}{13} & \frac{1}{13} & \frac{1}{13} \\ \frac{19}{312} & \frac{1}{48} & \frac{21}{208} & \frac{17}{208} & \frac{25}{624} \\ \frac{5}{156} & \frac{-1}{24} & \frac{11}{104} & \frac{-1}{104} & \frac{23}{312} \\ \frac{3}{104} & \frac{1}{16} & \frac{-1}{208} & \frac{19}{208} & \frac{-7}{208} \end{pmatrix}$$

Teríamos muitas considerações a fazer sobre a noção de pseudoinversa, nos limitaremos às essenciais. A importância da pseudoinversa vem das suas notáveis características. Em particular valem as seguintes propriedades

(1) **As matrizes AA^+ e A^+A são simétricas.**
(2) **Vale a igualdade $AA^+A = A$.**
(3) **Vale a igualdade $A^+AA^+ = A^+$.**
(4) **Se A é invertível, então $A^+ = A^{-1}$.**
(5) **A matriz AA^+ é o projetor sobre o espaço gerado pelas colunas de A.**

A demonstração destes fatos é fácil e o leitor atencioso não deve ter muito trabalho para provar. Naturalmente as propriedades (2), (3), (4) justificam o nome de pseudoinversa dado à matriz A^+. A propriedade (5) nos permite responder à primeira pergunta feita anteriormente: é possível calcular a projeção ortogonal sobre um subespaço vetorial a partir de um sistema de geradores qualquer de V? A resposta é clara visto que o projetor é AA^+.

Com certeza em pelo menos um lugar existirá um leitor que fará a seguinte objeção. A expressão AA^+ depende de A somente de maneira aparente, visto que para calcular A^+ é necessário calcular uma submatriz M de posto máximo e portanto nesse ponto poderíamos utilizar diretamente para o projetor a expressão $M(M^{tr}M)^{-1}M^{tr}$. Tal objeção é muito pertinente, porém existe uma elegante rota de fuga. É claro que a decomposição $A = MN^{tr}$ não é única, pois depende da escolha das colunas linearmente independentes porém por sorte (é assim que os matemáticos dizem) podemos demonstrar que **a pseudoinversa não depende da escolha de M** e portanto depende somente de A. Se o leitor foi atencioso, a demonstração é de fato contida na primeira das duas jóias matemáticas demonstradas no final da Seção 7.2. Podemos ser ainda mais precisos e demonstrar que A^+ é **a única matriz que goza das propriedades** (1), (2), (3) elencadas anteriormente. E, utilizando este fato, os matemáticos descobriram que existem outros métodos para calcular A^+, sem precisar do cálculo preliminar de M.

Agora será também fácil responder à segunda pergunta feita anteriormente, isto é: é possível resolver o problema dos mínimos quadrados a partir de um sistema de geradores qualquer de V? Vamos colocar o problema na forma que já utilizamos em outros casos.

Problema dos mínimos quadrados: III caso. *Dada uma matriz* $A \in$ $\mathrm{Mat}_{n,r}(\mathbb{R})$ *e um vetor* v *in* $\mathbb{R}^n$, *determinar um vetor* u *combinação linear das colunas de* A, *tal que a distância entre* v *e* u *seja mínima.*

Solução. Ao olhar para a fórmula (21) e para a propriedade (5), se conclui que o vetor solução é portanto

$$p(v) = E\ AA^+ M_v^E \tag{22}$$

Reconsideremos o Exemplo 7.3.2.

Exemplo 7.3.3. No Exemplo 7.3.2 foi dada a matriz

$$A = \begin{pmatrix} 1 & 1 & 0 & 1 \\ 0 & 1 & -2 & 3 \\ 2 & 1 & 2 & -1 \\ 1 & 2 & -2 & 4 \\ 1 & 0 & 2 & -2 \end{pmatrix}$$

e calculamos uma sua decomposição MN^{tr} com

$$M = \begin{pmatrix} 1 & 1 \\ 0 & 1 \\ 2 & 1 \\ 1 & 2 \\ 1 & 0 \end{pmatrix} \qquad N = \begin{pmatrix} 1 & 0 \\ 0 & 1 \\ 2 & -2 \\ -2 & 3 \end{pmatrix}$$

Sucessivamente vimos a igualdade

$$A^+ = \begin{pmatrix} \frac{1}{13} & 0 & \frac{2}{13} & \frac{1}{13} & \frac{1}{13} \\ \frac{19}{312} & \frac{1}{48} & \frac{21}{208} & \frac{17}{208} & \frac{25}{624} \\ \frac{5}{156} & \frac{-1}{24} & \frac{11}{104} & \frac{-1}{104} & \frac{23}{312} \\ \frac{3}{104} & \frac{1}{16} & \frac{-1}{208} & \frac{19}{208} & \frac{-7}{208} \end{pmatrix}$$

Utilizando este resultado, podemos calcular portanto

$$AA^+ = \begin{pmatrix} \frac{1}{6} & \frac{1}{12} & \frac{1}{4} & \frac{1}{4} & \frac{1}{12} \\ \frac{1}{12} & \frac{7}{24} & \frac{-1}{8} & \frac{3}{8} & \frac{-5}{24} \\ \frac{1}{4} & \frac{-1}{8} & \frac{5}{8} & \frac{1}{8} & \frac{3}{8} \\ \frac{1}{4} & \frac{3}{8} & \frac{1}{8} & \frac{5}{8} & \frac{-1}{8} \\ \frac{1}{12} & \frac{-5}{24} & \frac{3}{8} & \frac{-1}{8} & \frac{7}{24} \end{pmatrix}$$

e verificar que AA^+ coincide, como esperado pela propriedade (5), com a matriz $M\ (M^{\mathrm{tr}}M)^{-1}M^{\mathrm{tr}}$.

Para concluir a seção de maneira bonita, olharemos para o problema dos mínimos quadrados de um modo um pouco diferente. Como diz o sábio, e como diz o fotógrafo mudar o ponto de vista pode nos mostrar aspectos completamente novos. Até agora tratamos o problema dos mínimos quadrados de um *ponto de vista geométrico*, ligando-o às projeções ortogonais sobre subespaços. Vejamos qual é a contrapartida puramente algébrica.

Suponhamos então que temos um sistema linear

$$A\mathbf{x} = \mathbf{b} \qquad (*)$$

Por enquanto observamos que se A é invertível, então $A^+ = A^{-1}$ em virtude da propriedade (4), portanto $A^+\mathbf{b} = A^{-1}\mathbf{b}$ é a solução do sistema $(*)$. E se A não é invertível? O que podemos dizer do vetor coluna A^+b?

Uma observação fundamental é a seguinte: **dizer que o sistema possui soluções é como dizer que b está no subespaço vetorial gerado pelas colunas de A**.

Outra importante observação é que substituindo $\mathbf{x}$ no primeiro membro a expressão $A^+\mathbf{b}$ obtemos $AA^+\mathbf{b}$, ou seja a projeção ortogonal de $\mathbf{b}$ sobre o espaço gerado pelas colunas de A.

Se o sistema possui soluções, então $\mathbf{b}$ está no subespaço gerado pelas colunas de A, portanto a projeção ortogonal se $\mathbf{b}$ coincide com $\mathbf{b}$. Em outros termos, temos que $AA^+\mathbf{b} = \mathbf{b}$ e portanto $A^+\mathbf{b}$ é uma solução do sistema.

No caso em que o sistema não possua soluções, o vetor coluna $AA^+\mathbf{b}$ é o vetor no espaço gerado pelas colunas de A que há distância mínima de $\mathbf{b}$. Podemos portanto concluir que se $(*)$ não possui soluções, $A^+\mathbf{b}$ é a **melhor aproximação de uma solução (que não existe)**.

Não é uma solução porém quase, e como muitas vezes acontece na vida, não podendo fazer melhor, nos satisfazemos com o que temos!

se não podemos realizar o ideal,
se idealiza o real

Exercícios

Exercício 1. Consideremos as seguintes funções

$\alpha : \mathbb{R}^3 \longrightarrow \mathbb{R}^3$ definida por $\alpha(a, b, c) = (a, \ b + 2c, \ c - 1)$

$\beta : \mathbb{R}^3 \longrightarrow \mathbb{R}^3$ definida por $\beta(a, b, c) = (a, \ b + 2c, \ c - b)$

$\gamma : \mathbb{R}^3 \longrightarrow \mathbb{R}^3$ definida por $\gamma(a, b, c) = (a, \ b + 2c, \ bc)$

(a) Dizer quais delas são lineares.
(b) Sia $A = M^E_{\alpha(E)}$. Provar através de um exemplo que A não determina α.

Exercício 2. Considere a função linear $\varphi : \mathbb{R}^3 \longrightarrow \mathbb{R}^2$ definida por $\varphi(a, b, c) = (a + b, \ b + 2c)$.

(a) Encontre um vetor não nulo $v \in \mathbb{R}^3$ tal que $\varphi(v) = 0$.
(b) Verifique que o trio $F = (f_1, f_2, f_3)$ com $f_1 = (1, 0, 1)$, $f_2 = (0, 1, -1)$, $f_3 = (3, 3, -5)$ é base de $\mathbb{R}^3$ e que o par $G = (g_1, g_2)$ com $g_1 = (2, 1)$, $g_2 = (1, -5)$ é base de $\mathbb{R}^2$.
(c) Calcular $M^G_{\varphi(F)}$.

Exercício 3. Considere a função linear $\varphi : \mathbb{R}^3 \longrightarrow \mathbb{R}^3$ definida por $\varphi(a, b, c) = (2a - 3b - c, b + 2c, 2a - 4b - 3c)$.

(a) Encontrar uma base de $\text{Im}(\varphi)$.
(b) Calcular $\dim(\text{Im}(\varphi))$.
(c) Encontrar uma base de $\text{Ker}(\varphi)$.
(d) Calcular $\dim(\text{Ker}(\varphi))$.

Ⓐ **Exercício 4.** Considere a função linear $\varphi : \mathbb{R}^7 \longrightarrow \mathbb{R}^5$ definida por $\varphi(a_1, a_2, a_3, a_4, a_5, a_6, a_7) = (a_1 - a_6, \ a_2 - a_7, \ a_1 - a_4 - a_5 + a_6, \ a_7, \ a_3 - a_4)$.

(a) Encontrar uma base de $\text{Im}(\varphi)$.
(b) Calcular $\dim(\text{Im}(\varphi))$.
(c) Encontrar uma base de $\text{Ker}(\varphi)$.
(d) Calcular $\dim(\text{Ker}(\varphi))$.

Exercício 5. Considere a matriz

$$A = \begin{pmatrix} -4 & -1 \\ 0 & -1 \\ 1 & -1 \\ 1 & -1 \\ 3 & -1 \end{pmatrix} \in \text{Mat}_{5,2}(\mathbb{R})$$

e calcule o projetor sobre A.

Exercício 6. Dada a matriz $A = (2 \quad 1 \quad -2) \in \mathrm{Mat}_{1,3}(\mathbb{R})$.

(a) Calcular A^+.

(b) Calcular $(A^{\mathrm{tr}})^+$.

Exercício 7. Dada a matriz $A = (a_1 \quad a_2 \quad \ldots \quad a_n) \in \mathrm{Mat}_{1,n}(\mathbb{R})$, tomemos $c = \sum_{i=1}^{n} a_i^2$ e suponhamos que $c \neq 0$. Provar que $A^+ = \frac{1}{c} A^{\mathrm{tr}}$.

Exercício 8. Dados um número natural n, um versor u de $\mathbb{R}^n$ e a matriz $A_u = M_u^E (M_u^E)^{\mathrm{tr}}$.

(a) Verificar que $\mathrm{rk}(A_u) = 1$ para $u = \frac{1}{\sqrt{3}}(1,1,1)$ e para $u = \frac{1}{\sqrt{2}}(1,0,1)$.

(b) Provar que $\mathrm{rk}(A_u) = 1$ para cada versor u.

(c) No caso $n = 3$ dar uma interpretação geométrica de (b), utilizando os projetores.

Exercício 9. Sejam n, r números naturais. Seja I a matriz identidade de tipo n, seja $Q \in \mathrm{Mat}_{n,r}(\mathbb{R})$ uma matriz ortonormal e seja $A = I - 2QQ^{\mathrm{tr}}$. Provar os seguintes fatos.

(a) A matriz A é simétrica.

(b) A matriz A é ortogonal.

(c) Vale a igualdade $A^2 = I$.

Exercício 10. Considere o vetor $v = (3, 1, 3, 3) \in \mathbb{R}^4$, a matriz

$$A = \begin{pmatrix} 1 & 1 \\ 3 & -1 \\ 1 & 1 \\ 1 & 1 \end{pmatrix} \in \mathrm{Mat}_{4,2}(\mathbb{R})$$

e o subespaço vetorial V de $\mathbb{R}^4$ gerado pelas coluna de A.

(a) Provar que $v \in V$.

(b) Descrever o conjunto E dos vetores w que possuem a seguinte propriedade: v é o vetor de V que possui menor distância de w.

Exercício 11. Considere a matriz

$$A = \begin{pmatrix} -4 & 2 \\ 0 & 0 \\ 2 & -1 \\ 6 & -3 \\ 12 & -6 \\ 0 & 0 \end{pmatrix} \in \mathrm{Mat}_{6,2}(\mathbb{R})$$

(a) Seja $s = \mathrm{rk}(A)$, calcular duas decomposições de tipo $A = MN^{\mathrm{tr}}$ com matrizes $M, N \in \mathrm{Mat}_{6,s}(\mathbb{R})$ e $\mathrm{rk}(M) = \mathrm{rk}(N) = s$.

(b) Calcular A^+ dos dois modos correspondentes às decomposições do item anterior.

Exercício 12. Este é um exercício teórico.

(a) Seja $M \in \mathrm{Mat}_{r,1}(\mathbb{R})$ e seja $N \in \mathrm{Mat}_{1,r}(\mathbb{R})$. Provar que $\mathrm{rk}(MN) \leq 1$.

(b) Sejam $A, B \in \mathrm{Mat}_2(\mathbb{R})$. Provar que existem C_1, C_2, C_3, $C_4 \in \mathrm{Mat}_2(\mathbb{R})$ de posto no máximo um, tal que vale a igualdade $AB = C_1 + C_2 + C_3 + C_4$.

(c) Deduzir que se $A \in \mathrm{Mat}_2(\mathbb{R})$ é ortonormal, então AA^{tr} é soma de quatro projetores de posto um.

@ **Exercício 13.** Considere a matriz A do Exemplo 7.3.3 e verifique as propriedades c) e d), ou seja $AA^+A = A$ e $A^+AA^+ = A^+$.

@ **Exercício 14.** Considere o exercício 15 do Capítulo 6.

(a) Utilizando a pseudoinversa de A, calcule uma solução de $A\mathbf{x} = \mathbf{b}$ onde $\mathbf{b} = (-62, 23, 163, 6, -106, -135)^{\mathrm{tr}}$.

(b) Utilizando a pseudoinversa de A, calcule uma solução aproximada de $A\mathbf{x} = \mathbf{b}$ onde $\mathbf{b} = (-62.01, 22.98, 163, 6, -106, -135)^{\mathrm{tr}}$.

@ **Exercício 15.** Dada a matriz

$$A = \begin{pmatrix} -12 & -5 & -16 & 2 & 1 & -14 \\ 11 & -7 & -6 & 0 & 1 & 7 \\ 1 & 8 & 42 & -6 & -2 & 3 \\ 1 & -20 & -23 & 1 & 3 & -10 \\ 1 & -23 & -49 & 5 & 4 & -10 \\ 1 & 11 & -14 & 4 & -1 & 9 \end{pmatrix} \in \mathrm{Mat}_6(\mathbb{R})$$

(a) Calcular uma base do subespaço vetorial V de $\mathbb{R}^6$ gerado pelas colunas de A.

(b) Calcular a pseudoinversa de A.

(c) Calcular o projetor sobre V de duas maneiras distintas.

8

Endomorfismos e diagonalização

Neste capítulo estudarermos um aspecto central da teoria das matrizes. Já vimos (e espero que não tenhamos nos esquecido) que elas servem como recipientes de informações numéricas, como parte fundamental nos sistemas lineares e como instrumento matemático essencial para na solução destes. Fizemos multiplicações entre elas, calculamos a inversa quando existia, decompomos na forma LU. Em seguida iniciamos a apreciá-la como um instrumento de tipo geométrico, no sentido que as associamos a vetores e sistemas de coordenadas.

Sucessivamente as utilizamos para descrever e estudar as formas quadráticas e para construir bases ortonormais e as decompomos na forma QR. Invariantes numéricos associados, como por exemplo o posto, aparecem no estudo dos subespaços vetoriais dos espaços das n-uplas. Enfim, as utilizamos amplamente no problema dos mínimos quadrados.

Porém um dos pontos mais importantes tocamos somente na Seção 7.1, onde as matrizes ajudaram na descrição das transformações lineares. A matemática utilizada em tal contexto é a dos espaços vetoriais e suas transformações, mesmo que, para dizer a verdade, não paramos tando nas sutilezas técnicas.

Neste último capítulo aprofundaremos tal ponto e no final veremos muito brevemente uma estraordinária propriedade das matrizes simétricas com entradas reais. Para situá-las, lembremos que cada matriz quadrada é congruente com uma matriz diagonal, o que nos permitiu encontrar uma base onde a correspondente forma quadrática *não possui termos mistos*.

Vocês se lembram (veja Seção 5.2) que a relação de congruência é do tipo $B = P^{\mathrm{tr}} A P$ com P invertível? E lembram o quanto enfatizamos a *extraordinária capacidade* das matrizes de adaptar-se a situações muito diferentes?

Robbiano L.: Álgebra Linear para todos
© Springer-Verlag Italia 2011

Então vocês não se surpreenderão muito do fato que as matrizes ainda tem em estoque muitas surpresas. O objetivo deste capítulo é o de revelar algumas, mas antes tentaremos dar uma idéia geral. Já observamos no final da Seção 7.1 que se $\varphi : \mathbb{R}^c \longrightarrow \mathbb{R}^r$ é uma trasformação linear, temos a fórmula

$$M^G_{\varphi(S)} = M^G_{\varphi(F)} \, M^F_S$$

Claramente pode acontecer que valha a igualdade $c = r$. Então todas as matrizes serão quadradas e F e G são bases *do mesmo espaço*. Portanto tem sentido considerar tanto $M^G_{\varphi(G)}$ quanto $M^F_{\varphi(F)}$. Qual é a relação entre elas? Veremos em instantes que a relação não é muito diferente da congruência, mesmo se o problema inicial é completamente diferente. O objetivo do capítulo é mesmo o de estudar esta relação, chamada de *semelhança*, e se conclui mostrando que cada matriz simétrica real é semelhante a uma matriz diagonal. O resultado, como veremos, é *semelhante* ao que fizemos para a relação de congruência, porém o trabalho para chegar até esse resultado é muito superior.

Na verdade, outras matrizes também são semelhantes ã matriz diagonal, de fato para encontrá-las basta fazer o procedimento inverso, consideramos uma matriz diagonal Δ, uma matriz invertível P de mesmo tipo e construímos a matriz $B = P^{-1} \Delta P$. Naturalmente poderíamos nos perguntar que importância pode ter o fato que uma matriz B se decompõe como $B = P^{-1} \Delta P$ com Δ diagonal. Para começar a responder a esta pergunta, e portanto estimular a leitura cautelosa deste capítulo, um pouco mais difícil do normal, façamos um experimento.

Suponhamos que B seja uma matriz quadrada do tipo 50 e suponhamos que queremos calcular B^{100}. Nenhum problema, iniciamos a multiplicar B por B, o resultado multiplicamos por B e assim sucessivamente por 99 vezes. Cada vez que multiplicamos por B, o número de operações é da ordem de $\frac{50^3}{3}$, como vimos na Seção 2.3. Portanto, em total, o número de operações que teremos que fazer é da ordem de $99 * \frac{50^3}{3}$, ou seja *cerca de 4 milhões de cálculos*. Se porém Δ é uma matriz diagonal de tipo 50, para calcular Δ^{100} basta elevar cada elemento da diagonal à centésima potência, portanto 50 números nos dando, em total menos de 5000 operações. E então, um golpe de cena! Se conhecemos uma decomposição de $B = P^{-1} \Delta P$ com Δ diagonal, temos a fórmula $B^{100} = P^{-1} \Delta^{100} P$. Logo multiplicar uma matriz quadrada de tipo 50 por uma diagonal custa cerca de 50^2 operações e multiplicar duas matrizes quadradas de tipo 50 custa cerca de $\frac{50^3}{3}$. Em total, temos um *número de operações na ordem de 50,000*. Uma excelente economia!

Alguns leitores mais atentos perceberão que estamos enganando um pouco, no sentido que estamos assumindo que conhecemos uma decomposição $B = P^{-1} \Delta P$. Na verdade é claro que uma tal decomposição deve ser calculada, admitindo que exista, e isto também terá um custo. Porém atenção, uma vez terminado este trabalho, podemos guardar tal fórmula e utilizá-la para calcular *qualquer potência de B*.

Chegamos a uma situação análoga a que encontramos quando discutimos a decomposição LU (Veja Seção 3.5), onde, uma vez que a decomposição é calculada podemos utilizá-la para resolver com menos trabalho, todos os sistemas de equações lineares que são obtidos quando fazemos variar a coluna dos termos constantes.

A importância desses fatos é verdadeiramente extraordinária, por exemplo nos permitirá calcular quantos coelhos teremos em uma gaiola depois de um certo período de tempo (veja Seção 8.4)! E se dos coelhos você não se interessa, nada de pânico, existem tantas outras aplicações. Infelizmente, como a maioria das coisas na vida, as grandes conquistas requerem muito esforço e trabalho. Sugiro portanto que o leitor preste bastante atenção ao que segue.

8.1 Um exemplo de transformação linear plana

Façamos um pequeno experimento numérico. Consideremos a transformação linear

$\varphi : \mathbb{R}^2 \longrightarrow \mathbb{R}^2$ tal que $\varphi(e_1) = (\frac{5}{4}, \frac{\sqrt{3}}{4})$, $\varphi(e_2) = (\frac{\sqrt{3}}{4}, \frac{7}{4})$. Temos

$$M_{\varphi(E)}^E = \begin{pmatrix} \frac{5}{4} & \frac{\sqrt{3}}{4} \\ \frac{\sqrt{3}}{4} & \frac{7}{4} \end{pmatrix} = \frac{1}{4} \begin{pmatrix} 5 & \sqrt{3} \\ \sqrt{3} & 7 \end{pmatrix}$$

Dado que E é uma base de $\mathbb{R}^2$, como vimos na Seção 7.1 a matriz $M_{\varphi(E)}^E$ define univocamente φ. Sejam $v_1 = (\sqrt{3}, -1)$, $v_2 = (1, \sqrt{3})$ e seja $F = (v_1, v_2)$. Se vê que F é base de $\mathbb{R}^2$ e que F possui uma propriedade notável. De fato

$$\varphi(v_1) = \frac{1}{4}(5\sqrt{3} - \sqrt{3}, \ \sqrt{3}\sqrt{3} - 7) = (\sqrt{3}, -1) = v_1$$

$$\varphi(v_2) = \frac{1}{4}(5 + \sqrt{3}\sqrt{3}, \ \sqrt{3} + 7\sqrt{3}) = (2, 2\sqrt{3}) = 2v_2$$

Em conclusão encontramos uma base feita de dois vetores que quando transformados mediante φ *não mudam de direção*. Mesmo o vetor v_1 se mantém *fixo*. Se representamos o endomorfismo φ através da base F, ou seja escrevemos a matriz $M_{\varphi(F)}^F$, obtemos

$$M_{\varphi(F)}^F = \begin{pmatrix} 1 & 0 \\ 0 & 2 \end{pmatrix}$$

que é uma *matriz diagonal*. Este fato nos permite entender a natureza *geométrica* da função φ que podemos descrever da seguinte maneira. Façamos uma mudança de coordenada, usamos F como nova base (note que F é ortogonal apesar de não ser ortonormal). Através da nova descrição que podemos dar por conta dos novos eixos, observamos que φ deixa invariados os vetores do novo eixo x' e duplica o comprimento dos vetores do novo eixo y'. Podemos descrever a função φ como uma dilatação na direção do novo eixo y', ou seja do vetor v_2.

Observe que poderíamos ter modificado F para obter uma base ortonormal, era suficiente substituir v_1, v_2 por seus versores v'_1, v'_2. Teríamo então uma base ortonormal F', em relação a qual a descrição de φ seria feita com a mesma matriz, dado que vale a relação

$$M^{F}_{\varphi(F)} = M^{F'}_{\varphi(F')} = \begin{pmatrix} 1 & 0 \\ 0 & 2 \end{pmatrix}$$

Dada a natureza da construção, $M^{E}_{F'}$ é ortonormal e pelo que foi dito na Seção 6.2, o novo sistema de coordenadas se obtém por **rotação** dos velhos eixos de um ângulo conveniente.

A nova base F portanto é privilegiada e revela a natureza da nossa função φ. Mas de onde vêm os vetores v_1, v_2? Existe um modo de calcular, admitindo que existam qualquer que seja a matriz $M^{E}_{\varphi(E)}$? Observamos que substancialmente os vetores v_1, v_2 geram *eixos privilegiados* para φ, portanto o nosso estudo deve ser focalizado na existência de *retas especiais* para φ. Isso é o que faremos na próxima seção.

8.2 Autovalores, autovetores, autoespaços, semelhança

Nesta seção introduziremos alguns conceitos matemáticos um pouco *complexos* (o porquê da ênfase na palavra anterior é claro para os especialistas). Por agora, completando o exemplo descrito na seção anterior, faremos a seguinte observação. Seja $\varphi : \mathbb{R}^n \longrightarrow \mathbb{R}^n$ uma transformação linear (os matemáticos chamam frequentemente de **endomorfismo** de $\mathbb{R}^n$). Podemos dizer que uma base F de $\mathbb{R}^n$ é especial para φ, quando F é uma base de $\mathbb{R}^n$ formada pelos vetores $v_1, \ldots, v_n$, com a propriedade que $\varphi(v_i)$ é múltiplo de v_i para cada $i = 1, \ldots, n$. De fato se $\varphi(v_i) = \lambda_i v_i$ para $i = 1, \ldots, n$, então temos

$$M^{F}_{\varphi(F)} = \begin{pmatrix} \lambda_1 & 0 & \ldots & 0 \\ 0 & \lambda_2 & \ldots & 0 \\ \vdots & \vdots & \vdots & \vdots \\ 0 & 0 & \ldots & \lambda_n \end{pmatrix}$$

uma matriz diagonal. A fim de determinar tais bases especiais torna-se essencial encontrar vetores *não nulos* v e *números reais* λ tais que $\varphi(v) = \lambda v$. Um tal número λ se chama **autovalor** do endomorfismo φ, um tal vetor não nulo v se chama **autovetor** de λ. Todos os vetores v tais que $\varphi(v) = \lambda v$ constituem um subespaço vetorial de $\mathbb{R}^n$, chamado **autoespaço** de λ.

Detenhamo-nos um pouco e retomemos uma discussão mencionada na introdução do capítulo quando nos perguntamos em que relação estão as duas matrizes $M^G_{\varphi(G)}$, $M^F_{\varphi(F)}$. Suponhamos que temos duas bases F, G de $\mathbb{R}^n$ (mais geralmente de um espaço vetorial) e seja dado um endomorfismo $\varphi : \mathbb{R}^n \longrightarrow \mathbb{R}^n$. Podemos considerar tanto $M^G_{\varphi(G)}$ quanto $M^F_{\varphi(F)}$ e não é difícil saber em que relação estão: basta aplicar a regra (6) do final da Seção 7.1 e obtemos $M^G_{\varphi(G)} = M^G_{\varphi(F)} M^F_G$. Temos também que $M^G_{\varphi(F)} = M^G_F M^F_{\varphi(F)}$ pela regra (e) de mudança de base (veja Seção 4.8). em conclusão temos

$$M^G_{\varphi(G)} = M^G_F \, M^F_{\varphi(F)} \, M^F_G \tag{1}$$

Lembremos, da Seção 4.7, que $M^G_F = (M^F_G)^{-1}$. Assim, descobrimos finalmente a natureza da relação entre $M^G_{\varphi(G)}$ e $M^F_{\varphi(F)}$. As duas matrizes estão relacionadas através da seguinte relação

$$B = P^{-1} A \, P \tag{2}$$

che se chama **relação de semelhança**. Se vale uma fórmula do tipo (2) diremos também que B é **semelhante** a A. O estudo desta relação mostra que ela é uma relação de equivalência, ou seja que A é semelhante a A, que se A é semelhante a B então B também é semelhante A e enfim que se A é semelhante a B e B é semelhante a C então A é semelhante a C. Dirá o leitor: esssa são coisas dos matemáticos. Certamente são, porém neste caso a demonstração é tão fácil que o leitor em questão não deverá ter dificuldades em reconstruí-la por sua própria conta.

Porém a pergunta interessante é: o que tudo isso tem a ver com os autovalores e os autovetores? Iniciamos com a observação de algo de vital importância. Dada uma matriz quadrada A de tipo n, podemos pensar nela como matriz de um endomorfismo φ. Basta *definir* o endomorfismo $\varphi : \mathbb{R}^n \longrightarrow \mathbb{R}^n$ através da fórmula $M^E_{\varphi(E)} = A$. Esta observação nos permite imediatamente falar de autovalores e autovetores não somente de endomorfismos, mas também de matrizes. Por outro lado, se mudamos a base, o endomorfismo não muda, porém a matriz de representação muda através da fórmula (1) e portanto, através de uma relação de tipo (2). Consequentemente, associar autovalores e autovetores a matriz da maneira que dissemos antes somente pode ser justificado se demonstramos o seguinte fato básico, que de fato, é verdadeiro.

Matrizes semelhantes tem os mesmos autovalores e os mesmos autovetores.

Para entender este fato podemos tomar duas estradas diferentes. A primeira utiliza um raciocínio indireto, que é o seguinte. Se A é uma matriz quadrada, podemos colocar $A = M^E_{\varphi(E)}$, e dessa maneira definimos o endomorfismo φ di $\mathbb{R}^n$ como dissemos antes. Se B é semelhante a A, então $B = M^F_{\varphi(F)}$ onde F é uma base de $\mathbb{R}^n$. Como os autovalores e autovetores são intrínsecos a φ e não às suas representações, podemos concluir dizendo, portanto, que matrizes semelhantes tem os mesmos autovalores e os mesmos autovetores.

A segunda estrada ao invés aborda diretamente a questão e veremos que obtemos um resultado ainda mais importante. Continuamos assim: Dada uma matriz quadrada A de tipo n, consideramos a matriz $xI - A$, onde I é a matriz identidade de tipo n e chamamos **polinômio característico de A** o polinômio $p_A(x) = \det(xI - A)$. Se vocês pensarem um pouco, perceberão que se trata de um polinômio de grau n. Não é um objeto linear, porém a álgebra linear tem tanta necessidade dele e não pode deixar de usar. Por quê?

Se λ é um autovalor de uma dada transformação linear $\varphi : \mathbb{R}^n \longrightarrow \mathbb{R}^n$ e digamos que $A = M^E_{\varphi(E)}$, então sabemos que $\lambda \in \mathbb{R}$ e que existe um vetor não nulo v tale que $\varphi(v) = \lambda v$; portanto deduzimos que M^E_v é uma solução não nula do sistema linear homogêneo $(\lambda I - A)\mathbf{x} = 0$. Porém um sistema linear homogêneo com tantas equações quanto incógnitas possui soluções não banais se e somente se o determinante da matriz dos coeficiente é nulo.

Consequentemente, o fato que vale a igualdade $p_A(\lambda) = 0$ com $\lambda \in \mathbb{R}$ é condição necessária e suficiente para que λ seja autovalor de φ. Se B é semelhante a A existe uma matriz invertível P tal que $B = P^{-1}AP$ (veja fórmula (2)). Se deduz

$$p_B(x) = \det(xI - B) = \det(xI - P^{-1}AP) =$$
$$\det(P^{-1}xIP - P^{-1}AP) = \det(P^{-1}(xI - A)P)$$

e

$$\det(P^{-1}(xI - A)P) = \det(P^{-1})\det(xI - A)\det(P) =$$
$$\det(xI - A) = p_A(x)$$

Matrizes semelhantes tem o mesmo polinômio característico.

Vimos portanto que o polinômio característico, como dizem os matemáticos, é invariante por semelhança. Este fato nos permite portanto de falar de **polinômio característico de φ**. De fato, temos $p_\varphi(x) = p_A(x)$, onde A é uma matriz de representação de φ qualquer.

Os autovalores de φ (e de qualquer matriz que o representa) são as raizes reais do polinômio característico de φ (e de qualquer matriz que o representa).

Tendo chegado a esse ponto eu posso imaginar que o leitor pode estar um pouco perplexo. Com certeza você percebeu que os raciocínios feitos nesse capítulo são mais difíceis que nos capítulos anteriores. Talvez neste momento o livro não é mesmo mais *para todos*. Mas não se apavore, estamos chegando ao final, mais um último esforço e chegaremos a algumas conclusões realmente notáveis. Devemos porém ainda aprender alguns fatos matemáticos; o primeiro é o seguinte.

Se para cada autoespaço selecionamos uma base e colocamos todas essas bases em uma única upla de vetores, obtemos uma upla de vetores linearmente independentes.

O segundo é o seguinte.

A dimensão de cada autoespaço é menor ou igual a multipli-cidade (como raiz do polinômio característico) do correspondente autovalor.

Estes fatos tem importantes consequências, porém temendo que o leitor comece a se impacientar, vou fechar a seção com um exemplo. As seções sucessivas mostrarão outras classes de exemplos e certificarão portanto a versatilidade do uso deste fatos matemáticos.

Exemplo 8.2.1. Consideremos a seguinte matriz $A = \left(\begin{smallmatrix} 7 & -6 \\ 8 & -7 \end{smallmatrix}\right)$. O seu polinômio característico é

$$p_A(x) = \det \begin{pmatrix} x - 7 & 6 \\ -8 & x + 7 \end{pmatrix} = x^2 - 1$$

Portanto os autovalores são 1, -1. Podemos então calcular os correspondes autoespaços V_1, V_{-1}. Para calcular V_1 devemos encontrar todos os vetores v tais que $\varphi(v) = v$. Mas de que φ estamos falando? Nós pensamos em A como $M^E_{\varphi(E)}$ e portanto, se $v = (x, y)^{\mathrm{tr}}$, os vetores v tais que $\varphi(v) = v$ são aqueles cujas coordenadas com relação a base canônica são solução do sistema linear

$$\begin{cases} -6x_1 + 6x_2 = 0 \\ -8x_1 + 8x_2 = 0 \end{cases}$$

Portanto, uma base para V_1 é por exemplo constituída pelo vetor $u_1 = (1, 1)$. Em relação a V_{-1}, os vetores v tais que $\varphi(v) = -v$ são aqueles cujas coordenadas com respeito a base canônica são solução do sistema linear

$$\begin{cases} -8x_1 + 6x_2 = 0 \\ -8x_1 + 6x_2 = 0 \end{cases}$$

Logo, uma base para V_{-1} é por exemplo constituída pelo vetor $u_1 = (3, 4)$. A conclusão é que se tomamos $P^{-1} = \left(\begin{smallmatrix} 1 & 3 \\ 1 & 4 \end{smallmatrix}\right)$, temos $P = \left(\begin{smallmatrix} 4 & -3 \\ -1 & 1 \end{smallmatrix}\right)$, e se $\Delta = \left(\begin{smallmatrix} 1 & 0 \\ 0 & -1 \end{smallmatrix}\right)$, obtemos a decomposição $A = P^{-1}\Delta P$, ou seja

$$\begin{pmatrix} 7 & -6 \\ 8 & -7 \end{pmatrix} = \begin{pmatrix} 1 & 3 \\ 1 & 4 \end{pmatrix} \begin{pmatrix} 1 & 0 \\ 0 & -1 \end{pmatrix} \begin{pmatrix} 4 & -3 \\ -1 & 1 \end{pmatrix}$$

8.3 Potência de matrizes

Potência das matrizes ou potência de matrizes? A ênfase é sempre dada a primeira interpretação porém nesta seção nos referiremos a segunda, como foi comentado na introdução do capítulo. Sem perder muito tempo vejamos imediatamente um exemplo.

Exemplo 8.3.1. Consideremos a seguinte matriz

$$A = \begin{pmatrix} 2 & 0 & -3 \\ 1 & 1 & -5 \\ 0 & 0 & -1 \end{pmatrix}$$

e suponhamos que queremos elevá-la a uma potência muito alta, por exemplo 50,000. Como já observamos na introdução calcular $A^{50,000}$ é muito caro, porém neste caso podemos nos aproveitar dos autovalores. Como? O polinômio característico de A é

$$p_A(x) = \det(xI - A) = x^3 - 2x^2 - x + 2 = (x+1)(x-1)(x-2)$$

Existem três autovalores distintos -1, 1, 2 e três correspondentes autovetores que são $v_1 = (1, 2, 1)$, $v_2 = (0, 1, 0)$, $v_3 = (1, 1, 0)$.
Dadas

$$P^{-1} = \begin{pmatrix} 1 & 0 & 1 \\ 2 & 1 & 1 \\ 1 & 0 & 0 \end{pmatrix} \qquad \Delta = \begin{pmatrix} -1 & 0 & 0 \\ 0 & 1 & 1 \\ 0 & 0 & 2 \end{pmatrix}$$

obtemos

$$P = \begin{pmatrix} 0 & 0 & 1 \\ -1 & 1 & -1 \\ 1 & 0 & -1 \end{pmatrix} \qquad A = P^{-1}\Delta P$$

Como já vimos na introdução observamos que vale a igualdade

$$A^N = P^{-1}\Delta^N P$$

e que calcular Δ^N é uma operação fácil visto que temos

$$\Delta^N = \begin{pmatrix} (-1)^N & 0 & 0 \\ 0 & 1^N & 1 \\ 0 & 0 & 2^N \end{pmatrix}$$

Consequentemente temos a seguinte fórmula

$$\begin{pmatrix} 2 & 0 & -3 \\ 1 & 1 & -5 \\ 0 & 0 & -1 \end{pmatrix}^N = \begin{pmatrix} 1 & 0 & 1 \\ 2 & 1 & 1 \\ 1 & 0 & 0 \end{pmatrix} \begin{pmatrix} (-1)^N & 0 & 0 \\ 0 & 1^N & 1 \\ 0 & 0 & 2^N \end{pmatrix} \begin{pmatrix} 0 & 0 & 1 \\ -1 & 1 & -1 \\ 1 & 0 & -1 \end{pmatrix}$$

Portanto, se N é um número par, temos

$$\begin{pmatrix} 2 & 0 & -3 \\ 1 & 1 & -5 \\ 0 & 0 & -1 \end{pmatrix}^N = \begin{pmatrix} 2^N & 0 & -2^N+1 \\ 2^N-1 & 1 & -2^N+1 \\ 0 & 0 & 1 \end{pmatrix}$$

Se N é um número ímpar temos

$$\begin{pmatrix} 2 & 0 & -3 \\ 1 & 1 & -5 \\ 0 & 0 & -1 \end{pmatrix}^N = \begin{pmatrix} 2^N & 0 & -2^N+1 \\ 2^N-1 & 1 & -2^N-3 \\ 0 & 0 & -1 \end{pmatrix}$$

Nesse ponto, o leitor deveria ter a curiosidade de verificar que efetivamente calcular A^N com o método obvio, ou seja $AAAAAA \cdots A$ onde os produtos são $N-1$, é definitivamente derrotado do método obtido através da diagonalização de A. Naturalmente para apreciar a diferença é necessário fare uma disputa com N muito grande. Quanto? Prefiro deixar o leitor o prazer de descobrir sozinho.

8.4 Os coelhos de Fibonacci

portanto
a todos aqueles que querem adquirir
bem a prática desta ciência,
devem continuamente dedicar-se
ao exercício dela com prática incessante

(Leonardo da Pisa, dito Fibonacci)

Como escreveu G. K. Chesterton, com perseverança até mesmo o caracol alcançou a arca de Noé. Portanto, mesmo tendo sido escrito em 1202 no LIBER ABACI de Fibonacci, ainda hoje é um ótimo conselho.

Leonardo de Pisa, também chamado Bigollo (errante), conhecido também como *filius Bonacci* (filho de Bonacci) ou Fibonacci, foi um grande matemático que viveu entre o décimo segundo e o décimo terceiro séculos.

Errante e matemático! No entanto importantíssimo, tanto é que, até hoje seu livro Liber Abaci influencia a ciência moderna. Por exemplo devemos a ele a utilização do símbolo 0, que ele importou para o ocidente da grande tradicão indo-arábica. Certa vez, durante um torneio, alguém levantou a seguinte pergunta para ele.

Em uma gaiola, que não tem abertura para o mundo exterior, existe um par de coelhos. Vamos supor que os coelhos dão à luz todos os meses, a partir o segundo mês de vida e que cada vez dão à luz nasce um casal de coelhos, ou seja um macho e uma fêmea. Quantos casais de coelhos teremos na gaiola depois de um ano?

Certamente os *verdadeiros coelhos* não se reconheceriam nesta descrição. Mas se sabe que os matemáticos (e também os errantes) gostam de extrair da realidade modelos simplificados. Em um segundo momento se poderia pensar em complicar o problema fazendo com que os coelhos de Fibonacci se comportem como verdadeiros coelhos, que dão à luz em um modo muito mais casual, têm um período de gestação, tem uma certa mortalidade, não vivem em gaiolas ideais.

Vamos ver agora como configurar o problema. No início, ou seja depois do mês zero, temos um casal de coelhos na gaiola, que chamaremos de C. Depois de um mês temos ainda o mesmo casal de coelhos C. Passados dois meses temos o casal C mais o novo casal gerado que chamaremos de F, portando dois casais. Depois de três meses temos o Casal C, o casal F e o novo casal gerado por C que chamaremos G. Depois de 4 meses temos o casal C, o casal F, o casal G, o novo casal gerado por C e o novo casal gerado por F, ou seja 5 casais no total. Vamos tentar visualizar o que dissemos através da seguinte tabela

$$
\begin{array}{cccccc}
mês & 0 & 1 & 2 & 3 & 4 & \cdots \\
casais & 1 & 1 & 2 & 3 & 5 & \cdots
\end{array}
$$

Agora nosso problema é entender como continuar, porém brevemente o resolveremos. De fato, tendo feito alguns experimentos de pensamento como o acima, deve ficar claro que depois de n meses existem os casais que tínhamos depois do $n-1$ mês, mais os casais que nasceram dos que tínhamos no $n-2$ mês. Porém os últimas são tantos quantos tínhamos no mês $n-2$, pois cada casal gera exatamente um novo casal. Se chamamos por simplicidade $C(n)$ o número de casais que existem depois de n meses, temos a seguinte fórmula

$$C(n) = C(n-1) + C(n-2) \qquad \text{con} \quad C(1) = C(0) = 1 \qquad (1)$$

Estamos diante de uma fórmula de **recorrência linear**, onde os dados **dados iniciais** são $C(1) = C(0) = 1$. Portanto é fácil extender a tabela anterior.

$$
\begin{array}{cccccccccccccc}
mês & 0 & 1 & 2 & 3 & 4 & 5 & 6 & 7 & 8 & 9 & 10 & 11 & 12 & \cdots \\
casais & 1 & 1 & 2 & 3 & 5 & 8 & 13 & 21 & 34 & 55 & 89 & 144 & 233 & \cdots
\end{array}
$$

E portanto o problema de Fibonacci de calcular $C(12)$ foi resolvido. Depois de um ano existem 233 casais na gaiola. O leitor deve ter percebido que para calcular $C(12)$ tivemos que calcular antes todos os valores anteriores a ele, ou seja calculamos os valores de $C(0)$, $C(1)$, $C(2)$, $C(3), \ldots, C(11)$. Agora, tantos séculos depois ficamos um pouco mais exigentes e gostaríamos de ter uma fórmula direta, ou seja uma fórmula que nos fornecesse o valor de $C(12)$, sem precisar calcular todos os valores precedentes.

Em breve veremos que isso é possível através do uso dos autovalores. O leitor agora precisa ter muita atenção pois chegamos ao ponto mais importante. A primeira coisa que temos que fazer é encontrar uma matriz, de fato até agora neste problema ainda não as vimos, portanto o conceito de autovalor ainda não pode ser utilizado. Voltamos por um momento à fórmula (1). Podemos descrevê-la também da seguinte maneira

$$
\begin{aligned}
C(n) &= C(n-1) + C(n-2) \\
C(n-1) &= C(n-1)
\end{aligned}
\qquad \text{com} \quad C(1) = C(0) = 1 \qquad (2)
$$

Em outros termos

$$
\begin{pmatrix} C(n) \\ C(n-1) \end{pmatrix} = \begin{pmatrix} 1 & 1 \\ 1 & 0 \end{pmatrix} \begin{pmatrix} C(n-1) \\ C(n-2) \end{pmatrix} \qquad \text{com} \quad C(1) = C(0) = 1 \qquad (3)
$$

Como frequentemente acontece na matemática, o fato de ter adicionado uma equação trivial, ou seja $C(n-1) = C(n-1)$, modificou complétamente a descrição do problema e abriu novos caminhos. Vejamos como. Se aplicamos a fórmula (3) no caso $n = 2$ obtemos

$$\begin{pmatrix} C(2) \\ C(1) \end{pmatrix} = \begin{pmatrix} 1 & 1 \\ 1 & 0 \end{pmatrix} \begin{pmatrix} C(1) \\ C(0) \end{pmatrix} \tag{4}$$

Se aplicamos a fórmula (3) no caso $n = 3$ obtemos

$$\begin{pmatrix} C(3) \\ C(2) \end{pmatrix} = \begin{pmatrix} 1 & 1 \\ 1 & 0 \end{pmatrix} \begin{pmatrix} C(2) \\ C(1) \end{pmatrix}$$

Usando a (4) obtemos

$$\begin{pmatrix} C(3) \\ C(2) \end{pmatrix} = \begin{pmatrix} 1 & 1 \\ 1 & 0 \end{pmatrix} \begin{pmatrix} 1 & 1 \\ 1 & 0 \end{pmatrix} \begin{pmatrix} C(1) \\ C(0) \end{pmatrix} = \begin{pmatrix} 1 & 1 \\ 1 & 0 \end{pmatrix}^2 \begin{pmatrix} C(1) \\ C(0) \end{pmatrix} \tag{5}$$

Neste ponto deve ser claro que, continuando dessa maneira obteremos

$$\begin{pmatrix} C(n) \\ C(n-1) \end{pmatrix} = \begin{pmatrix} 1 & 1 \\ 1 & 0 \end{pmatrix}^{n-1} \begin{pmatrix} C(1) \\ C(0) \end{pmatrix} \tag{6}$$

para cada $n \geq 2$. Aqui novamente nos confrontamos com a potência de uma matriz. Vamos então calcular os autovalores da matriz $A = \begin{pmatrix} 1 & 1 \\ 1 & 0 \end{pmatrix}$. Seu polinômio característico é

$$p_A(x) = \det(xI - A) = \det \begin{pmatrix} x-1 & -1 \\ -1 & x \end{pmatrix} = x^2 - x - 1$$

As raízes reais do polinômio característico, ou seja os autovalores de A, são

$$x_1 = \frac{1+\sqrt{5}}{2}, \qquad x_2 = \frac{1-\sqrt{5}}{2}$$

Podemos então calcular os autoespaços e, usando o mesmo processo do Exemplo 8.2.1, obtemos

$$\begin{pmatrix} 1 & 1 \\ 1 & 0 \end{pmatrix} = \begin{pmatrix} \frac{1+\sqrt{5}}{2} & \frac{1-\sqrt{5}}{2} \\ 1 & 1 \end{pmatrix} \begin{pmatrix} \frac{1+\sqrt{5}}{2} & 0 \\ 0 & \frac{1-\sqrt{5}}{2} \end{pmatrix} \begin{pmatrix} \frac{1}{\sqrt{5}} & \frac{-1+\sqrt{5}}{2\sqrt{5}} \\ \frac{-1}{\sqrt{5}} & \frac{1+\sqrt{5}}{2\sqrt{5}} \end{pmatrix} \tag{7}$$

Estamos quase chegando a um ponto central. Na introdução do capítulo bem como na seção anterior vimos que a n-ésima potência de uma matriz diagonal é calculada facilmente (basta elevar os elementos da diagonal à enésima potência). Vimos também que se $A = P^{-1}\Delta P$ com Δ diagonal, temos que $A^n = P^{-1}\Delta^n P$. Portanto das fórmulas (6), (7) e (3) obtemos

$$\begin{pmatrix} C(n) \\ C(n-1) \end{pmatrix} = \begin{pmatrix} \frac{1+\sqrt{5}}{2} & \frac{1-\sqrt{5}}{2} \\ 1 & 1 \end{pmatrix} \begin{pmatrix} \frac{1+\sqrt{5}}{2} & 0 \\ 0 & \frac{1-\sqrt{5}}{2} \end{pmatrix}^{n-1} \begin{pmatrix} \frac{1}{\sqrt{5}} & \frac{-1+\sqrt{5}}{2\sqrt{5}} \\ \frac{-1}{\sqrt{5}} & \frac{1+\sqrt{5}}{2\sqrt{5}} \end{pmatrix} \begin{pmatrix} 1 \\ 1 \end{pmatrix}$$

Fazendo as contas com a fórmula anterior, obtemos

$$C(n) = \frac{1}{\sqrt{5}} \left(\left(\frac{1+\sqrt{5}}{2}\right)^{n+1} - \left(\frac{1-\sqrt{5}}{2}\right)^{n+1} \right) \tag{8}$$

Finalmente! Verificamos como garantia por exemplo que $C(3) = 3$. De fato, de acordo com a fórmula (8) temos

$$C(3) = \frac{1}{\sqrt{5}} \left(\left(\frac{1+\sqrt{5}}{2}\right)^4 - \left(\frac{1-\sqrt{5}}{2}\right)^4 \right)$$
$$= \frac{1}{\sqrt{5}} \left(\left(\frac{1+4\sqrt{5}+6*25+20\sqrt{5}+25}{16}\right) - \left(\frac{1-4\sqrt{5}+6*25-20\sqrt{5}+25}{16}\right) \right)$$
$$= \frac{1}{\sqrt{5}} \left(\frac{48\sqrt{5}}{16}\right) = 3$$

8.5 Sistemas diferenciais

Vocês leram bem, falaremos de sistemas de equações diferenciais. É verdade, mesmo na análise utilizam as matrizes. Vejamos imediatamente um exemplo.

Exemplo 8.5.1. Iniciamos lembrando que a equação diferencial

$$x'(t) = c\, x(t) \tag{1}$$

onde $x(t)$ é uma função do tempo t e c é uma constante, tem como solução

$$x(t) = x(0)\, e^{c\, t} \tag{2}$$

que leva em conta o valor inicial $x(0)$. O que acontece se ao invés de uma equação escalar temos uma vetorial? Suponhamos que modelamos um problema, por exemplo a relação entre uma população de presas e uma de predadores, com o seguinte sistema que coloca em relação as duas quantidades e suas derivadas temporais.

$$\begin{cases} x_1'(t) = 2x_1(t) - 3x_2(t) \\ x_2'(t) = x_1(t) - 2x_2(t) \end{cases} \tag{3}$$

Simplificando um pouco a notação, omitindo t.

$$\begin{cases} x_1' = 2x_1 - 3x_2 \\ x_2' = x_1 - 2x_2 \end{cases} \tag{4}$$

A idéia é a de ler o sistema 4 como uma equação matricial. Basta considerar o vetor coluna $\mathbf{x} = (x_1, x_2)^{\text{tr}}$, a matriz $A = \begin{pmatrix} 2 & -3 \\ 1 & -2 \end{pmatrix}$ e reescrever portanto o sistema como

$$\mathbf{x}' = A\mathbf{x} \tag{5}$$

Vamos tentar diagonalizar a matriz A. Em primeiro lugar seu polinômio característico é $\det(xI - A) = x^2 - 1$ portanto, seus autovalores são $1, -1$. Fazendo cálculos simples vemos que um autovetor associado ao autovalor 1 é $v_1 = (3,1)$, e um autovetor associado ao autovalor -1 é $v_2 = (1,1)$. Usando a corriqueira relação $M^E_{\varphi(E)} = M^E_F M^F_{\varphi(F)} M^F_E$ e colocando $\Delta = \begin{pmatrix} 1 & 0 \\ 0 & -1 \end{pmatrix}$,

$P = M^F_E = \begin{pmatrix} \frac{1}{2} & -\frac{1}{2} \\ -\frac{1}{2} & \frac{3}{2} \end{pmatrix}$, temos $P^{-1} = M^E_F = \begin{pmatrix} 3 & 1 \\ 1 & 1 \end{pmatrix}$ obtendo assim

$$A = P^{-1} \Delta P \tag{6}$$

ou seja

$$\begin{pmatrix} 2 & -3 \\ 1 & -2 \end{pmatrix} = \begin{pmatrix} 3 & 1 \\ 1 & 1 \end{pmatrix} \begin{pmatrix} 1 & 0 \\ 0 & -1 \end{pmatrix} \begin{pmatrix} \frac{1}{2} & -\frac{1}{2} \\ -\frac{1}{2} & \frac{3}{2} \end{pmatrix} \tag{7}$$

Agora vem a boa idéia. Substituíndo na igualdade (5) a expressão de A dada na (6) e multiplicando à esquerda por P, temos

$$P\mathbf{x}' = \Delta P \mathbf{x} \tag{8}$$

Colocando

$$\mathbf{y} = P\mathbf{x} \tag{9}$$

obtemos, pela linearidade da derivada,

$$\mathbf{y}' = P\mathbf{x}' \tag{10}$$

e portanto (8) pode ser reescrita como

$$\mathbf{y}' = \Delta \mathbf{y} \tag{11}$$

ou seja

$$\begin{cases} y_1' = y_1 \\ y_2' = -y_2 \end{cases} \tag{12}$$

Todo o trabalho até agora nos permitiu transformar o sistema (4) no sistema (12). Qual é a vantagem? O leitor mais atencioso deverá ter com certeza notado que as **variáveis são separadas** e portanto as duas equações podem ser resolvidas individualmente como fizemos em (1). Obtemos (veja (2))

$$\begin{cases} y_1(t) = y_1(0)\, e^t \\ y_2(t) = y_2(0)\, e^{-t} \end{cases} \tag{13}$$

De (9) podemos deduzir $\mathbf{y}(0) = P\mathbf{x}(0)$ e portanto temos

$$\begin{cases} y_1(0) = \frac{1}{2}x_1(0) - \frac{1}{2}x_2(0) \\ y_2(0) = -\frac{1}{2}x_1(0) + \frac{3}{2}x_2(0) \end{cases} \tag{14}$$

De (9) deduzimos também que $\mathbf{x} = P^{-1}\mathbf{y}$ e utilizando (13) obtemos

$$\begin{cases} x_1(t) = 3y_1(0)e^t + y_2(0)e^{-t} \\ x_2(t) = y_1(0)e^t + y_2(0)e^{-t} \end{cases} \tag{15}$$

Para concluir, basta agora usar (14).

$$\begin{cases} x_1(t) = 3\left(\frac{1}{2}x_1(0) - \frac{1}{2}x_2(0)\right)e^t + \left(-\frac{1}{2}x_1(0) + \frac{3}{2}x_2(0)\right)e^{-t} \\ x_2(t) = \left(\frac{1}{2}x_1(0) - \frac{1}{2}x_2(0)\right)e^t + \left(-\frac{1}{2}x_1(0) + \frac{3}{2}x_2(0)\right)e^{-t} \end{cases} \quad (16)$$

A fácil verificação que essas funções realmente satisfazem o sistema inicial (3), convencerá o leitor que o resultado está correto.

Posso me dar ao luxo de insistir mais uma vez que as matrizes são uma das ferramentas mais importantes da matemática? Nessa fase do jogo, tendo visto sua enorme versatilidade, o leitor não deve ter mais dúvidas acerca disso.

8.6 Diagonabilidade das matrizes simétricas reais

Estamos quase chegando ao resultado mais importante! Porém, mais uma vez, precisaremos fazer uma pequena digressão de natureza um pouco diferente do que foi visto anteriormente. Consideremos os seguintes três polinômios $F_1(x) = x^2 - 2x - 1$, $F_2(x) = x^2 - x + 1$ e $F_3(x) = x^2 - 2x + 1$. Os primeiro possui duas raízes reais distintas $1 - \sqrt{2}$, $1 + \sqrt{2}$, o segundo não possui raízes reais (possui duas raízes complexas $\frac{1-\sqrt{3}\,i}{2}$, $\frac{1+\sqrt{3}\,i}{2}$). O terceiro é um quadrado, de fato $F_3(x) = (x-1)^2$ e portanto possui apenas uma raiz real, porém os matemáticos preferem, com razão, dizer que possui *duas coincidentes*, ou melhor ainda *uma raiz com multiplicidade 2*. Em geral um polinômio com coeficientes reais possui raízes complexas, que contadas corretamente com suas multiplicidades, são exatamente tantas quanto o grau do polinômio. Este fato é tão importante que é chamado, com um pouco de ênfase, **teorema fundamental da álgebra**. Porém como já observamos no polinômio F_2, um polinômio pode não possuir raízes reais.

Estamos perto de ter grandes novidades, porém antes vamos tirar imediatamente uma dúvida que seguramente alguns leitores devem ter tido. Será verdade que todas as matrizes quadradas reais são semelhantes a matrizes diagonais, ou seja, como se diz em jargão matemático, são **diagonalizáveis**? A resposta é decisivamente não e veremos imediatamente um exemplo.

Exemplo 8.6.1. Considere a matriz $A = \begin{pmatrix} 1 & 1 \\ 0 & 1 \end{pmatrix}$. O seu polinômio característico é

$$p_A(x) = \det(xI - A) = (x-1)^2$$

Que ha somente o autovalor $\lambda_1 = 1$ com multiplicidade 2. Calculamos o autoespaço V_1. Devemos encontrar todos os vetores v tais que $\varphi(v) = v$, onde φ é a transformação linear de $\mathbb{R}^2$ em si mesmo definida por $M_{\varphi(E)}^E = A$. Portanto devemos encontrar os vetores v tais que $AM_v^E = M_v^E$ ou seja tais que $(A - I)M_v^E = 0$. Em outras palavras devemos resolver o sistema linear homogêneo

$$\begin{cases} x_2 = 0 \\ 0 = 0 \end{cases} \quad (1)$$

A solução geral é $(a,0)$. Uma base de V_1 é por exemplo dada pelo versor $(1,0)$. Chegamos a um ponto que não podemos mais continuar, no sentido que temos poucos autovetores para construir uma base de $\mathbb{R}^2$ formada por autovetores. A conclusão é que temos diante de nós um exemplo de matriz não diagonalizável.

A matriz do exemplo precedente não é simétrica e o primeiro fato notável que diz respeito às matrizes simétricas é o seguinte.

O polinômio característico de uma matriz simétrica com entradas reais possui todas as raízes reais.

Isto significa que, se contamos a devida multiplicidade, existem tantos autovalores quanto o grau do polinômio característico, que naturalmente coincide com o tipo de A. Vocês dirão que a matriz do exemplo precedente também tinha tal propriedade. E estão corretos, porém temos, na reserva, outro fato fundamental.

Os autoespaços associados aos autovalores de matrizes simétricas são dois a dois ortogonais.

Isso implica que é possível encontrar **uma base ortonormal toda feita de autovetores**. Vejamos a demonstração desse fato.

Sejam λ_1, λ_2 dois autovalores distintos e sejam u autovetor não nulo de λ_1, v autovetor não nulo de λ_2. Consideremos $x = M_u^E$, $y = M_v^E$. Assim temos

$$\lambda_1(x^{\mathrm{tr}}\,y) = (\lambda_1 x)^{\mathrm{tr}}\,y = (Ax)^{\mathrm{tr}}\,y = x^{\mathrm{tr}}\,A^{\mathrm{tr}}\,y$$

$$= x^{\mathrm{tr}}\,Ay = x^{\mathrm{tr}}\,(Ay) = x^{\mathrm{tr}}\,(\lambda_2 y) = \lambda_2(x^{\mathrm{tr}}\,y)$$

A igualdade $\lambda_1(x^{\mathrm{tr}}\,y) = \lambda_2(x^{\mathrm{tr}}\,y)$ implica $x^{\mathrm{tr}}\,y = 0$ e consequentemente implica que $u \cdot v = 0$.

Vocês dirão, esta propriedade também era verificada no exemplo anterior e com razão de fato, o autoespaço associado ao autovalor 1 é o espaço nulo e portanto a propriedade apenas enunciada é verificada trivialmente. Porém, por fim, as matrizes simétricas nos dá um presente final.

Os autoespaços associados a autovalores de matrizes simétricas possuem dimensão igual a multiplicidade.

Esta propriedade não é verificada no exemplo anterior! A forte e surpreendente conclusão é a seguinte

As matrizes simétricas reais são diagonalizáveis, e os são mediante uma mudança de base com matriz ortonormal. Em outros termos, **dada uma matriz simétrica real** $A \in \mathrm{Mat}_n(\mathbb{R})$, **existe uma base ortonormal** F **di** $\mathbb{R}^n$ **e uma matriz diagonal** Δ **tais que**

$$\Delta = P^{-1} A \, P \qquad (1)$$

com Δ **diagonal e** $P = M_F^E$. **A matriz** Δ **tem na diagonal os autovalores repetidos tantas vezes quantas forem a sua multiplicidade.**

Para enquadrar esse rio de fatos matemáticos de excepcional importância, estudaremos em detalhes alguns exemplos.

Exemplo 8.6.2. Dada a matriz simétrica

$$A = \begin{pmatrix} 1 & 1 & 0 \\ 1 & -2 & 3 \\ 0 & 3 & 1 \end{pmatrix}$$

Consideremos a matriz

$$xI - A = \begin{pmatrix} x-1 & -1 & 0 \\ -1 & x+2 & -3 \\ 0 & -3 & x-1 \end{pmatrix}$$

e seu determinante, que é o polinômio característico de A,

$$p_A(x) = \det(xI - A) = x^3 - 13x + 12 = (x-3)(x-1)(x+4)$$

Portanto existem três autovalores distintos, $\lambda_1 = 3$, $\lambda_2 = 1$, $\lambda_3 = -4$. Vamos calcular os autoespaços associados, que chamaremos V_1, V_2, V_3. Para calcular V_1 devemos encontrar todos os vetores v tais que $\varphi(v) = 3v$. De que φ estamos falando? Da transformação linear φ de $\mathbb{R}^3$ em si mesmo tal que $M_{\varphi(E)}^E = A$. Portanto devemos encontrar os vetores v tais que tenhamos $AM_v^E = 3M_v^E$ ou seja tais que $(A - 3I)M_v^E = 0$ ou equivalentemente $(3I - A)M_v^E = 0$. Em outras palavras devemos resolver o sistema linear homogêneo

$$\begin{cases} 2x_1 - \ x_2 \qquad\quad = 0 \\ -x_1 + \ 5x_2 - 3x_3 = 0 \\ \qquad\quad -3x_2 + 2x_3 = 0 \end{cases} \qquad (1)$$

Vemos que a solução geral do sistema é $(a, 2a, 3a)$. Uma base ortonormal de V_1 é portanto dada pelo único versor $f_1 = \frac{1}{\sqrt{14}}(1, 2, 3)$.

Repetindo o mesmo raciocínio para V_2 temos que resolver o sistema linear homogêneo

$$\begin{cases} \qquad\quad -x_2 \qquad\quad = 0 \\ -x_1 + \ 3x_2 - 3x_3 = 0 \\ \qquad\quad -3x_2 \qquad\quad = 0 \end{cases} \qquad (2)$$

Vemos que a solução geral do sistema é $(3a, 0, -a)$. Uma base ortonormal de V_2 é portanto dada pelo único versor $f_2 = \frac{1}{\sqrt{10}}(3, 0, -1)$.

Repetindo mais uma vez o raciocínio para V_3 o sistema linear homogêneo que temos que resolver é

$$\begin{cases} -5x_1 - \ x_2 \qquad\quad = 0 \\ \ -x_1 - \ 2x_2 - 3x_3 = 0 \\ \qquad\quad -3x_2 - 5x_3 = 0 \end{cases} \tag{3}$$

A solução geral do sistema é $(a, -5a, 3a)$. Portanto uma base ortonormal de V_3 é dada pelo versor $f_3 = \frac{1}{\sqrt{35}}(1, -5, 3)$. Juntando as bases ortonormais de V_1, V_2, V_3 encontramos uma base $F = (f_1, f_2, f_3)$ de $\mathbb{R}^3$. Por como ela foi construída temos

$$M^F_{\varphi(F)} = \begin{pmatrix} 3 & 0 & 0 \\ 0 & 1 & 0 \\ 0 & 0 & -4 \end{pmatrix}$$

A matriz

$$M^E_F = \begin{pmatrix} \frac{1}{\sqrt{14}} & \frac{3}{\sqrt{10}} & \frac{1}{\sqrt{35}} \\ \frac{2}{\sqrt{14}} & 0 & \frac{-5}{\sqrt{35}} \\ \frac{3}{\sqrt{14}} & \frac{-1}{\sqrt{10}} & \frac{3}{\sqrt{35}} \end{pmatrix}$$

é ortonormal, portanto a inversa coincide com a transposta de M^E_F. A fórmula $M^F_{\varphi(F)} = M^F_E \, M^E_{\varphi(E)} \, M^E_F$ se explicita assim

$$\begin{pmatrix} 3 & 0 & 0 \\ 0 & 1 & 0 \\ 0 & 0 & -4 \end{pmatrix} = \begin{pmatrix} \frac{1}{\sqrt{14}} & \frac{2}{\sqrt{14}} & \frac{3}{\sqrt{14}} \\ \frac{3}{\sqrt{10}} & 0 & \frac{-1}{\sqrt{10}} \\ \frac{1}{\sqrt{35}} & \frac{-5}{\sqrt{35}} & \frac{3}{\sqrt{35}} \end{pmatrix} \begin{pmatrix} 1 & 1 & 0 \\ 1 & -2 & 3 \\ 0 & 3 & 1 \end{pmatrix} \begin{pmatrix} \frac{1}{\sqrt{14}} & \frac{3}{\sqrt{10}} & \frac{1}{\sqrt{35}} \\ \frac{2}{\sqrt{14}} & 0 & \frac{-5}{\sqrt{35}} \\ \frac{3}{\sqrt{14}} & \frac{-1}{\sqrt{10}} & \frac{3}{\sqrt{35}} \end{pmatrix}$$

Finalmente obtemos a diagonalização de A. Chamando $P = M^E_F$, e

$$\Delta = \begin{pmatrix} 3 & 0 & 0 \\ 0 & 1 & 0 \\ 0 & 0 & -4 \end{pmatrix}$$

temos

$$\Delta = P^{-1} A P = P^{\mathrm{tr}} A P$$

Observe que Δ e A são não somente **semelhantes**, mas também **congruentes**.

Exemplo 8.6.3. Dada a matriz simétrica

$$A = \begin{pmatrix} \frac{9}{10} & -\frac{1}{5} & \frac{1}{2} \\ -\frac{1}{5} & \frac{3}{5} & 1 \\ \frac{1}{2} & 1 & -\frac{3}{2} \end{pmatrix}$$

Consideremos a matriz

$$xI - A = \begin{pmatrix} x - \frac{9}{10} & \frac{1}{5} & -\frac{1}{2} \\ \frac{1}{5} & x - \frac{3}{5} & -1 \\ -\frac{1}{2} & -1 & x + \frac{3}{2} \end{pmatrix}$$

e seu determinante que é o polinômio característico de A,

$$p_A(x) = \det(xI - A) = x^3 - 3x + 2 = (x-1)^2(x+2)$$

Encontramos portanto dois autovalores distintos $\lambda_1 = 1$, $\lambda_2 = -2$, porém atenção ao fato que λ_1 tem multiplicidade 2.

Vejamos como calcular os autoespaços associados, que chamaremos V_1, V_2. Para calcular V_1 devemos encontrar todos os vetores v tais que $\varphi(v) = v$. Como no exemplo precedente, φ é a transformação linear de $\mathbb{R}^3$ em si mesmo tal que $M^E_{\varphi(E)} = A$. Portanto devemos encontrar os vetores v tais que $AM^E_v = M^E_v$, ou seja tais que $(A-I)M^E_v = 0$ ou de maneira equivalente $(I-A)M^E_v = 0$. Em outras palavras precisamos resolver o sistema linear homogêneo

$$\begin{cases} \frac{1}{10}x_1 + \frac{1}{5}x_2 - \frac{1}{2}x_3 = 0 \\ \frac{1}{5}x_1 + \frac{2}{5}x_2 - 1x_3 = 0 \\ -\frac{1}{2}x_1 - x_2 + \frac{5}{2}x_3 = 0 \end{cases} \tag{1}$$

O sistema é portanto equivalente à última equação e assim a solução geral é $(a, -\frac{1}{2}a + \frac{5}{2}b, b)$. Assim, uma base de V_1 é dada pelo par (v_1, v_2) onde $v_1 = (1, -\frac{1}{2}, 0)$, $v_2 = (0, \frac{5}{2}, 1)$. Se quisemos que a base seja ortonormal, basta utilizar o método Gram-Schmidt para obter a nova base $G = (g_1, g_2)$, onde $g_1 = \text{vers}(v_1)$, $g_2 = \text{vers}(v_2 - (v_2 \cdot g_1)g_1)$. Temos portanto $g_1 = \frac{1}{\sqrt{5}}(2, -1, 0)$ e $g_2 = \text{vers}((0, \frac{5}{2}, 1) + \frac{\sqrt{5}}{2}\frac{1}{\sqrt{5}}(2, -1, 0)) = \text{vers}(1, 2, 1)$ e assim $g_2 = \frac{1}{\sqrt{6}}(1, 2, 1)$.

Repetindo o mesmo raciocínio para V_2 obtemos o sistema linear homogêneo

$$\begin{cases} -\frac{29}{10}x_1 + \frac{1}{5}x_2 - \frac{1}{2}x_3 = 0 \\ \frac{1}{5}x_1 + \frac{13}{5}x_2 - x_3 = 0 \\ -\frac{1}{2}x_1 - x_2 - \frac{1}{2}x_3 = 0 \end{cases} \tag{2}$$

Se vê que a solução geral do sistema é $(-a, -2a, 5a)$. Uma base ortonormal de V_2 portanto será dada por um único versor $g_3 = \frac{1}{\sqrt{30}}(-1, -2, 5)$.

Unindo as bases ortonormais de V_1, V_2 que encontramos obtemos a base $F = (g_1, g_2, g_3)$ de $\mathbb{R}^3$. Por construção temos

$$M^F_{\varphi(F)} = \begin{pmatrix} 1 & 0 & 0 \\ 0 & 1 & 0 \\ 0 & 0 & -2 \end{pmatrix}$$

A matriz

$$M_F^E = \begin{pmatrix} \frac{2}{\sqrt{5}} & -\frac{1}{\sqrt{6}} & \frac{1}{\sqrt{30}} \\ -\frac{1}{\sqrt{5}} & \frac{2}{\sqrt{6}} & -\frac{2}{\sqrt{30}} \\ 0 & \frac{1}{\sqrt{6}} & \frac{5}{\sqrt{30}} \end{pmatrix}$$

é ortonormal, portanto a inversa M_E^F coincide com a tansposta de M_F^E. A fórmula $M_{\varphi(F)}^F = M_E^F M_{\varphi(E)}^E M_F^E$ se escreve da seguinte maneira

$$\begin{pmatrix} 1 & 0 & 0 \\ 0 & 1 & 0 \\ 0 & 0 & -2 \end{pmatrix} = \begin{pmatrix} \frac{2}{\sqrt{5}} & -\frac{1}{\sqrt{5}} & 0 \\ -\frac{1}{\sqrt{6}} & \frac{2}{\sqrt{6}} & \frac{1}{\sqrt{6}} \\ \frac{1}{\sqrt{30}} & -\frac{2}{\sqrt{30}} & \frac{5}{\sqrt{30}} \end{pmatrix} \begin{pmatrix} \frac{9}{10} & -\frac{1}{5} & \frac{1}{2} \\ -\frac{1}{5} & \frac{3}{5} & 1 \\ \frac{1}{2} & 1 & -\frac{3}{2} \end{pmatrix} \begin{pmatrix} \frac{2}{\sqrt{5}} & -\frac{1}{\sqrt{6}} & \frac{1}{\sqrt{30}} \\ -\frac{1}{\sqrt{5}} & \frac{2}{\sqrt{6}} & -\frac{2}{\sqrt{30}} \\ 0 & \frac{1}{\sqrt{6}} & \frac{5}{\sqrt{30}} \end{pmatrix}$$

Acabamos de obter a diagonalização de A. Considerando $P = M_F^E$, e

$$\Delta = \begin{pmatrix} 1 & 0 & 0 \\ 0 & 1 & 0 \\ 0 & 0 & -2 \end{pmatrix}$$

temos $\Delta = P^{-1} A P = P^{\mathrm{tr}} A P$.

Concluiremos com uma interessante observação. Se A é uma matriz simétrica real, então vimos que existem Δ diagonal e P ortonormal tais que $\Delta = P^{-1}AP$. A matriz Δ possui na diagonal os autovalores de A. A observação, que já foi feita no final do Exemplo 8.6.2, é que como P é ortonormal, $P^{-1} = P^{\mathrm{tr}}$ e portanto, A e Δ não são somente semelhantes, elas são também congruentes. De consequência temos o seguinte fato.

Se A é uma matriz simétrica real semidefinida positiva seus autovalores são não negativos. Mais ainda, se A é definida positiva seus autovalores são todos positivos.

É inútil dizer que sobre o tema da diagonalização os matemáticos fizeram importantes descobertas. Porém depois de ter chegado até esse ponto, a estrada se torna impenetrável e continuar não é mais *para todos*. Porém, ao leitor que sente a sede do saber, o meu óbvio conselho é o de não parar por aqui.

$$e\ \ell a\ _{sete}\ s\,a\,\ell^e$$

[1](de PALINDROMI DI (LO)RENZO
de Lorenzo)

---

[1]e a sede aumenta

Exercícios

Exercício 1. Para cada número real φ, seja A_φ a seguinte matriz

$$A_\varphi = \begin{pmatrix} \cos(\varphi) & -\sin(\varphi) \\ \sin(\varphi) & \cos(\varphi) \end{pmatrix}$$

(a) Prove que para cada $\varphi \in \mathbb{R}$ existe $\vartheta \in \mathbb{R}$ tal que $(A_\varphi)^{-1} = A_\vartheta$.
(b) Dizer para que valores de $\varphi \in \mathbb{R}$ a matriz A_φ é diagonalizável.
(c) Dar uma motivação geométrica à resposta da pergunta anterior.

Exercício 2. Quantas e quais são as matrizes em $\mathrm{Mat}_2(\mathbb{R})$ ortogonais e diagonalizáveis?

Exercício 3. Consideremos as seguintes matrizes.

$$A_1 = \begin{pmatrix} 1 & 0 \\ 0 & 1 \end{pmatrix} \quad A_2 = \begin{pmatrix} 1 & 0 \\ 1 & 1 \end{pmatrix} \quad A_3 = \begin{pmatrix} 1 & 0 \\ 1 & 2 \end{pmatrix} \quad A_4 = \begin{pmatrix} 2 & 0 \\ 1 & 1 \end{pmatrix} \quad A_5 = \begin{pmatrix} 2 & 0 \\ 0 & 1 \end{pmatrix}$$

(a) Dizer quais são diagonalizáveis.
(b) Encontrar os pares de matrizes semelhantes.

Exercício 4. Responder às seguintes perguntas de maneira teórica.

(a) Quis são os autovalores de uma matriz triangular superior?
(b) Quais são os autovalores de uma matriz triangular inferior?
(c) Provar que se λ é autovalor da matriz A e N é um número natural então λ^N é autovalor da matriz A^N.

Exercício 5. Resolver os seguintes sistemas diferenciais

$$\begin{cases} x_1'(t) = x_1(t) - 3x_2(t) \\ x_2'(t) = -3x_1(t) + 10x_2(t) \end{cases}$$

com condições iniciais $x_1(0) = 2$, $x_2(0) = -4$.

Exercício 6. Dada a seguinte matriz

$$A = \begin{pmatrix} 0 & 0 & -2 \\ 1 & 2 & 1 \\ 1 & 0 & 3 \end{pmatrix}$$

(a) Calcular $\det(A)$ e verificar que a matriz A é invertível.
(b) Deduzir que 0 não é autovalor de A.
(c) Diagonalizar, se possível, A.

ⓐ **Exercício 7.** Diagonalizar a seguinte matriz

$$\begin{pmatrix} \frac{55010}{32097} & \frac{3907}{64194} & \frac{58286}{32097} & -\frac{42489}{21398} & \frac{61403}{64194} & -\frac{6067}{64194} \\ -\frac{65587}{32097} & \frac{128036}{32097} & \frac{809651}{32097} & -\frac{218715}{10699} & \frac{448180}{32097} & \frac{10561}{32097} \\ -\frac{3821}{32097} & -\frac{25687}{64194} & -\frac{71447}{32097} & \frac{10299}{21398} & -\frac{110219}{64194} & \frac{21601}{64194} \\ -\frac{8672}{32097} & -\frac{11408}{32097} & -\frac{83864}{32097} & \frac{16268}{10699} & -\frac{35260}{32097} & \frac{2336}{32097} \\ \frac{5507}{10699} & \frac{5014}{10699} & -\frac{51355}{10699} & \frac{57171}{10699} & -\frac{13254}{10699} & -\frac{6221}{10699} \\ -\frac{2818}{32097} & -\frac{34975}{32097} & -\frac{181282}{32097} & \frac{48033}{10699} & -\frac{145679}{32097} & \frac{7747}{32097} \end{pmatrix}$$

ⓐ **Exercício 8.** Dada a matriz

$$A = \begin{pmatrix} \frac{4}{5} & \frac{3}{2} & -\frac{12}{5} & -12 \\ 2 & 3 & 2 & 4 \\ \frac{23}{5} & -\frac{1}{2} & \frac{19}{5} & 14 \\ -\frac{7}{5} & -\frac{1}{2} & -\frac{1}{5} & 0 \end{pmatrix}$$

(a) Calcular diretamente A^{10000}.
(b) Verificar que os autovalores de A são 1, -2, 3, 4.
(c) Escrever $A = P^{-1}\Delta P$ com Δ diagonal.
(d) Usar esta fórmula para recalcular A^{10000} e comparar o tempo de execução com o do cálculo direto feito em (a).

ⓐ **Exercício 9.** Considere o polinômio $F(x) = x^5 - 5x^3 + 3x - 7$. Observe que $F(x)$ tem grau 5 e que a lista dos coeficientes dos termos de grau *inferior* a 5, partindo do grau 0, é $[-7, 3, 0, -5, 0]$. Considere a lista dos oposto, ou seja a lista $[7, -3, 0, 5, 0]$ e com tal lista construa a seguinte matriz

$$A = \begin{pmatrix} 0 & 0 & 0 & 0 & 7 \\ 1 & 0 & 0 & 0 & -3 \\ 0 & 1 & 0 & 0 & 0 \\ 0 & 0 & 1 & 0 & 5 \\ 0 & 0 & 0 & 1 & 0 \end{pmatrix}$$

(a) Verifique que o polinômio característico de A coincide com $F(x)$.
(b) Generalize a construção de A ao variar de $F(x)$ e verifique a mesma propriedade com os seguintes polinômios
(1) $F(x) = x^{15} - 1$
(2) $F(x) = x^{12} - x^{11} - x^{10} + 2x^7$
(3) $F(x) = x^3 - \frac{1}{2}x^2 + \frac{3}{7}x + \frac{1}{12}$

Exercício 10. Considere a matriz identidade I de tipo 3.
(a) Provar que se A é semelhante a I, então $A = I$.
(b) É verdade a mesma coisa se substituímos 3 com um número natural positivo qualquer?

Exercício 11. Dada a família de matrizes $A_t \in \mathrm{Mat}_2(\mathbb{R})$, onde $t \in \mathbb{R}$ e

$$A_t = \begin{pmatrix} 1 & t \\ 2 & 1 \end{pmatrix}$$

Determinar os valores de $t \in \mathbb{R}$ para os quais A_t não é diagonalizavel.

Exercício 12. Sejam A, B, P matrizes quadradas de mesmo tipo e suponhamos que P seja invertível, e que A e B sejam diagonalizáveis mediante P. Responder as seguintes perguntas de natureza teórica.

(a) É verdade que $A + B$ é diagonalizável?
(b) É verdade que AB é diagonalizável?

Exercício 13. Seja $A \in \mathrm{Mat}_n(\mathbb{R})$. Responder as seguintes perguntas de natureza teórica.

(a) É verdade que se λ é autovalor di A, então λ^2 é autovalor de A^2?
(b) Seja $\lambda \in \mathbb{R}$. Se a soma dos elementos de cada linha de A é λ, é verdade que λ é autovalor de A?

ⓐ **Exercício 14.** Considere a sucessão de números inteiros $f(n)$ e suponha conhecer os valores iniciais $f(0), f(1), f(2)$ e de saber que a seguinte relação de recorrência é válida

$$f(n) = 2f(n-1) + 5f(n-2) - 6f(n-3)$$

(a) Calcular $f(3), f(4), \ldots, f(10)$ em função de $f(0), f(1), f(2)$.
(b) Imitando o exemplo dos coelhos de Fibonacci, construir a matriz A associada á relação acima, e calcular os autovalores.
(c) Calcular uma decomposição de $A = P^{-1} \Delta P$ com Δ diagonal.
(d) Usando tal decomposição calcular $f(10000)$.
(e) Dizer para que valores de $f(0), f(1), f(2)$, a sucessão $f(n)$ é constante.

* *

Aqui termina a Parte II e com ela o conteúdo mais propriamente matemático do livro. A força da álgebra linear é revelada somente em parte e espero que o leitor, que chegou a esse ponto, não se sinta completamente satisfeito e por exemplo dedique muita atenção à leitura da Parte III.

Parte III

Apêndice

Problemas com o uso do computador

Como dissemos na introdução, no final de muitas seções vocês encontraram exercícios marcados com um símbolo @. Para resolvê-los sugerimos a utilização de um programa específico de cálculo. Aqui mostraremos de maneira muito breve algumas possibilidades de utilização do sistema CoCoA (veja [Co]). O leitor não deve esperar uma descrição exaustiva. Para ser verdadeiramente sincero, não quero ser exaustivo, o objetivo do apêndice é somente o de criar uma vontade de consultar a página web

http://cocoa.dima.unige.it

baixar o programa CoCoA (que é grátis, algo muito apreciado por aqui) e, com a ajuda de um amigo ou do manual, aprender a utilizá-lo.

Uma maneira bastante simples de iniciar a *familiarização* com o CoCoA é lendo a história [R06] e o artigo de divulgação [R01]. Naturalmente muitos outros programas podem ser utilizados, porém em Gênova tal escolha seria considerada... uma traição. Para evitar tal perigo veremos daqui a pouco como utilizar CoCoA com a ajuda de alguns exemplos específicos.

Antes de começar, algumas indicações de caráter geral para vocês. Tudo aquilo que será visto com **caracteres especiais** é precisamente *código* CoCoA, o que significa que pode ser utilizado também como input. As partes de texto que começam com *duplo traço* são simplesmente comentários que podem ser ignorados do programa. Agora podemos começar o primeiro exemplo.

Robbiano L.: Álgebra Linear para todos
© Springer-Verlag Italia 2011

Exemplo 8.6.4. Resolver com CoCoA o sistema linear

$$\begin{cases} 3x & -2y & +z = & 8 \\ 3x & -y & +\frac{7}{2}z = & 57 \\ -4x & +10y & -\frac{4}{3}z = & -71 \end{cases}$$

Podemos resolver a mão, porém vamos tentar ver como é possível obter uma ajuda do computador, em particular resolveremos interagindo com o CoCoA que neste caso é utilizado somente como *calculadora*. Começamos então a escrever o sistema em uma *linguagem compreensível ao* CoCoA.

```
Set Indentation; -- escreve um  polinômio por linha

Sistema :=
[
3x -  2y +   z - 8,
3x -   y + 7/2z - 57,
-4x + 10y - 4/3z + 71
];
```

Para checar o conteúdo da variável basta escrever

```
    Sistema;
```

e obter como output

```
          [
    3x - 2y + z - 8,
    3x - y + 7/2z - 57,
    -4x + 10y - 4/3z + 71]
    --------------------------------
```

Além disso, para não escrever sempre `Sistema`, que como nome é expressivo mas infelizmente é longo, e para manter inalterado o input na variável `Sistema`, vamos dar-lhe um outro nome mais curto.

```
    S := Sistema;
```

Desse momento CoCoA sabe que tanto `S` quanto `Sistema` são nomes dados ao sistema inicial. Podemos então modificar `S` ao longo do caminho, enquanto `Sistema` continuará a ser o nome do sistema dado no input.

Dado que `S` é uma lista, as expressões `S[1]`, `S[2]`, `S[3]` representam o primeiro, o segundo e o terceiro elemento dela, correspondendo então à primeira, segunda e terceira equações. Agora utilizaremos algumas *regras do jogo* ou seja as seguintes operações elementares.

(1) multiplicar uma linha por uma constante não nula: `S[N]  := (C)*S[N];`
(2) somar a uma linha um múltiplo de uma outra: `S[N]  := S[N] + (C)*S[M];`

```
S[2] := S[2] + (-1)*S[1];
S;   -- Agora vejamos o output

[
  3x - 2y + z - 8,
  y + 5/2z - 49,
  -4x + 10y - 4/3z + 71]
------------------------------

S[1] := S[1] + 2*S[2];
S;   -- Vejamos o output

[
  3x + 6z - 106,
  y + 5/2z - 49,
  -4x + 10y - 4/3z + 71]
------------------------------

S[1] := (1/3)*S[1];
S;   -- Vejamos o output

[
  x + 2z - 106/3,
  y + 5/2z - 49,
  -4x + 10y - 4/3z + 71]
------------------------------

S[3] := S[3] + 4*S[1];
S;   -- Vejamos o output

[
  x + 2z - 106/3,
  y + 5/2z - 49,
  10y + 20/3z - 211/3]
------------------------------

S[3] := S[3] - 10*S[2];
S;   -- Vejamos o output

[
  x + 2z - 106/3,
  y + 5/2z - 49,
  -55/3z + 1259/3]
------------------------------
```

```
S[3] := (-3/55)*S[3];
S;   -- Vejamos o output

[
  x + 2z - 106/3,
  y + 5/2z - 49,
  z - 1259/55]
------------------------------

S[1] := S[1] - 2*S[3];
S;   -- Vejamos o output

[
  x + 1724/165,
  y + 5/2z - 49,
  z - 1259/55]
------------------------------
S[2] := S[2] - 5/2*S[3];
```

O último output é o seguinte

```
S;
[
  x + 1724/165,
  y + 181/22,
  z - 1259/55]
------------------------------
```

Obtivemos um sistema equivalente *muito fácil de resolver*. A solução do sistema é então $(-\frac{1724}{165}, -\frac{181}{22}, \frac{1259}{55})$. Podemos verificar com CoCoA usando a função Eval que, como indica o nome, avalia a expressão. Lembre-se que, enquanto S mudou durante o cálculo, Sistema é ainda o inicial.

```
Eval(Sistema,[-1724/165,-181/22,1259/55]);
-- O output é o seguinte

[
  0,
  0,
  0]
------------------------------
```

Agora estamos mesmo convencidos!

O próximo exemplo mostra CoCoA trabalhando pra fazer uma decomposição de Cholesky (veja Seção 5.4). Aqui CoCoA não será somente utilizado como uma calculadora, e irá trabalhar em um nível um pouco mais alto em relação ao exemplo anterior.

Exemplo 8.6.5. Consideremos a seguinte matriz simétrica

$$A = \begin{pmatrix} 1 & 3 & 1 \\ 3 & 11 & 1 \\ 1 & 1 & 6 \end{pmatrix}$$

e calculemos os menores principais.

```
A := Mat([ [1,3,1],
           [3,11,1],
           [1,1,6] ]);

Det(Submat(A,[1],[1]));
Det(Submat(A,[1,2],[1,2]));
Det(A);   -- Os output são

1
-------------------------------
2
-------------------------------
6
-------------------------------
```

São todos positivos, portanto pelo critério de Sylvester (veja Seção 5.3) a matriz é positiva definida e consequentemente admite uma decomposição de Cholesky. Utilizamos matrizes elementares para anular os elementos da segunda linha e coluna diferentes de a_{11}. O leitor pode observar o modo inteligente de definir as matrizes elementares.

```
E1 := Identity(3);    E1[2,1] := -3;   E1;
Mat([
  [1, 0, 0],
  [-3, 1, 0],
  [0, 0, 1]
])
-------------------------------
E2 := Identity(3);    E2[3,1] := -1;   E2;
Mat([
  [1, 0, 0],
  [0, 1, 0],
  [-1, 0, 1]
])
```

```
--------------------------------
A1 := (E2*E1) * A * Transposed(E2*E1);
```

Obtemos A1 que é a seguinte matriz

```
Mat([
  [1, 0, 0],
  [0, 2, -2],
  [0, -2, 5]
])
--------------------------------
```

Usamos matrizes elementares para anular os elementos da segunda linha e coluna diferentes de a_{22}.

```
E3 := Identity(3);   E3[3,2] := 1;   E3;
D := E3 * A1 * Transposed(E3);
```

pedimos ao CoCoA para nos dizer quem é D e verificar

```
D;
Mat([
  [1, 0, 0],
  [0, 2, 0],
  [0, 0, 3]
])
--------------------------------

D = E3*E2*E1*A*Transposed(E1)*Transposed(E2)*Transposed(E3);
TRUE;
--------------------------------
```

Coloquemos

```
P := E3 *E2 *E1;   TP := Transposed(P);
InvP := Inverse(P);   InvTP := Inverse(TP);
```

e verifiquemos que

```
A= InvP*D*InvTP;
TRUE
--------------------------------
```

Agora devemos introduzir as raízes quadradas de 2 e 3. Como podemos fazer? No CoCoA não podemos escrever diretamente $\sqrt{2}$ e $\sqrt{3}$, CoCoA não entenderia, já que *não fazem parte da sua linguagem*. Por agora vamos nos satisfazer em introduzir dois símbolos a, b. Vejamos como.

```
Use Q[a,b];
B := Mat([ [1,0,0],
           [0,a,0],
           [0,0,b] ]);
U := B*InvTP;
```

Perguntamos ao CoCoA quem são U e U^{tr}.

```
U;
Mat([
    [1, 3, 1],
    [0, a, -a],
    [0, 0, b]
])
--------------------------------

TrU := Transposed(U);    TrU;
Mat([
    [1, 0, 0],
    [3, a, 0],
    [1, -a, b]
])
--------------------------------
```

A conclusão é que $A = U^{tr} U$ é a decomposição de Cholesky, onde

$$U = \begin{pmatrix} 1 & 3 & 1 \\ 0 & \sqrt{2} & -\sqrt{2} \\ 0 & 0 & \sqrt{3} \end{pmatrix}$$

Tudo parece ter sido muito fácil. Na verdade *não fizemos nada* pois nunca utilizamos o fato que a, b representam de fato $\sqrt{2}$, $\sqrt{3}$ o verdadeiro motivo é que não tivemos a necessidade de fazer multiplicações dos símbolos a, b.

E se agora quiséssemos verificar o resultado, deveríamos ensinar CoCoA a fazer as simplificações $a^2 = 2$ e $b^2 = 3$. Ensinaremos-lhe com a próxima função, que CoCoA entende pois é escrita na sua linguagem. Não se perguntem demais o que significa, procurem ficar satisfeitos do funcionamento, da mesma forma que se faz quando compramos uma televisão ou um celular, não nos perguntamos como funciona, porém aprendemos a utilizá-los. E se essa explicação ainda não é satisfatória, podem ir imediatamente ao site http://cocoa.dima.unige.it e vocês poderão encontrar todas as explicações do fato.

```
L := [a^2-2, b^2-3];


Define NR_Mat(M,L)
   Return Mat([ [NR(Poly(X), L) | X In Riga] | Riga In M ]);
```

```
EndDefine;

A=NR_Mat(TrU*U, L);
TRUE
```

Finalmente com a resposta TRUE podemos ficar tranquilos. É mesmo verdadeiro que $A = U^{\mathrm{tr}}\,U$.

O exemplo seguinte mostra CoCoA ao trabalho elevando uma matriz a uma certa potência. Aqui mostramos uma forma prática para lidar com os problemas tratados na introdução do Capítulo 8 e na Seção 8.3.

Exemplo 8.6.6. Queremos encontrar a pontência 100000 da matriz

$$A = \begin{pmatrix} 2 & 0 & -3 \\ 1 & 1 & -5 \\ 0 & 0 & -1 \end{pmatrix}$$

E aqui está CoCoA a trabalho.

```
A := Mat([[2, 0, -3], [1, 1, -5], [0, 0, -1] ]);
I := Identity(3);  Det := Det(x*I-A);
Det; Factor(Det);
```

As primeiras respostas são

```
x^3 - 2x^2 - x + 2
```

```
[[x + 1, 1], [x - 1, 1], [x - 2, 1]]
```

Então -1, 1, 2 são os autovalores de A. Calculemos os autoespaços.

```
Use Q[x,y,z];
L1 := LinKer(-1*I-A);
L2 := LinKer(1*I-A);
L3 := LinKer(2*I-A);
L1;L2;L3;
  [[1, 2, 1]]
```

```
  [[0, 1, 0]]
```

```
  [[1, 1, 0]]
```

Portanto uma base formada por autovetores é $F = (v_1, v_2, v_3)$, onde os três vetores são $v_1 = (1, 2, 1)$, $v_2 = (0, 1, 0)$, $v_3 = (1, 1, 0)$. Agora escreveremos a matriz associada M_F^E que chamamos IP e sua inversa M_E^F que chamamos P.

```
IP := Transposed(BlockMatrix([[L1],[L2], [L3]]));    IP;
Mat([
  [1, 0, 1],
  [2, 1, 1],
  [1, 0, 0]
])
```

```
P := Inverse(IP);    P;
P;
Mat([
  [0, 0, 1],
  [-1, 1, -1],
  [1, 0, -1]
])
```

Verificamos que A se diagonaliza através da matriz P

```
D := DiagonalMat([-1,1,2]);
A = IP*D*P;
--    TRUE
```

Com a seguinte função que vamos definir em *linguagem* CoCoA, dizemos a CoCoA de calcular a potência de uma matriz diagonal simplesmente construíndo a matriz diagonal cuja diagonal é dada pelas potências das entradas da matriz dada.

```
Define PowerDiag(M, Exp)
    Return DiagonalMat([ M[I,I]^Exp | I In 1..Len(M) ]);
EndDefine;
```

Finalmente verificamos experimentalmente o que foi dito na Seção 8.3.

```
R := 100000;
Time U := IP*PowerDiag(D,R)*P;
--    Cpu time = 0.02  -- secondi
```

```
Time PowA := A^R;
--    Cpu time = 10.29 -- secondi
```

```
U=PowA;
TRUE
```

A diferença de prestação é efetivamente... monstruosa. Em qualquer caso, parabéns ao CoCoA que não se assustou em ter que fazer 100000 multiplicações de matrizes de tipo 3 e fez isso em poucos segundos. E se note bem, algumas entradas da matriz U, por exemplo as de posto $(1, 1)$, são números inteiros *muito grandes*! Querem de verdade ver u_{11}? Se de fato vocês querem, está aqui dado por CoCoA.

```
99902093014384507944032764330033590980429139054181691771529273863145832464257348327487331332449650403164394445558
5493001879966076561765629084713542474928751988896298736710932463504273731124792658002785312410887370856052872283901
6456869102685067592351791469705285764469680152483234547554325029278652080695777097174110223204297635120533077799689
79251166198707717857759555217200813202952046179492292592956239209657978735581586675254957973134480624926026183794
305080582686031535134178739622834990886357758062104606636372130587795322344972010808486369541401835851359858056035
7402187290815566580607186461268972839794621842267579349638893357247588761959137656762411125020708704870465179396 39
8710109200363934745618090601613377898560296863598558024761448933047052228601313770959583573194858984960457283875
1707022423326334368944232973818777331532869442179361253019078680360366328316150272613993415280407117914923903341 8
749353944558963012921972564177172335435447515523793108922681824024527557520947046421859438628656327442313320847422 2
1551493315002717750064228826211822549349600557457334964678483269180951895955769174509673224417740432840455882109137
90537564677213997662178526505716985483456248751832238325031864550547211436993416798167817025512281297806519480629 54
0533915465747994129749919034850754433641450563165739600669338242731643403958012128026098421224751420783471222483141
0304068603719640161855741656439472253464945249700314509890093162268952744428705476425472225316751452118223145538 8374
308232642200633025137533129365164341725206256155311794738619142904761445654927128418175183531327052975495370561 4382
3957322793967303010607745684847742783219534922798383643616376474296954590667236912413632593212333564313589446521910
188212382974090791638602323545095938766736403229577993901152154448003637215069115591111996001530589107729421032230
4242620356934932160529275696258584458223545946452769231081973058062803265167364493437617324097533423332897302829591
7356927301328642331175960523049517167703316370952225695246040214338765519764401652814802234833188109755942196047647
9388520198541017348985948511005469246617234143135309938405923268953586538886974427008607028635502085562029549352480
0507965215649196832651067441009672295195416161771542997522009887307377876214068580770969411610438028629365954553237
89591870760289260393489826100774887672852918106468489143893649064784591211612193300707900537059042188012856559 40369
90708880329668716116559612323319983109232250828661803218804394475729867620969358197843859279692501233269351946 93207
7243355237455366248223787833888074999276831633440318604463148323683842347041094430659147193834119097581261 1909751852
392123276743849905615636884329390394420026175309768506051329371014490863961416205560535473355699267009413752718291 4
24072342679375650697655674759341013102253428300804090795873295442135137302050171598424230760469209732907290141606
353960880559202357376885647852240092777114891344924169956071717862984365339781808694741067511113535237115404365993
108896974856588008878619743943579292462040517672460122506981966289872673803070498361217974484679100755942196047647
4664829224736134115135567179291781968056053726848414112834785824125912195460118441240934978296331704200253041866 1694
96231873586065248541022221186954422378828918971208051457514136196480536972316457056499847953765717454812859740607 73
391587753323552156094359192751993510142222096301701371419337504919295363295101115292951836282819192816516764 5594
65158280489842561167481503678052678788662716999649296949377045794876146628110929982020737013330324451005385378551188
8034741481986651145793226849009593887667364032295779391152154448003637215069115591111996001530589107729421032230
8698503505472228902717485033336832830028113291084169315045738993318393459329299427960153097561187089189295284907
424328476700624317117162273176660679610196780220456458901589158902470474100115811096363373132938835868949407875869 4
90938780639858464730058892817599884447748613006315306876007008483726752778977735683004277890277210568383302147027 97
2859533633221105640642639097245799496861629080196041417539357688765879924285499121517379242703432486484142474563888
9541893241450985075574403012496975416969533029688021930487163789784813046380586342347041094430659147193834119097581 852
348140124130683576879904997436596296495705459524735382000363770324894982103331332913562315169854410415317054 1939282
347233988484535521732036880883121009439414349382822035449460240705610670998604681224802973826361844926469315196529620237
2608586509050307993308652001231671915182765742095689513136184095412121473786311042897717861448158316965848766949554
8262525049612270447147122296202746823629098083271469376987335864357499052983874798304505253909788733094976732630 9975
44156474805473732732672486527590349953363541269539004588549888635749278646152524080040901147858922890854433539 9699
47808674716135197858385714564215831711930041179894407902683463575503398880867251278835772976264992138274354563888
3022387925769242327854872012972553860701968303782483063725899808484638503828562584039173118726943814645536516900625
3002321759134308475521590147529914921529694436236691083323369376799313820927587002424623833121823671523677209841718
7703860172308522448043176333600275973161201262248323085329288961545592214273785741097882244729512663672225567169
779409767341543017289268332635077451210167869121334465680739797372714619192999381181788275414217929268837902854309
099424412605119458492379099663295502638657011148814226616296981007365271092850457947081061506040557779786430150489
9958634164700528220562786008864025709432444254044034243140203812074857537999016066465520986980790589347320243050635
9073638215212806000418275293254852492790423572759857420955463236383093423870001511588017756337398115237619946862632
70550635099885125433387559460154090086201429362567373833169308232888543270014874766351188308851737752688195263601 6534
5900556160767713436176554509744249790760639060933000284169648475940270466694684865936364254286252416448366521 73922
58652847424495236330230531141344932325365117441096744934504483652591639972391262616140205707796726147278359835
29597479125488961419287261259757561701592645823541151922177253919651034344793680369057003813056557866311011147631318
9571556336518727579919088628749204537445924519288541417079525325394298011701149485239005844358329788434121969272 3835
384640877265901749104932388534654299792539005613115622882414719215813721012026739964862283161043028726873984 03351
4212029951661084619316468807549464062696524857007055465208918751218597364719090416154135825821390401 7
211829570232753702738978779350690404493855385760503557155872873201596885061331145477101575699375441097493374115991
1991149627268017180389509078030411844000755854685609769656695844325627283327416418044590727844680051360774154 2884127
1245635338362546906883463469300206317859193613204183363291385383915456061045969260640587877003041845791534782917 276
2810632722108035826060904572460619204237580363147200158749075361633785244622987699178878086714539284657241723504
88776680386945347458883190759735529280070924147137069664702950708309141142927714047761934539021335206253364 2201
28137074504162520473449597415167888200384544677438895037919234459417124551023173899503034842193708808332970910 17656
1010708693158020695060096428520464743333611634766641063112470651738025105994092566982808440663298613648854871 230659
90356577232766769605718705726814394932559371368029375974604116075641599919402266794230681485723361363529036768414
80358328093127508011115716150627615556071582366122685442683302747258492948758520897908509628352355279784914755 6374
4318483993474633300330972497010769814590096945519037846501916609980458273784611009803561796406130794961036 10384
8460354233921754950587615713034470041582308002257866933005121268318460095102035431743237832921768659760762754124218
928081388728801758131092960201507441801979561488146333412674896256883784511784775926606577212734269393283823847 1174608
37822099396466123083439521695765810654237711981899573840430315930973215059901371218399762585055435459516340055149080
565627330475362528926496585212860523161313090242975006258931367813005222140742964576914053782182452832833970 2155421099804
93005460011927178302761563505715730405672652524175925436371863471836292012162456662093642074605500842449347 28983061
950607757052875484527768066121835806613029146328893224070104388753500785199715919839008465459699619713839972349 5863
7498065824393846150491840448485819193580667813789170418689185165716604179814238518573566310129275074980 88
40011804854994149478736882949368786372026826071987076562864367537570956034971839974055655052694252183543013 4891078
5234517795519757516484711545928466003754558485470994737493796615841040414239875763335201795518644856632201598556341
9342866689152215344634879121815962274452537231421918473877059665994218127540361366043853882920181020485 09177177914
```

```
852560262425298024923092295621770627700276592881584739948042550677309034200434916329135886446274153184685174625018
090131447735863748652822127445066188366787354503713953556326034977820999241655911160209743749143236078787933101 5052
417047437823553506205617017572175387061751192919715660363028302343819584946594328460482931960515124867123604625653 9
035651733228567582109375412226742238470466647336202928248340651378144753677476718822200983896820197842167240154912 5
336043643784747977063365790541813352301080455995854737968586470893779165934022379553704527384943544110598388796974 1
143051069401271065628507537039823308867819868298171415185218271493613110963984021912448323423901392553811725954153 2
094350029548076402919827657415140429566669531773040033587015037034974248978981089394530269768782315579381589289968 6
876636760357905532279482275765910481283521974572402234756991465024063673049283328615187504912987345793087499948804 8
681250802904606446223569562767964898914869924201946458521355165709887118378290437174375625282606140534611987395334 6
775009366257467656384596295218722627774734804912339651942813537250686607820766838625654872790380204867780999917543 8
081578982082525556623498393321749149386496628411688987466500541474826459997275200337008454325925443011903990412315 2
771993767799847551279448012913842034323154888137932524887172099381195722163148101670274877379161830968937348720168 9
449032996589325119965041096536746189148615994816320408919305772386303963118582133413371100963891138365968959147153 7
092507399846168204642644729078897652559350513654697836460318382061956057851756150497266181764903030498213853473869 6
212234626114043035600967042547012317360449724623287425751511987718015857428293890256508259882754951108654247042183
372640230780456846165142051780741819609640151346176079436276961222812611861091276681488050095096388903228777108376 105
190007612805847396925876873793730666475138794221735469402115767555768970168734104342446525522568974329716152742558
110503495045718931752447070410307760830365532741803887236029488078136151160597947569269031978519601939799031 18137
680703568019449361068506405685192906450486855356285267872257345441465655411878167177298506128740446208907185021085 1
802505292459035981411752272032055264250977518441074249217924203908001460622599942210971717611874684580267372480136 5
603866909971071347255859723217027554055085082090418987534829222004178998475030519537179062001509330230238818065191
824055508186721647117023075299226522280338204041133866253581504293411514398093998641636563392362061387425934271344
470124270272222719757320319448940786535515639611598590799399038680129468810771595938084908111251938016414866020
141095286680914828503123938960997659175977315432797173945762560365023579315599261708523150742478498142565646930081
050619763973354547291752673998987900117474449217453771908169489543790314578152667389689410604588351445026136 4
563723768763112996457669947576734067358353721870493517732021477940397256653258173165920219975294282443277810210753 2
160580104432121067208273876100778332426569624765621063126975491546223243978061125399931389391578200856001117131977 4
431304129982156269850989572277815952405056404355349798558722345219917784195641066212204903901786673799790527005304 3
867291892555716723968719916696518347369874402959423952208634813414840298389394855933272566273181941377354518915443 8
496096645128556147677256493251692382200322973348333172630620005919206744113691324372040357809867644089467236733454 9
903905283682411422011886949265324531399323764100563996744273693606586851243936737155349696358970470706246743064681 5
115255807723671293586915466771792806746603197443660235965387328774421911175324239792271603213932690904314335725119578
743893191083672221974959438521768281720553743398793937242069842258600202670220450234148443223141815983713322346733 8
185995720215212999066855318593765188128156446349848725431731871982498021905612475683505312193966840911136
134517403804000412814745274536875301227412262925494310084588680826271693128914142374669732156883069625962978242868 2
847975819838234034052227087573453938971269101748351799713394029651446435450329864539564376230804073245989374307836
875864087914312319228307304975362481708579849870550314357368660453504099679685389802578477910419231052505144696885 2
487263443653694539213721947159981566244543305627982827773495846667570189699009851101644910479936029229616451329952 2
427140490818694808081814447654414760780834943179921347693205775493727581147994778198070449098308878024183545280955 76
268178221596410712216509995196961932368766959924336939018675830477951348564967496643006978548120861013029026482640 4
023166210182586041727345019708385702227651885903931236724523200653074012789800768822079124616322271305190667
802964427322876346006028921331609405739600352360814948785578481992360403370924392089578510095366624553804711841983 4
068589948934026518132741951749125192568729824877982938351710224389868347556622182144866075518628420508441240850084
084994052265485357766788644446805043012858846991550169262117304955026836549834063794334158479739066697327181756711
847975819838234034052227087573453938971269101748351799713394029651446435450329864539564376230804073245989374307836
875864087914312319228307304975362481708579849870550314357368660453504099679685389802578477910419231052505144696885 2
112344521270113828773317070364884356069253501285774563716601292784619413575649150826932301006355908799183148017960 6
664893606864875569154700860600702390964009051460936051303728094898976472934205971076104365706670369636731086616773 0
643613331841643321040734792107756887037541932411017644880716733041762680345281279467292444529191618820953359456157 5
845094147630153703258810925492162006342998383936935708642683155577379235428304771693695837021939927236830567227444 2
913752680237178175908437269780708099690912695002592421020485193953805151586632664182304521293710468402188066651652
314385974980816214201480513551318656535148712982499386242715234537239180221512611585486197539989831108881963588765 6
579359331059789599205324043968459086219323201523225766896950941539839372130874724773294449305375757769436326803283 16
050060358213968500120719519167142606336405061790062186716046386842490672475728557640716313978246391886937896352477 082
321959404004508295938536515176425101293359114783379956585017661575854299683741724783884365489231992004119639092535
422607419941218195019625159813707646708502247920169149714056794994024967593003129957099742026595785390010668925864 718
839026058417582396894997109522944778337395229224778373104951412881843121031747660050573286130456
981418767387058355896805688120629016723897076030395497082734184840690372151798622665819295554207556956541399768142 3
502749059466522679986044588793675562143709648705744665319814772892177290937799834952769995145061157204394128687121
538756842568036622321369508041915737469009917048039885947260486258684449767623623187240853395002049892959636187394 374
089188885689036912869788282352882601331155260901131911962536529384643993465666490271108522834470184768391573362389 5 23
973278115839935517802207617745075592913838146852657739501522905052091452411340068956610737613204845456554361023877 3
087594308408699782713154255134720589393394530135481352441767541313850127700241562619361696497099441569335416665909
357597847755946489539235162297236734036850688618620988123677098849296479646534063249668744297401303650097703016053
642650284461804612813732400603494788970772326236492751554501373179727761527223608596598736693841467685030166103516
988390995570659331713219574003135148712982499386242768294390904509127964536162759348618148455830168634295636525032087
291050269066437261706617784393111547371497590961161444938121067463725145261621615212935043141124155849847574091 87
845841017732503055320723761933097764488335435069113577757765584561136714634629223114497809546405079026755854160954
260557783406467356189398503163030346687522579708387992987619829868229706673562466479396533654545443268366642306554 2
960288812985572421981872080402072960774961288861677328883862060997792541682215671370366739133332208652087190447304
859301746679357817383083240645856508518177267447690376523178740142636502172093102619263046542112708094786968561760
981478763870583558968056881206290167238970760303954970827341848406903721517986226658192955542075569565413997681423
502749059466522679986044588793675562143709648705744665319814772892177290937799834952769995145061157204394128687121
597480542655913997049189385040716832092190620604388440648168181921073761320484545606542501217448903266811606478379 850
046398641936457920821052660575039211953114575926214008306603017681201785603286502201714381164215598670263753115555
482195838890539354459218058727243374989924204154281666682184637486333752272907799420896054526486386251641171804911 2
```

```
90345137814002150689996676208073265138042779246093076226344699415919322314256502999640313438356408776668953775 98574
73403120477091886596355579944643688205981242040477802943803932459722207541739589596692034052161680837588921 63604858
47899296639031073499456670278306104831308628726806610153007455216698938573837826909750260786912450770966973 54744971
06387837908360856332477401142660458879771284333508934175212084331335491558059452175037667281368189897010757 59034 9759
31147113851177529084708382646930943663837851488798723688771534770333456570254004964039987760745951127614593669469550
88777963184000932299737367705195125732333230127134210937068680950264362225510872877141635601716276267040168 99681 6287
21332642226837785532788782231020453976227258301490260971093119499568595083459850925880336301955189184621299 09149201
55838298607568190737375958573348261713794703592503972126314316192159571451081744034114847904386601284244643 36285739
24423167674110364175577769918867199105114569020029057716991774977483594898101156605572535012425195959314834 40417116
22220550458967163675447804289348838550027521149752624642112201077486233347624618257659717840398043661766956 05670499
36789350370893174617560282074679058110806280348893136768773133234721178541038289213080580369302853910384704 52801834
40583132527441299283557327040282209019515600544497646359320650837608644739896927093811205042512669308348399 99956860
21635614894016744256407846935015273024574943572220500940368081032113689894644306204165987836040681133121713 35049605
04944165472883926378607868385731515366373416312566122603235977424739403247934787407703527254365324553043825 086569
38643300209571207191228266892376092735244675766479817976228317092481871431894744499283290510870668662639014 62754600
18668358362206244555382886714362141577363824485257066465342300200338608718568338709528256423189233735827467 8251029
05239214464117590700082862874915647212962223100149842773910585262712095702633425139069275541249928268987559 1304848
90590836650473865690059807265126826438098000870687168897447670057472228516543093546942370129690122520004177 5975278
09934139914945567565541579128901414180718097081801066862600033474678349211635433074176655619786541294433157 96108567
33907210970815247694360208231073377319255935591913615079899224185186976251182197159844930542292322258693958 320584953
76001733882429168132570031984909428051785287828425600215492332350329418728426011096234320614855475790388028 49228139
39713097918056244770349429953058590941503123740021344543160704953880911787057104568621162106965502302888661 70603145
80222884344906879404890744067164557565160596397488164744575409400891911083945126233990453364772541741331330 82115375
89830773904025497397516208258378983849962008747496223314363545535997104728963962629146755422817356246658042 12007275
40127398226965180259613033432979286533006365417567600336968824392639128071312303876007603995728656833339083 85925342
49337153070457471482743551037417147024006867419141874398230449202772009682282474640802779068104741602882613 44080325
66075302301720319810707968930519541452393276617839058289439321461488948216959185794985022638583187044732902 99790473
19375380354392028570635067248424500892068971299530821374733525579298256580346977950497405332950622058458697 67823765
47358092670753891736652401577525890202354883227480678961328466821865972869785592672826822656455775795867057 10977 2839
66051015163871636153219182036527298975868077864430448966286703919188469211931839182927172554503767733076856 30865 7600
66534262222545350576290308627189373643274480835589282201023749515346652628575042229509954460144288018590614 4337 96791
42717413278286975998259993819084477469775220567983393761550989158593107504494199694258569205503891277550092 5857 5237
50504505036416278044066769051305648071910141322850634826657268285119330594337173738996236547155348165916300 86838520
02308897501348573600357134307046628151787220021578705983302856040185140367416852357920230644064415944858656 24069344
79640865724626118340632130251262308969497136423345854193511283731321573231015776878841479867523644417112984 72354763
14271585029343474634412723022573579209708343991049839401978997987035183778601077866722610224168449868639887 42275806
31272581474396676719404444290071284914286251867058092358453277091441099575357659812178523756898344296703686 86818122
99280334334566964934607709035922318040728498276409558738544914554164806210986190904493317612889661353254130 62313991
97146233276848722418411908884105481927087894893950698178597585891858788142609924176775386238240600245182114 90351601
24492893940578494055432173589779503867792448614769448734671863583817296627073341404027631029821562303142157 74337929
46166493743615604590360602985812245760852527005700618779068274594740531588216269598285114300632089773047313 3461
17214294580540717887622301146255851052093076177149327860354126271988052282686410705504936437055581694583084 06509604
47321868268858216903784868032280479864021706315653687489290467679015864709379478762373013822026373788822827 56416372
58726709216024340772929856679820459442849764306161629187175669939454693724597744644374586123577768842647346 92436509 9558
55316257156480796903405267150476075474267696003825581403435471652083459884653843259390815439291893090898961 09083 5219
92519053530398359081516289247570104335478642495639734835386023113329591390636006694539437438969054393748587 15720937
78040829119752070952781333355502327767617833913817941051094129996804301038994750512432323314311206635987266 18610084
71725469690878266374568284664641620932234276806846017816519764024276711259130800595830536581800359912144476 85286534983
97013876080817020918472863351368783745251292936294373137797794168163130983688833624592488270042533275310174 03740185
81551926631475880324503163498289440909414594357098393314540779376385338848240569645836619065803623120597600 37127664
83099512585931021429023730605200088345197244050288634025000287470552336889327991377648575715772093749685715 7720937
49681055718277781429659244251666703110135820625316518906936426636133767836770015749095614449628282056908203 30013 12
12898730078552062809150318883045772146233511142838096550638165181827117782596941473422758685324653550887927 6299073
81324269246171416952106854881827536161278695521641238326324616403460277105305221712741690983171442584275435 923251937
08367920524870186212708574531518197079797634721768040875520670530303625010057401503185241771381716916959066 50480947
36966560518195277297404407824874163530870748034471263075504530187687345116312600025717657082941134471590583 26859464
02297548906186856971552932533367919290450918133898909353122611407760414634139512025319906872069045065431773 06394 63
34791082039695478061926453254644053124586362026016156975788326419910345519741792140396061817459467332211367 11305167
58449707220806382493092853482577470827543986060850848638654991291222039189537933232181434449984586805572679 15553525
21211390772338903797942748520390950464159963296030292739274663906234190084882219800040754304794357455150019 44299623 97391709148790514
50042123253218973497888307943044192628941363007224150758140943406717812876445322039557455150019442996237393 17091487 90514
61570090220531582738574172679023101935660642436608340802078639226365243395504706244108957791049299808379097 71580
68570365287293284677195227487520132185664428423911650200578631408326660565446902354885452439695428173053834 81532
52515631160343894144061259966226495987876900371241240630507271304936106077751935176668435097909511247037772 85270451
81653556285621656761679367872520847592031811143840044051146139903262733621219847728731482392205636115826779 93573
32784758184534685095653653807238077367935262421455330888336797270741928387268548497738730667000755196576143 13633941
10204249262313324277027082171004713715216794887246874118925980562391048713897503420337667334498906005211772 78446705
30521327425332189734978883079436260991255697413503894340617501287644522209557455150019442996237393170914879 0514
88128215829457994974862343345286546024945133477267345362799684706610937707688048337568713860499887327287273 158785195
50521694698651715937287598451499408736736596903222126190737148239220563611582707192936875179959034335348153 2
14775347729780073870450969204201405641649670458849057466793682155521901095027966023590200629563426621697556 16626195
67214034398036219184317742110484823901622121433246349514826917183219073730623763635947153537261943612699664 53422229 89006
73695201487039386501508707441473522022077041107008832803073154504108572176244860032457452964244580155088735 35814451
28918173686346116567111050151109714760544361537920207546115073529167935359803746233158035402507293585422134 95023965
50048184562563277949304419626829413630072241507581447550019442996237455150019442996237440772176543666436183 182648
21008378574908022219912214469411740027085615909510488584596739233260230184374032870280856978231182460392642 1290247
29192535226787567897868566600705451508945374190694253329703486982693906928716001870107871925412978490715527
66834053624072289750810164174866952266394689779982974703441484660532397753191426663847390681054167116806613 262918
83476480063965476234519254058040025772795085906181173260001883566775762496350845312696450557515451344770262 0834847
76173701923626406384831371842087477230944679786612216496898423227892487626051678986864757390122603610679246 6172839
00162673440599032240265363435503015529832645198658813039425866177349872802318925442780161133183542761032580 02393942
60785587569494851193007158539298431639675753135248422127481486402729730715545710942343247185697052363567228 65515162
65672389248080659279448953078708153606666741314598260798811278754656313007785743484189610809499119436037561 07532635
```

```
9414143476882494692530787790693275290895909945065272071979419682741840819830567497688086236460819345623637702467815
0731334661979231199391171959793528331174968205005772999385664769842608155189408667763208554831598361888504483399113
5150513290970399008891906313337580409488695589546591264810453462143029573337599289895932966444468690064867453166187
8821297194146191914132978673375283702995190706179924178140249356285006536237716363555697200032469961306652824516 95
1672731618313938675587912782649337580400110592113722708391235184597091074806698526960809091818729785015740645445482
6447107863338659911318881013774631898449674598901154033425931534774008211073481847152125337450727153813104829661297
9081477663269791394570357390537422769779633811568396223208402597025155304734389883109376;
```

O que aprendemos com este exemplo? Com certeza algumas coisas importantes. Em primeiro lugar vimos que os números podem ser muito grandes (o número acima possui 30103 dígitos, se vocês não acreditam... contem), porém os modernos computadores e os programas bem feitos não possuem dificuldades em tratar tais números. Em seguida, aprendemos que para resolver um problema podemos chegar na mesma resposta seguindo caminhos diferentes. Uma é simples porém lenta, a outra é muito mais complicada, pois se baseia em fatos teóricos não banais, porém é rápida.

Talvez deveria pedir desculpa por ter contribuído para a devastação do planeta com a impressão daquele número tão grande, porém espero que as motivações e as conclusões que foram tiradas compensem o sacrifício. E se algum leitor quisesse ver também u_{12}? Quantas páginas seriam necessárias para o output? Tal leitor deve tentar fazer as contas com CoCoA e vai ter uma surpresa notável... porém, se se pensa um pouco...

Terminada a embriaguez numérica do exemplo anterior, concluiremos este apêndice com um exemplo mais complicado relacionado com o Exercício 9 do Capítulo 8. Aqui iniciaremos a ver algumas características verdadeiramente notáveis do CoCoA.

Exemplo 8.6.7. No Exercício 9 do Capítulo 8 pedia-se para verificar o fato que todo polinômio em uma variável é polinômio característico de uma matriz oportuna. Vejamos como CoCoA pode nos ajudar. Seja F é um polinômio em uma variável e a matriz que estamos procurando chamamos Companion(F). Podemos criar uma *função* CoCoA que nos forneça tal matriz para cada polinômio F dado. Veja como é possível fazer.

```
Define Companion(F);
  D := Deg(F);
  Cf := Coefficients(-F,x);
  T := Mat([Reversed(Tail(Cf))]);
  M := MatConcatHor(Identity(D), Transposed(T));
  Return Submat(M, 1..D, 2..(D+1));
EndDefine;
```

Agora, definiremos a matriz característica da matriz Companion(F) e a chamamos CharMat(F).

```
Define CharMat(F);
  D := Deg(F);
  Id := Identity(D);
```

```
M := x*Id - Companion(F);
Return(M);
EndDefine;
```

Vejamos agora um exemplo. Seja $F = x^6 - 15x^4 + 8x^3 - 1$ e pedimos ao CoCoA para calcular a matriz Companion(F).

```
F := x^6-15x^4+8x^3-1;
Companion(F);
Mat([
  [0, 0, 0, 0, 0, 1],
  [1, 0, 0, 0, 0, 0],
  [0, 1, 0, 0, 0, 0],
  [0, 0, 1, 0, 0, -8],
  [0, 0, 0, 1, 0, 15],
  [0, 0, 0, 0, 1, 0]
])
-------------------------------
```

Agora calculemos CharMat(F).

```
A := CharMat(F);
Mat([
  [x, 0, 0, 0, 0, -1],
  [-1, x, 0, 0, 0, 0],
  [0, -1, x, 0, 0, 0],
  [0, 0, -1, x, 0, 8],
  [0, 0, 0, -1, x, -15],
  [0, 0, 0, 0, -1, x]
])
-------------------------------
```

Sabemos que o polinômio característico da matriz Companion(F) é o determinante da matriz CharMat(F). Portanto verificamos que temos uma igualdade entre F e o polinômio característico de Companion(F).

```
F=Det(CharMat(F));
TRUE
-------------------------------
```

Agora o leitor pode continuar com um exemplo qualquer de polinômio em uma só variável. É bom dizer que seria oportuno que o grau do polinômio não fosse muito alto. Até mesmo os computadores... podem se cansar.

10 Mandamentos Computacionais

1 Use sempre o sistema binário

10 Nunca use o símbolo 2

Conclusão?

Os exemplos do Capítulo 8 confirmaram o fato que as matrizes simétricas reais gozam de uma propriedade muito notável, ou seja são semelhantes a uma matriz diagonal, porém não podemos dizer o mesmo, em geral, para as não simétricas. O que então podemos dizer em geral?

Normalmente os capítulos anteriores eram concluídos com perguntas que eram respondidas nos capítulos sucessivos. Porém o livro se conclui aqui e vocês não encontrarão resposta para a última pergunta. A matemática, como em geral a vida, nos ensina a fazer perguntas e a busca por respostas nos gera outras perguntas em um fluxo contínuo. Por agora sugiro ao leitor que se satisfaça em saber que a pergunta anterior pode ser respondida utilizando instrumentos um pouco mais avançados como as formas canônicas racionais, as formas de Jordan e outras invenções matemáticas.

Quanto mais difíceis são as perguntas, mais interessantes são os desafios e a matemática é uma ginástica fundamental para o ir além. Portanto, proponho uma última questão: vocês pensam que as nuvens são um limite para o estudo do céu? Ou, ler este livro vos fez sentir vontade de ir além?

[2]*e voi pesáte metà se piove*

(palíndromo dedicado às nuvens,
de PALÍNDROMOS DE (LO)RENZO
de Lorenzo)

---

[2]e vocês pesam a metade se chove

Robbiano L.: Álgebra Linear para todos
© Springer-Verlag Italia 2011

Referências

[–] Come já foi dito na introdução, basta utilizar um motor de pesquisa qualquer, digitar *álgebra linear* ou *linear algebra* ou então *matriz*, ou *sistema linear*, ou então... e ficar submerso da milhares de páginas da internet contendo informações sobre livros, congressos, outras páginas dedicadas ao assunto. Então decidi limitar a bibliografia a uma referência ao software CoCoA e alguns artigos *literários-divulgativos* de minha autoria que podem ser utilizados pelo leitor com estímulo para *ir adiante*. Fiquei somente com uma dúvida: este livro "Álgebra Linear para todos" deveria ser incluído em suas próprias referências bibliográficas?

[Co] CoCoA: a system for doing Computations in Commutative Algebra, Encontrado em `http://cocoa.dima.unige.it`

[R01] Robbiano, L.: Teoremi di geometria euclidea: proviamo a dimostrarli automaticamente. Lettera Matematica Pristem **39–40**, 52–58 (2001)

[R06] Robbiano, L.: Tre Amici e la Computer Algebra. Bollettino U.M.I.-sez.A, La Matematica nella Società e nella Cultura, Serie VIII, **Vol. IX-A**, 1-23 (2006)

qual é a tua data de nascimento?
nove de outubro
que ano?
todo ano

Índice Remissivo